SolidWorks 工程应用精解丛书

SolidWorks 产品设计实例精解
（2012中文版）

詹迪维　主编

机械工业出版社

本书是进一步学习 SolidWorks 2012 产品设计的高级实例书籍，本书介绍了 22 个经典的实际产品的设计全过程，其中一个实例是采用目前最为流行的 TOP_DOWN（自顶向下）方法进行设计。本书中的实例涉及玩具、日用品及家用电器等行业和领域。

本书是根据北京兆迪科技有限公司给国内外几十家不同行业的著名公司（含国外独资和合资公司）的培训教案整理而成的，具有很强的实用性和广泛的适用性。本书附带两张多媒体 DVD 学习光盘，制作了大量的知识点、设计技巧和具有针对性实例的教学视频并进行了详细的语音讲解，长达 802 分钟；另外，光盘还包含本书所有的素材文件和已完成的实例文件（两张 DVD 光盘教学文件容量共计 6.7GB）。

本书在写作方式上，紧贴 SolidWorks 2012 中文版软件的实际操作界面，采用软件中真实的对话框、菜单和按钮等进行讲解，使读者能够直观、准确地操作软件进行学习，提高学习效率。通过本书的学习，读者将能在较短时间内掌握一些外形复杂的产品设计方法和技巧。

本书内容全面，条理清晰，讲解详细，实例经典而丰富，可作为工程技术人员的 SolidWorks 自学教程和参考书籍，也可作为大中专院校学生和各类培训学校学员的 SolidWorks 课程上课或上机练习教材。

图书在版编目（CIP）数据

SolidWorks 产品设计实例精解：2012 中文版/詹迪维主编.
—3 版．—北京：机械工业出版社，2012.5
（SolidWorks 工程应用精解丛书）
ISBN 978-7-111-38670-4

Ⅰ．①S… Ⅱ．①詹… Ⅲ．①工业产品—计算机辅助设计
—应用软件 Ⅳ．①TB472-39
中国版本图书馆 CIP 数据核字（2012）第 120465 号

机械工业出版社（北京市百万庄大街 22 号　邮政编码 100037）
策划编辑：管晓伟　责任编辑：管晓伟　何士娟
责任印制：乔　宇
北京铭成印刷有限公司印刷
2012 年 7 月第 3 版第 1 次印刷
184mm×260mm · 19.5 印张 · 484 千字
0001—3000 册
标准书号：ISBN 978-7-111-38670-4
　　　　　ISBN 978-7-89433-489-3（光盘）
定价：59.80 元（含多媒体 DVD 光盘 2 张）

凡购本书，如有缺页、倒页、脱页，由本社发行部调换
电话服务　　　　　　　　　网络服务
社 服 务 中 心：（010）88361066
销 售 一 部：（010）68326294　门户网：http://www.cmpbook.com
销 售 二 部：（010）88379649　教材网：http://www.cmpedu.com
读者购书热线：（010）88379203　**封面无防伪标均为盗版**

出 版 说 明

  制造业是一个国家经济发展的基础，当今世界任何经济实力强大的国家都拥有发达的制造业，美、日、德、英、法等国家之所以被称为发达国家，很大程度上是由于它们拥有世界上最发达的制造业。我国在大力推进国民经济信息化的同时，必须清醒地认识到，制造业是现代经济的支柱，提高制造业科技水平是一项长期而艰巨的任务。发展信息产业，首先要把信息技术应用到制造业中。

  众所周知，制造业信息化是企业发展的必要手段，国家将制造业信息化提到关系国家生存的高度上来。信息化是时代发展和进步的突出标志。以信息化带动工业化，使信息化与工业化融为一体，互相促进，共同发展，是具有中国特色的跨越式发展之路。信息化主导着新时期工业化的方向，使工业朝着高附加值化发展；工业化是信息化的基础，为信息化的发展提供物资、能源、资金、人才以及市场，只有用信息化武装起来的自主和完整的工业体系，才能为信息化提供坚实的物质基础。

  制造业信息化集成平台是通过并行工程、网络技术、数据库技术等先进技术将CAD/CAM/CAE/CAPP/PDM/ERP 等与制造业服务的软件个体有机地集成起来，采用统一的架构体系和统一的基础数据平台，涵盖目前常用的 CAD/CAM/CAE/CAPP/PDM/ERP 软件，使软件交互和信息传递顺畅，从而有效提高产品开发、制造等各个领域的数据集成管理和共享水平，提高产品开发、生产和销售全过程中的数据整合、流程的组织管理水平以及企业的综合实力，为打造一流的企业提供现代化的技术保证。

  机械工业出版社作为全国优秀出版社，在出版制造业信息化技术类图书方面有着独特的优势，一直致力于 CAD/CAM/CAE/CAPP/PDM/ERP 等领域相关技术的跟踪，出版了大量学习这些领域的软件（如 SolidWorks、Ansys、Adams 等）的优秀图书，同时也积累了许多宝贵的经验。

  北京兆迪科技有限公司位于中关村软件园，专门从事 CAD/CAM/CAE 技术的开发、咨询及产品设计与制造等服务，并提供专业的 SolidWorks、Ansys、Adams 等软件的培训。中关村软件园是北京市科技、智力、人才和信息资源最密集的区域，园区内有清华大学、北京大学和中国科学院等著名大学和科研机构，同时聚集了一些国内外著名公司，如西门子、联想集团、清华紫光和清华同方等。近年来，北京兆迪科技有限公司充分依托中关村软件园的人才优势，在机械工业出版社的大力支持下，已经推出了 SolidWorks "工程应用精解"系列图书，包括：

- SolidWorks 2012 工程应用精解丛书
- SolidWorks 2012 宝典
- SolidWorks 2012 实例宝典
- SolidWorks 2011 工程应用精解丛书

- SolidWorks 2010 工程应用精解丛书
- SolidWorks 2009 工程应用精解丛书

"工程应用精解"系列图书具有以下特色：

- **注重实用，讲解详细，条理清晰。** 由于作者队伍和顾问均是来自一线的专业工程师和高校教师，所以图书既注重解决实际产品设计、制造中的问题，同时又对软件的使用方法和技巧进行了全面、系统、有条不紊、由浅入深的讲解。
- **范例来源于实际，丰富而经典。** 对软件中的主要命令和功能，先结合简单的范例进行讲解，然后安排一些较复杂的综合范例帮助读者深入理解、灵活应用。
- **写法独特，易于上手。** 全部图书采用软件中真实的菜单、对话框、操控板和按钮等进行讲解，使初学者能够直观、准确地操作软件，从而大大提高学习效率。
- **随书光盘配有视频录像。** 随书光盘中制作了超长时间的视频文件，帮助读者轻松、高效地学习。
- **网站技术支持。** 读者购买"工程应用精解"系列图书，可以通过北京兆迪科技有限公司的网站（http://www.zalldy.com）获得技术支持。

我们真诚地希望广大读者通过学习"工程应用精解"系列图书，能够高效地掌握有关制造业信息化软件的功能和使用技巧，并将学到的知识运用到实际工作中，也期待您给我们提出宝贵的意见，以便今后为大家提供更优秀的图书作品，共同为我国制造业的发展尽一份力量。

北京兆迪科技有限公司

机械工业出版社

前　　言

　　SolidWorks 是由美国 SolidWorks 公司推出的功能强大的的三维机械设计软件系统，自 1995 年问世以来，以其优异的性能、易用性和创新性，极大地提高了机械工程师的设计效率，在与同类软件的激烈竞争中已经确立了其市场地位，成为三维机械设计软件的标准，其应用范围涉及航空航天、汽车、机械、造船、通用机械、医疗器械和电子等诸多领域。

　　曲面建模与设计是产品设计的基础和关键，要熟练掌握使用 SolidWorks 对各种零件的设计，只靠理论学习和少量的练习是远远不够的。编著本书的目的正是为了使读者通过书中的经典实例，迅速掌握各种曲面零件的建模方法、技巧和构思精髓，使读者在短时间内成为一名 SolidWorks 产品设计高手。本书是进一步学习 SolidWorks 2012 产品设计的高级实例书籍，其特色如下：

- 本书介绍了 22 个实际产品的设计全过程，最后一个实例采用目前最为流行的 TOP_DOWN（自顶向下）方法进行设计，令人耳目一新，对读者的实际设计具有很好的指导和借鉴作用。
- 讲解详细，条理清晰，图文并茂，保证自学的读者能够独立学习书中的内容。
- 写法独特，采用 SolidWorks 2012 软件中真实的对话框、按钮和图标等进行讲解，使初学者能够直观、准确地操作软件，从而大大提高学习效率。
- 附加值高，本书附带两张多媒体 DVD 学习光盘，制作了大量知识点、设计技巧和具有针对性实例的教学视频并进行了详细的语音讲解，长达 802 分钟，两张 DVD 光盘教学文件容量共计 6.7GB，可以帮助读者轻松、高效地学习。

　　本书是根据北京兆迪科技有限公司给国内外一些著名公司（含国外独资和合资公司）的培训教案整理而成的，具有很强的实用性，其主编和主要参编人员主要来自北京兆迪科技有限公司，该公司专门从事 CAD/CAM/CAE 技术的研究、开发、咨询及产品设计与制造服务，并提供 SolidWorks、Ansys、Adams 等软件的专业培训及技术咨询，在编写过程中得到了该公司的大力帮助，在此表示衷心的感谢。读者在学习本书的过程中如果遇到问题，可通过访问该公司的网站 http://www.zalldy.com 来获得帮助。

　　本书由詹迪维主编，参加编写的人员还有王焕田、刘静、詹路、冯元超、刘海起、黄红霞、刘江波、詹超、高政、孙润、周涛、李倩倩、高宾、赵枫、雷保珍、魏俊岭、任慧华、高彦军、詹棋、段进敏、尹泉、李行、尹佩文、赵磊、王晓萍、周顺鹏、施志杰、白云飞、陈淑童、周攀、王海波、吴伟、周思思、党辉、龙宇、邵为龙、侯俊飞、高佩东等。

　　本书已经多次校对，如有疏漏之处，恳请广大读者予以指正。

　　电子邮箱：zhanygjames@163.com

编　者

本 书 导 读

为了能更好地学习本书的知识，请您仔细阅读下面的内容：

读者对象

本书是进一步学习 SolidWorks 2012 产品设计的高级实例书籍，可作为工程技术人员进一步学习 SolidWorks 的自学教程和参考书，也可作为大专院校学生和各类培训学校学员的 SolidWorks 课程上课或上机练习教材。

写作环境

本书使用的操作系统为 Windows XP Professional，对于 Windows 2000 操作系统，本书的内容和实例也同样适用。本书采用的写作蓝本是 SolidWorks 2012 中文版。

光盘使用

为方便读者练习，特将本书所用到的实例、视频文件等按顺序放入随书附赠的光盘中，读者在学习过程中可以打开这些实例文件进行操作和练习。

本书附带 DVD 光盘两张，建议读者在学习本书前，先将两张 DVD 光盘中的所有文件复制到计算机硬盘的 D 盘中，然后再将第二张光盘 video2 文件夹中的所有文件复制到第一张光盘的 video 文件夹中。在 D 盘上 sw12.7 目录下共有两个子目录：

（1）work 子目录：包含本书讲解中所有的实例文件。

（2）video 子目录：包含本书讲解中全程视频操作录像文件（含语音讲解）。读者学习时，可在该子目录中按章节顺序查找所需的操作录像文件。

光盘中带有"ok"扩展名的文件或文件夹表示已完成的实例。

建议读者在学习本书前，先将随书光盘中的所有文件复制到计算机硬盘的 D 盘中。

本书约定

● 本书中有关鼠标操作的简略表述说明如下：

☑ 单击：将鼠标指针移至某位置处，然后按一下鼠标的左键。

☑ 双击：将鼠标指针移至某位置处，然后连续快速地按两次鼠标的左键。

☑ 右击：将鼠标指针移至某位置处，然后按一下鼠标的右键。

☑ 单击中键：将鼠标指针移至某位置处，然后按一下鼠标的中键。

☑ 滚动中键：只是滚动鼠标的中键，而不能按中键。

☑ 选择（选取）某对象：将鼠标指针移至某对象上，单击以选取该对象。

☑ 拖移某对象：将鼠标指针移至某对象上，然后按下鼠标的左键不放，同时移动鼠标，将该对象移动到指定的位置后再松开鼠标的左键。

● 本书中的操作步骤分为 Task、Stage 和 Step 三个级别，说明如下：

- ☑ 对于一般的软件操作，每个操作步骤以 Step 字符开始。

- ☑ 每个 Step 操作视其复杂程度，其下面可含有多级子操作，例如 Step1 下可能包含（1）、（2）、（3）等子操作，（1）子操作下可能包含①、②、③等子操作，①子操作下可能包含 a）、b）、c）等子操作。

- ☑ 如果操作较复杂，需要几个大的操作步骤才能完成，则每个大的操作冠以 Stage1、Stage2、Stage3 等，Stage 级别的操作下再分 Step1、Step2、Step3 等操作。

- ☑ 对于多个任务的操作，每个任务冠以 Task1、Task2、Task3 等，每个 Task 操作下则可包含 Stage 和 Step 级别的操作。

● 由于已建议读者将随书光盘中的所有文件复制到计算机硬盘的 D 盘中，所以书中在要求设置工作目录或打开光盘文件时，所述的路径均以"D:"开始。

技术支持

本书是根据北京兆迪科技有限公司给国内外一些著名公司（含国外独资和合资公司）的培训教案整理而成，具有很强的实用性，其主编和参编人员均来自北京兆迪科技有限公司，该公司专门从事 CAD/CAM/CAE 技术的研究、开发、咨询及产品设计与制造服务，并提供 SolidWorks、Ansys、Adams 等软件的专业培训及技术咨询，读者在学习本书的过程中如果遇到问题，可通过访问该公司的网站 http://www.zalldy.com 来获得技术支持。咨询电话：010-82176248，010-82176249。

目 录

实例 1　减速器上盖

实例概述

　　本实例介绍了减速器上盖模型的设计过程，其设计过程是先由一个拉伸特征创建出主体形状，再利用抽壳形成箱体，在此基础上创建其他修饰特征，其中筋（肋）的创建是首次出现，需要读者注意。零件模型及设计树如图 1.1 所示。

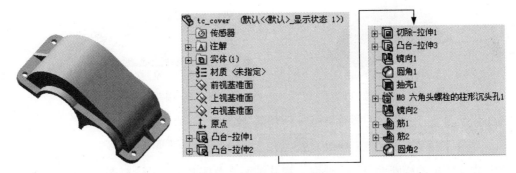

图 1.1　零件模型和设计树

　　Step1. 新建模型文件。选择下拉菜单 文件(F) ➡ 新建(N)... 命令，在系统弹出的"新建 SolidWorks 文件"对话框中选择"零件"模块，单击 确定 按钮，进入建模环境。

　　Step2. 创建图 1.2 所示的零件基础特征——凸台-拉伸 1。

　　（1）选择命令。选择下拉菜单 插入(I) ➡ 凸台/基体(B) ➡ 拉伸(E)... 命令。

　　（2）定义特征的横断面草图。

　　① 定义草图基准面。选取前视基准面为草图基准面。

　　② 定义横断面草图。在草绘环境中绘制图 1.3 所示的横断面草图。

图 1.2　凸台-拉伸 1　　　　　　　图 1.3　横断面草图

　　③ 选择下拉菜单 插入(I) ➡ 退出草图 命令，系统返回"凸台-拉伸"窗口。

　　（3）定义拉伸深度属性。

　　① 定义深度方向。采用系统默认的深度方向。

② 定义深度类型和深度值。在"凸台-拉伸"窗口 **方向1** 区域的下拉列表中选择 给定深度 选项，输入深度值 15.0。

（4）单击 ✔ 按钮，完成凸台-拉伸 1 的创建。

Step3. 创建图 1.4 所示的零件特征——凸台-拉伸 2。选择下拉菜单 插入(I) ➡ 凸台/基体(B) ➡ ⬚ 拉伸(E)... 命令；选取上视基准面为草图基准面，在草绘环境中绘制图 1.5 所示的横断面草图；在"凸台-拉伸"窗口 **方向1** 区域的下拉列表中选择 两侧对称 选项，输入深度值 160.0；单击 ✔ 按钮，完成凸台-拉伸 2 的创建。

图 1.4 凸台-拉伸 2

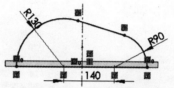

图 1.5 横断面草图

Step4. 创建图 1.6 所示的零件特征——切除-拉伸 1。

（1）选择下拉菜单 插入(I) ➡ 切除(C) ▶ ➡ ⬚ 拉伸(E)... 命令。

（2）定义特征的横断面草图。选取上视基准面为草图基准面，绘制图 1.7 所示的横断面草图。

图 1.6 切除-拉伸 1

图 1.7 横断面草图

（3）定义切除深度属性。

① 定义切除深度方向。采用系统默认的切除深度方向。

② 定义深度类型和深度值。选中 ☑ **方向2** 复选框，在"切除-拉伸"窗口的 **方向1** 区域和 **方向2** 区域的下拉列表中均选择 完全贯穿 选项。

（4）单击窗口中的 ✔ 按钮，完成切除-拉伸 1 的创建。

Step5. 创建图 1.8 所示的零件特征——凸台-拉伸 3。选择下拉菜单 插入(I) ➡ 凸台/基体(B) ➡ ⬚ 拉伸(E)... 命令；选取图 1.9 所示的模型表面为草图基准面；在草绘环境中绘制图 1.10 所示的横断面草图（绘制时，应使用"转换实体引用"命令和"等距实体"命令先绘制出大体轮廓，然后建立约束并修改为目标尺寸）；采用系统默认的深度方向，在"凸台-拉伸"窗口中 **方向1** 区域的下拉列表中选择 给定深度 选项，输入深度值 20.0；单击 ✔ 按钮，完成凸台-拉伸 3 的创建。

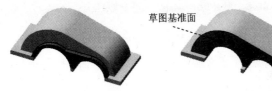

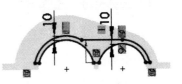

图 1.8　凸台-拉伸 3　　　　图 1.9　定义草图基准面　　　　图 1.10　横断面草图

Step6. 创建图 1.11 所示的镜像 1。

（1）选择命令。选择下拉菜单 插入(I) ➡ 阵列/镜向(E) ➡ 镜向(M)… 命令。

（2）定义镜像基准面。在设计树中选取上视基准面为镜像基准面。

（3）定义镜像对象。选取凸台-拉伸 3 为镜像 1 的对象。

（4）单击窗口中的 ✔ 按钮，完成镜像 1 的创建。

a）镜像前　　　　　　　　　　　　　b）镜像后

图 1.11　镜像 1

Step7. 创建图 1.12b 所示的圆角 1。

（1）选择命令。选择下拉菜单 插入(I) ➡ 特征(F) ➡ 圆角(U)… 命令。

（2）定义圆角类型。采用系统默认的圆角类型。

（3）定义圆角对象。选取图 1.12a 所示的边线为要圆角的对象。

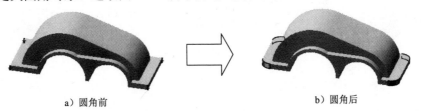

a）圆角前　　　　　　　　　　　　　b）圆角后

图 1.12　圆角 1

（4）定义圆角的半径。在"圆角"窗口中输入半径值 30.0。

（5）单击"圆角"窗口中的 ✔ 按钮，完成圆角 1 的创建。

Step8. 创建图 1.13b 所示的零件特征——抽壳 1。

要移除的面

a）抽壳前　　　　　　　　　　　　　b）抽壳后

图 1.13　抽壳 1

（1）选择命令。选择下拉菜单 插入(I) ➡ 特征(F) ➡ 抽壳(S)... 命令。

（2）定义要移除的面。选取图 1.13a 所示的模型表面为要移除的面。

（3）定义抽壳厚度。在"抽壳 1"窗口的 参数(P) 区域 后的文本框中输入壁厚值 10.0。

（4）单击窗口中的 按钮，完成抽壳 1 的创建。

Step9. 创建图 1.14 所示的零件特征——M8 六角头螺栓的柱形沉头孔 1。

（1）选择下拉菜单 插入(I) ➡ 特征(F) ➡ 孔(H) ➡ 向导(W)... 命令。

（2）定义孔的位置。

① 定义孔的放置面。在"孔规格"窗口中单击 位置 选项卡，选取图 1.15 所示的模型表面为孔的放置面，在放置面上单击两点将出现孔的预览。

② 建立尺寸。单击 按钮，建立图 1.16 所示的尺寸，并修改为目标尺寸。

（3）定义孔的参数。

① 定义孔的规格。在"孔位置"窗口单击 类型 选项卡，在 孔类型(T) 区域选择孔"类型"为 （柱形沉头孔），标准为 GB 。

② 定义孔的终止条件。采用系统默认的深度方向，然后在 终止条件(C) 下拉列表中选择 完全贯穿 选项。

（4）定义孔的大小。在 孔规格 区域定义孔选中 ☑ 显示自定义大小(Z) 复选框，定义孔的大小为 M8 ，配合为 正常 。在 后的文本框中输入数值 9.0，在 后的文本框中输入数值 18.0，在 后的文本框中输入数值 3.0。

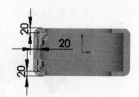

图 1.14　M8 六角头螺栓的柱形沉头孔 1　　　图 1.15　定义孔的放置面　　　图 1.16　建立尺寸

（5）单击窗口中的 按钮，完成 M8 六角头螺栓的柱形沉头孔 1 的创建。

Step10. 创建图 1.17 所示的镜像 2。

a）镜像前　　　　　　　　　　　　　　b）镜像后

图 1.17　镜像 2

（1）选择下拉菜单 插入(I) ➡ 阵列/镜向(E) ➡ 镜向(M)... 命令。

（2）选取右视基准面为镜像基准面，选取六角头螺栓的柱形沉头孔 1 为镜像 2 的对象。

（3）单击窗口中的 按钮，完成镜像 2 的创建。

Step11. 创建图 1.18 所示的零件特征——筋 1。

（1）选择下拉菜单 插入(I) ➡ 特征(F) ➡ 筋 筋(R)... 命令。

（2）定义筋（肋）特征的横断面草图。

① 定义草图基准面。选取上视基准面为草图基准面。

② 绘制图 1.19 所示的横断面草图，建立尺寸约束和几何约束，并修改为目标尺寸。

（3）定义筋特征的参数。

① 定义筋的厚度。在"筋"窗口的 参数(P) 区域中单击 ≡（两侧）按钮，输入筋厚度值 10.0。

② 定义筋的生成方向。在 拉伸方向: 下单击"平行于草图"按钮 ；如有必要，选中 ☑ 反转材料方向(F) 复选框，使筋的生成方向指向实体。

（4）单击 按钮，完成筋 1 的创建。

图 1.18　筋 1

图 1.19　横断面草图

Step12. 创建图 1.20 所示的零件特征——筋 2。

（1）选择下拉菜单 插入(I) ➡ 特征(F) ➡ 筋 筋(R)... 命令。

（2）选取上视基准面作为草图基准面，绘制图 1.21 所示的横断面草图。

（3）在"筋"窗口的 参数(P) 区域中单击 ≡（两侧）按钮，输入筋厚度值 10.0，在 拉伸方向: 下单击"平行于草图"按钮 ，取消选中 □ 反转材料方向(F) 复选框。

（4）单击 按钮，完成筋 2 的创建。

图 1.20　筋 2

图 1.21　横断面草图

Step13. 创建图 1.22 所示的圆角 2。选择下拉菜单 插入(I) ➡ 特征(F) ➡

圆角 圆角(U)... 命令；采用系统默认的圆角类型；选取图 1.22 所示的两条边线为要圆角的对

象；在"圆角"窗口中输入半径值 2；单击"圆角"窗口中的 ✓ 按钮，完成圆角 2 的创建。

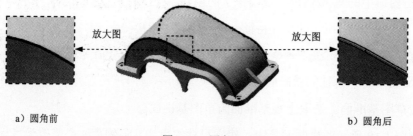

a) 圆角前   b) 圆角后

图 1.22　圆角 2

Step14. 至此，零件模型创建完毕。选择下拉菜单 文件(F) ➡ 📄 保存(S) 命令，命名为 tc_cover，即可保存零件模型。

实例 2 蝶 形 螺 母

实例概述

本实例介绍了一个蝶形螺母的设计过程。在其设计过程中，运用了实体旋转、拉伸、切除-扫描、圆角及变化圆角等特征命令，在创建过程中需要重点掌握变化圆角和切除-扫描的创建方法。零件模型及其设计树如图 2.1 所示。

 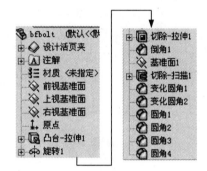

图 2.1 零件模型及设计树

Step1. 新建一个零件模型文件，进入建模环境。

Step2. 创建图 2.2 所示的零件特征——凸台-拉伸 1。

（1）选择命令。选择下拉菜单 插入(I) ➡ 凸台/基体(B) ➡ 拉伸(E)...命令（或单击"特征（F）"工具栏中的 按钮）。

（2）定义特征的横断面草图。

① 定义草图基准面。选取前视基准面为草图基准面。

② 定义横断面草图。在草绘环境中绘制图 2.3 所示的横断面草图。

③ 选择下拉菜单 插入(I) ➡ 退出草图命令，退出草绘环境，此时系统弹出"凸台-拉伸"窗口。

（3）定义拉伸深度属性。

① 定义深度方向。采用系统默认的深度方向。

② 定义深度类型和深度值。在"凸台-拉伸"窗口 方向1 区域的下拉列表中选择 两侧对称 选项，输入深度值 6.0。

（4）单击 按钮，完成凸台-拉伸 1 的创建。

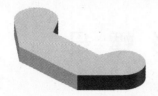

图 2.2　凸台-拉伸 1

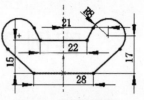

图 2.3　横断面草图

Step3. 创建图 2.4 所示的零件基础特征——旋转 1。

（1）选择命令。选择下拉菜单 插入(I) ➡ 凸台/基体(B) ➡ 旋转(R)... 命令（或单击"特征（F）"工具栏中的 按钮），系统弹出"旋转"窗口。

（2）定义特征的横断面草图。

① 定义草图基准面。选取前视基准面为草图基准面，进入草绘环境。

② 绘制图 2.5 所示的横断面草图（包括旋转中心线）。

图 2.4　旋转 1

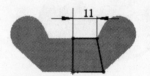

图 2.5　横断面草图

③ 完成草图绘制后，选择下拉菜单 插入(I) ➡ 退出草图 命令，退出草绘环境。

（3）定义旋转轴线。采用草图中绘制的中心线为旋转轴线（此时旋转窗口中显示所选中心线的名称）。

（4）定义旋转属性。

① 定义旋转方向。采用系统默认的旋转方向。

② 定义旋转角度。在 方向1 区域的 文本框中输入数值 360.0。

（5）单击窗口中的 按钮，完成旋转 1 的创建。

Step4. 创建图 2.6 所示的零件特征——切除-拉伸 1。

（1）选择下拉菜单 插入(I) ➡ 切除(C) ➡ 拉伸(E)... 命令。

（2）定义特征的横断面草图。选取上视基准面为草图基准面，绘制图 2.7 所示的横断面草图。

图 2.6　切除-拉伸 1

图 2.7　横断面草图

（3）定义切除深度属性。在"切除-拉伸"窗口 方向1 区域的下拉列表中选择 完全贯穿 选项，单击 按钮。

（4）单击 按钮，完成切除-拉伸 1 的创建。

Step5. 创建图 2.8 所示的螺旋线 1。

（1）选择命令。选择下拉菜单 插入(I) ➡ 曲线(U) ➡ 螺旋线/涡状线(H)... 命令。

（2）定义螺旋线的横断面。

① 选取图 2.9 所示的模型表面为草图基准面。

② 用"转换实体引用"命令绘制图 2.10 所示的横断面草图。

③ 选择下拉菜单 插入(I) ➡ 退出草图 命令，退出草绘环境，此时系统弹出"螺旋线/涡状线"窗口。

（3）定义螺旋线的定义方式。在 定义方式(D): 区域的下拉列表中选择 高度和螺距 选项。

（4）定义螺旋线的参数。

① 定义螺距类型。在"螺旋线/涡状线"窗口的 参数(P) 区域中选中 ⊙ 恒定螺距(C) 单选项。

② 定义螺旋方向。在 参数(P) 区域选中 ☑ 反向(V) 复选框。

③ 定义螺旋数值。在 高度(H): 文本框中输入数值 18.0，在 螺距(I): 文本框中输入数值 1.5，在 起始角度(S): 文本框中输入数值 135.0，选中 ⊙ 顺时针(C) 单选项。

（5）单击 按钮，完成螺旋线 1 的创建。

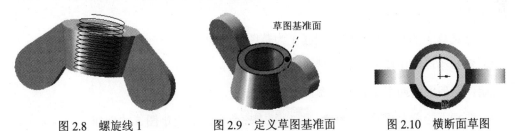

图 2.8　螺旋线 1　　　　图 2.9　定义草图基准面　　　　图 2.10　横断面草图

Step6. 创建图 2.11b 所示的倒角 1。

（1）选择下拉菜单 插入(I) ➡ 特征(F) ➡ 倒角(C)... 命令，系统弹出"倒角"窗口。

（2）选取图 2.11a 所示的边链为要倒角的对象。

a）倒角前　　　　　　　　　　　　b）倒角后

图 2.11　倒角 1

（3）在"倒角"窗口中选中 ⊙ 角度距离(A) 单选项,，然后在 文本框中输入数值 1.0，

在  文本框中输入数值 45.0。

（4）单击 ✔ 按钮，完成倒角 1 的创建。

Step7. 创建图 2.12 所示的基准面 1。

（1）选择命令。选择下拉菜单 插入(I) ➡ 参考几何体(G) ➡ ◇ 基准面(P)... 命令，系统弹出"基准面"窗口。

（2）定义基准面的参考实体。选取图 2.13 所示的螺旋线和螺旋线的一端点为基准面 1 的第一参考实体和第二参考实体。

图 2.12　基准面 1　　　　　　　　图 2.13　定义参考实体

（3）单击窗口中的 ✔ 按钮，完成基准面 1 的创建。

Step8. 创建图 2.14 所示的草图。

（1）选择命令。选择下拉菜单 插入(I) ➡ ✏ 草图绘制 命令（或单击"草图"工具栏中的 ✎ 按钮）。

（2）定义草图基准面。选取基准面 1 为草图基准面。

（3）在草绘环境中绘制图 2.14 所示的草图。

说明：草图中的两个定位尺寸参照对象为原点。

（4）选择下拉菜单 插入(I) ➡ ✏ 退出草图 命令，完成草图 5 的创建。

Step9. 创建图 2.15 所示的零件特征——切除-扫描 1。

（1）选择命令。选择下拉菜单 插入(I) ➡ 切除(C) ➡ ⑥ 扫描(S)... 命令，系统弹出"切除-扫描"窗口。

（2）定义切除-扫描的轮廓。在图形区中选取草图为切除-扫描 1 的轮廓。

（3）定义切除-扫描的路径。在图形区中选取螺旋线 1 为切除-扫描 1 的路径。

（4）单击 ✔ 按钮，完成切除-扫描 1 的创建。

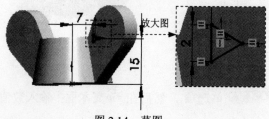

图 2.14　草图　　　　　　　　　　图 2.15　切除-扫描 1

Step10. 创建图 2.16b 所示的变化圆角 1。

（1）选择命令。选择下拉菜单 插入(I) ➡ 特征(F) ➡ 圆角(U)... 命令（或单击"特征（F）"工具栏中的 按钮），系统弹出"圆角"窗口。

（2）定义圆角类型。在"圆角"窗口中 手工 选项卡的 圆角类型(Y) 区域中选中 变半径(V) 单选项。

（3）选取要圆角的对象。在系统 选择要加圆角的边线 的提示下，选取图 2.16a 所示的边线 1 为要圆角的对象。

（4）定义圆角参数。

① 定义实例数。在"圆角"窗口中 变半径参数(P) 选项组的 文本框中输入数值 1。

说明：实例数即所选边线上需要设置半径值的点的数目（除起点和端点外）。

② 定义起点与端点半径。在 变半径参数(P) 区域的 列表中选择"v1"（边线的上端点），然后在 文本框中输入数值 1.0（即设置左端点的半径），按 Enter 键确定；在 列表中选择"v2"（边线的下端点），然后在 文本框中输入半径值 5.0，再按 Enter 键确定。

③ 在图形区选中边线 1 的中点（此时点被加入 列表中），然后在列表中选择点的表示项"P1"，在 文本框中输入数值 3.0，按 Enter 键确定。

（5）单击窗口中的 按钮，完成变化圆角 1 的创建。

说明：在选取边线 1 时，光标应靠近边线 1 的下端点处选取，否则会使得"v1"与"v2"相反，那么这时可定义相反的数值。

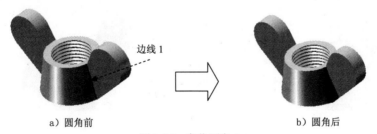

a）圆角前　　　　　　　　　　　　　　b）圆角后

图 2.16　变化圆角 1

Step11. 创建图 2.17b 所示的变化圆角 2。

（1）选择命令。选择下拉菜单 插入(I) ➡ 特征(F) ➡ 圆角(U)... 命令，系统弹出"圆角"窗口。

（2）定义圆角类型。在"圆角"窗口中 手工 选项卡的 圆角类型(Y) 区域中选中 变半径(V) 单选项。

（3）选取要圆角的对象。在系统 选择要加圆角的边线 的提示下，选取图 2.17a 所示的三条边线为要圆角的对象。

（4）定义圆角参数。

① 在 **圆角项目(I)** 区域中选中 **边线<1>**，定义实例数为 1，边线上三个点的半径值与变半径圆角 1 中边线的半径值一致。

② 参照 **边线<1>**，分别设置 **边线<2>** 与 **边线<3>** 的圆角半径，圆角数值均一致。

（5）单击窗口中的 ✔ 按钮，完成变化圆角 2 的创建。

a）圆角前　　　　　　　　b）圆角后

图 2.17　变化圆角 2

Step12. 创建图 2.18b 所示的圆角 1。

（1）选择命令。选择下拉菜单 **插入(I)** ➡ **特征(F)** ➡ **圆角 (U)...** 命令（或单击 按钮），系统弹出"圆角"窗口。

（2）定义圆角类型。在"圆角"窗口中的 **圆角类型(Y)** 区域中选中 **⊙ 等半径(C)** 单选项。

（3）定义圆角对象。选取图 2.18a 所示的两条边线为要圆角的对象。

（4）定义圆角的半径。在窗口中输入半径值 1.0。

（5）单击"圆角"窗口中的 ✔ 按钮，完成圆角 1 的创建。

a）圆角前　　　　　　　　b）圆角后

图 2.18　圆角 1

Step13. 创建图 2.19b 所示的圆角 2。要圆角的对象为图 2.19a 所示的边线，圆角半径值为 0.5。

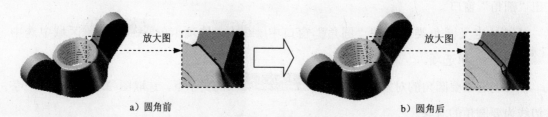

a）圆角前　　　　　　　　b）圆角后

图 2.19　圆角 2

Step14. 创建图 2.20b 所示的圆角 3。要圆角的对象为图 2.20a 所示的边线，圆角半径值为 0.6。

a）圆角前　　　　　　　　　　　　　b）圆角后

图 2.20　圆角 3

Step15. 创建图 2.21b 所示的圆角 4。要圆角的对象为图 2.21a 所示的边线，圆角半径值为 2.0。

a）圆角前　　　　　　　　　　　　　b）圆角后

图 2.21　圆角 4

Step16. 选择下拉菜单 文件(F) ➡ 📁保存(S) 命令，命名为 bfbolt，即可保存零件模型。

实例 3 杯 子

实例概述

　　该实例中使用的特征命令比较多，主要运用了旋转、扫描、切除—旋转、圆角及抽壳等特征命令，其中扫描命令的使用是重点，务必保证草图的正确性，否则此后的圆角将难以创建。该零件模型及设计树如图 3.1 所示。

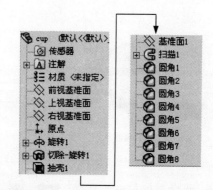

图 3.1　零件模型及设计树

　　Step1. 新建一个零件模型文件，进入建模环境。

　　Step2. 创建图 3.2 所示的零件基础特征——旋转 1。

　　（1）选择命令。选择下拉菜单 插入(I) ➡ 凸台/基体(B) ➡ 旋转(R)... 命令（或单击"特征（F）"工具栏中的 按钮），系统弹出"旋转"对话框。

　　（2）定义特征的横断面草图。

　　① 定义草图基准面。选取前视基准面为草图基准面，进入草绘环境。

　　② 绘制图 3.3 所示的横断面草图（包括旋转中心线）。

　　③ 完成草图绘制后，选择下拉菜单 插入(I) ➡ 退出草图 命令，退出草绘环境。

　　（3）定义旋转轴线。采用草图中绘制的左侧竖直线作为旋转轴线（此时旋转对话框中显示所选中心线的名称）。

　　（4）定义旋转属性。

　　① 定义旋转方向。采用系统默认的旋转方向。

　　② 定义旋转角度。在 方向1 区域的 文本框中输入数值 360.0。

（5）单击对话框中的 ✔ 按钮，完成旋转 1 的创建。

图 3.2 旋转 1

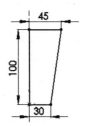

图 3.3 横断面草图

Step3. 创建图 3.4 所示的零件特征——切除－旋转 1。

（1）选择命令。选择下拉菜单 插入(I) ➡ 切除(C) ➡ 🔲 旋转(R)...命令。

（2）定义特征的横断面草图。

① 定义草图基准面。选取前视基准面为草图基准面。

② 绘制图 3.5 所示的横断面草图（包括旋转中心线）。

③ 完成草图绘制后，选择下拉菜单 插入(I) ➡ 🖉 退出草图命令，退出草绘环境。

（3）定义旋转轴线。采用草图中绘制的中心线作为旋转轴线。

（4）定义旋转属性。

① 定义旋转方向。采用系统默认的旋转方向。

② 定义旋转角度。在 方向1 区域的 文本框中输入数值 360.0。

（5）单击对话框中的 ✔ 按钮，完成切除－旋转 1 的创建。

图 3.4 切除－旋转 1

图 3.5 横断面草图

Step4. 创建图 3.6b 所示的零件特征——抽壳 1。

（1）选择下拉菜单 插入(I) ➡ 特征(F) ➡ 🔲 抽壳(S)...命令。

（2）定义要移除的面。选取图 3.6a 所示的模型的上表面为要移除的面。

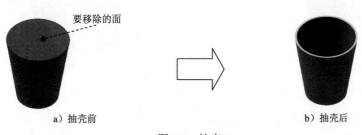

a）抽壳前   b）抽壳后

图 3.6 抽壳 1

（3）定义抽壳 1 的参数。在"抽壳 1"对话框的 参数(P) 区域中输入壁厚值 3.0。

（4）单击对话框中的 ✔ 按钮，完成抽壳 1 的创建。

Step5. 创建图 3.7 所示的草图 1。

（1）选择命令。选择下拉菜单 插入(I) ➡ 🖉 草图绘制 命令。

（2）定义草图基准面。选取前视基准面为草图基准面。

（3）绘制草图。在草绘环境中绘制图 3.7 所示的草图 1。

（4）选择下拉菜单 插入(I) ➡ 🖉 退出草图 命令，退出草图设计环境。

Step6. 创建图 3.8 所示的基准面 1。

（1）选择下拉菜单 插入(I) ➡ 参考几何体(G) ▶ ➡ ◇ 基准面(P)... 命令，系统弹出"基准面"对话框。

（2）定义基准面的参考。选取右视基准面和图 3.8 所示的端点作为参考实体。

（3）单击对话框中的 ✔ 按钮，完成基准面 1 的创建。

图 3.7 草图 1

图 3.8 基准面 1

Step7. 创建图 3.9 所示的草图 2。选择下拉菜单 插入(I) ➡ 🖉 草图绘制 命令；选取前视基准面为草图基准面，绘制草图 2。

Step8. 创建图 3.10 所示的特征——扫描 1。

（1）选择下拉菜单 插入(I) ➡ 凸台/基体(B) ➡ ⊊ 扫描(S)... 命令，系统弹出"扫描"对话框。

（2）定义扫描特征的轮廓。选择草图 2 为扫描 1 特征的轮廓。

（3）定义扫描特征的路径。选择草图 1 为扫描 1 特征的路径。

图 3.9 草图 2

图 3.10 扫描 1

（4）单击对话框中的 ✔ 按钮，完成扫描 1 的创建。

Step9. 创建图 3.11b 所示的圆角 1。

（1）选择命令。选择下拉菜单 插入(I) ➡ 特征(F) ➡ 🌑 圆角(F)... 命令,系统弹出"圆角"对话框。

（2）定义圆角类型。采用系统默认的圆角类型。

（3）定义圆角对象。选取图 3.11a 所示的边线为要圆角的对象。

（4）定义圆角的半径。在对话框中输入半径值 15。

（5）单击"圆角"对话框中的 ✔ 按钮,完成圆角 1 的创建。

图 3.11　圆角 1

Step10. 创建圆角 2。选取图 3.12 所示的四条边线为要圆角的对象,圆角半径为 3。

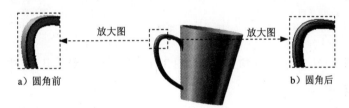

图 3.12　圆角 2

Step11. 创建圆角 3。选取图 3.13 所示的两条边线为要圆角的对象,圆角半径值为 1.5。

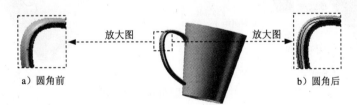

图 3.13　圆角 3

Step12. 创建圆角 4。选取图 3.14 所示的两条边线为要圆角的对象,圆角半径值为 0.8。

图 3.14　圆角 4

Step13. 创建图 3.15b 所示的圆角 5。

（1）选择命令。选择下拉菜单 插入(I) ➡ 特征(F) ➡ 圆角(F)... 命令，系统弹出"圆角"对话框。

（2）定义圆角对象。

① 在"圆角"对话框的 圆角类型(Y) 区域中选择 ⊙完整圆角(F) 单选项。

② 选取图 3.15a 所示的面 1 为边侧面组 1。

③单击以激活中央面组文本框，选取图 3.15a 所示的面 2 为中央面组。

④单击以激活边侧面组 2 文本框，选取和边侧面组 1 相对的面为边侧面组 2。

（3）单击"圆角"对话框中的 ✔ 按钮，完成圆角 5 的创建。

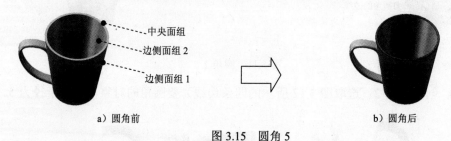

a）圆角前　　　　　　　　　　　　b）圆角后

图 3.15　圆角 5

Step14. 创建图 3.16b 所示的圆角 6。选取图 3.16a 所示的边侧面组 1、中央面组及边侧面组 2 为要圆角的对象。

a）圆角前　　　　　　　　　　　　b）圆角后

图 3.16　圆角 6

Step15. 创建图 3.17b 所示的圆角 7。

（1）选择命令。选择下拉菜单 插入(I) ➡ 特征(F) ➡ 圆角(F)... 命令，系统弹出"圆角"对话框。

（2）定义圆角类型。采用系统默认的圆角类型。

（3）定义圆角对象。选取图 3.17a 所示的边线为要圆角的对象。

（4）定义圆角的半径。在对话框中输入半径值 3.0。

（5）单击"圆角"对话框中的 ✔ 按钮，完成圆角 7 的创建。

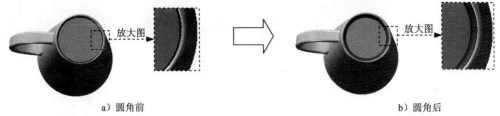

图 3.17　圆角 7

Step16. 创建图 3.18b 所示的圆角 8。选取图 3.18a 所示的边线为要圆角的对象，圆角半径为 5.0。

图 3.18　圆角 8

Step17. 至此，零件模型创建完毕。选择下拉菜单 文件(F) ➡ 保存(S) 命令，命名为 cup，即可保存零件模型。

实例4 排 气 管

实例概述

该实例中使用的命令较多，主要运用了拉伸、扫描、放样、圆角及抽壳等命令，设计思路是先创建互相交叠的拉伸、扫描、放样特征，再对其进行抽壳，从而得到模型的主体结构，其中扫描和放样的综合使用是重点，务必保证草图的正确性，否则此后的圆角将难以创建。该零件模型及设计树如图 4.1 所示。

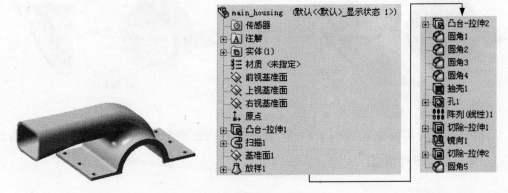

图 4.1　零件模型及设计树

Step1. 新建一个零件模型文件，进入建模环境。

Step2. 创建图 4.2 所示的零件基础特征——凸台-拉伸 1。

（1）选择命令。选择下拉菜单 插入(I) → 凸台/基体(B) → 拉伸(E)...命令。

（2）定义特征的横断面草图。

① 定义草图基准面。选取前视基准面为草图基准面。

② 定义横断面草图。在草绘环境中绘制图 4.3 所示的草图 1。

图 4.2　凸台-拉伸 1　　　　　　　图 4.3　草图 1

（3）定义拉伸深度属性。

① 定义深度方向。采用系统默认的深度方向。

② 定义深度类型和深度值。在"凸台-拉伸"窗口中 方向1 区域的下拉列表中选择

两侧对称 选项，输入深度值 220.0。

（4）单击 ✔ 按钮，完成凸台-拉伸 1 的创建。

Step3. 创建图 4.4 所示的草图 2。

（1）选择命令。选择下拉菜单 插入(I) ➡ 🖉 草图绘制 命令。

（2）定义草图基准面。选取上视基准面为草图基准面。

（3）绘制草图。在草绘环境中绘制图 4.4 所示的草图。

（4）选择下拉菜单 插入(I) ➡ 🖉 退出草图 命令，退出草图设计环境。

Step4. 创建图 4.5 所示的草图 3。选取前视基准面作为草图基准面。

注意：绘制直线和相切弧时，注意添加圆弧和凸台-拉伸 1 边界线的相切约束。

图 4.4　草图 2　　　　　　　　　　图 4.5　草图 3

Step5. 创建图 4.6 所示的扫描 1。

（1）选择下拉菜单 插入(I) ➡ 凸台/基体(B) ➡ 🗘 扫描(S)… 命令，系统弹出"扫描"窗口。

（2）定义扫描特征的轮廓。选取草图 2 作为扫描 1 的轮廓。

（3）定义扫描特征的路径。选取草图 3 作为扫描 1 的路径。

（4）单击窗口中的 ✔ 按钮，完成扫描 1 的创建。

Step6. 创建图 4.7 所示的基准面 1。

（1）选择下拉菜单 插入(I) ➡ 参考几何体(G) ➡ 🗙 基准面(P)… 命令，系统弹出"基准面"窗口。

（2）定义基准面的参考实体。选取图 4.7 所示的模型表面为参考实体。

（3）定义偏移方向及距离。采用系统默认的偏移方向，在 ↔ 后输入偏移距离值 160.0。

（4）单击窗口中的 ✔ 按钮，完成基准面 1 的创建。

图 4.6　扫描 1　　　　　　　　　图 4.7　基准面 1

Step7. 创建图 4.8 所示的草图 4。选取图 4.9 所示的模型表面为草图基准面。在草绘环境中绘制图 4.8 所示的草图时，此草图只需选中图 4.8 所示的边线，然后单击"草图（K）"工具栏中的"转换实体引用"按钮 ⬚，即可完成创建。

Step8. 创建图 4.10 所示的草图 5。选取基准面 1 为草图基准面，创建时可先绘制中心线，再绘制矩形，然后建立对称和重合约束，最后添加尺寸并修改尺寸值。

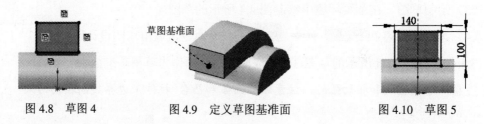

图 4.8　草图 4　　　　　图 4.9　定义草图基准面　　　　　图 4.10　草图 5

Step9. 创建图 4.11 所示的零件特征——放样 1。

（1）选择下拉菜单 插入(I) ➡ 凸台/基体(B) ➡ 🔔 放样(L)... 命令，系统弹出"放样"窗口。

（2）定义放样 1 特征的轮廓。选取草图 4 和草图 5 为放样 1 特征的轮廓。

注意：在选取放样 1 特征的轮廓时，轮廓的闭合点和闭合方向必须一致。

（3）单击窗口中的 ✅ 按钮，完成放样 1 的创建。

Step10. 创建图 4.12 所示的零件特征——凸台-拉伸 2。选择下拉菜单 插入(I) ➡ 凸台/基体(B) ➡ 🗐 拉伸(E)... 命令；选取上视基准面为草图基准面；在草绘环境中绘制图 4.13 所示的横断面草图；采用系统默认的深度方向， 定义深度类型和深度值。在"凸台-拉伸"窗口 方向1 区域的下拉列表中选择 给定深度 选项，输入深度值 10.0；单击窗口中的 ✅ 按钮，完成凸台-拉伸 2 创建。

图 4.11　放样 1　　　　　图 4.12　凸台-拉伸 2　　　　　图 4.13　横断面草图

Step11. 创建图 4.14b 所示的圆角 1。

（1）选择下拉菜单 插入(I) ➡ 特征(F) ➡ 🪨 圆角(U)... 命令，系统弹出"圆角"窗口。

（2）定义要圆角的对象。选取图 4.14a 所示的边线为要圆角的对象。

a）圆角前　　　　　　　　　　　　　b）圆角后

图 4.14　圆角 1

（3）定义圆角半径。在"圆角"窗口中输入圆角半径值 30.0。

（4）单击 ✔ 按钮，完成圆角 1 的创建。

Step12. 创建图 4.15b 所示的圆角 2。图 4.15a 所示的两条边线为要圆角的对象，圆角半径值为 30.0。

注意：圆角的每一段边线都要选取。

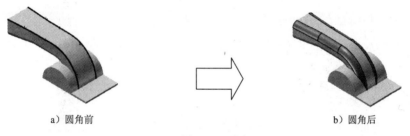

a）圆角前　　　　　　　　　　　　　b）圆角后

图 4.15　圆角 2

Step13. 创建图 4.16b 所示的圆角 3。选取图 4.16a 所示的边线为要圆角的对象，圆角半径值为 30.0。

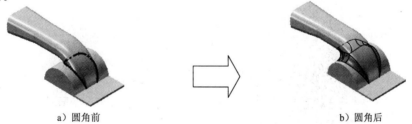

a）圆角前　　　　　　　　　　　　　b）圆角后

图 4.16　圆角 3

Step14. 创建图 4.17b 所示的圆角 4。选取图 4.17a 所示的边线为要圆角的对象，圆角半径值为 400.0。

a）圆角前　　　　　　　　　　　　　b）圆角后

图 4.17　圆角 4

Step15. 创建图 4.18b 所示的零件特征——抽壳 1。

（1）选择下拉菜单 插入(I) ➡ 特征(F) ➡ 抽壳(S)... 命令。

（2）定义要移除的面。选取图 4.18a 所示模型的两个端面为要移除的面。

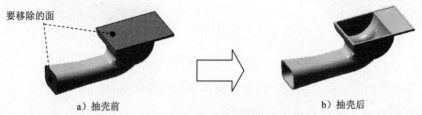

要移除的面

a）抽壳前　　　　　　　　　　　b）抽壳后

图 4.18　抽壳 1

（3）定义抽壳 1 的参数。在"抽壳 1"窗口的 参数(P) 区域输入壁厚值 8.0。

（4）单击窗口中的 ✔ 按钮，完成抽壳 1 的创建。

Step16. 创建图 4.19 所示的零件特征——孔 1。

（1）选择下拉菜单 插入(I) ➡ 特征(F) ➡ 孔(H) ➡ 简单直孔(S)... 命令。

（2）定义孔的放置面。选取图 4.20 所示的模型表面为孔 1 的放置面，此时系统弹出
"孔"窗口。

（3）定义孔的参数。

① 定义孔的深度。在"孔"窗口中 方向1 区域的下拉列表中选择 完全贯穿 选项。

② 定义孔的直径。在 方向1 区域的 ⊘ 文本框中输入数值 18.0。

（4）单击"孔"窗口中的 ✔ 按钮，完成孔 1 的创建。

放大图

图 4.19　孔 1　　　　　　　　孔的放置面

图 4.20　定义孔的放置面

（5）编辑孔的定位。

① 进入定位草图。在设计树中右击"孔 1"，从系统弹出的快捷菜单中单击 🖉 按钮，
进入草绘环境。

② 在草绘环境中建立图 4.21 所示的尺寸，然后将其修改为目标尺寸。

③ 约束完成后，退出草绘环境。

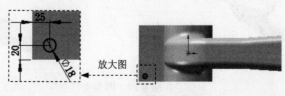

25

20

⊘18

放大图

图 4.21　编辑孔的定位

Step17. 创建图 4.22 所示的线性阵列 1。

（1）选择下拉菜单 插入(I) ➡ 阵列/镜向(E) ➡ 线性阵列(L)... 命令，系统弹出"线性阵列"窗口。

（2）定义阵列参数。

① 定义方向 1 的参考边线。选取图 4.23 所示的模型边线为方向 1 的参考边线。

② 定义方向 1 的参数。在 方向1 区域的 D1 文本框中输入数值 90.0；在 文本框中输入数值 3。

（3）定义阵列源特征。选取孔 1 作为阵列的源特征。

图 4.22　线性阵列 1　　　　　　　图 4.23　选择参考边线

（4）单击窗口中的 按钮，完成线性阵列 1 的创建。

Step18. 创建图 4.24 所示的零件特征——切除-拉伸 1

（1）选择下拉菜单 插入(I) ➡ 切除(C) ➡ 拉伸(E)... 命令。

（2）定义特征的横断面草图。

① 定义草图基准面。选取图 4.25 所示的模型表面为草图基准面。

② 定义横断面草图。在草绘环境中绘制图 4.26 所示的横断面草图。

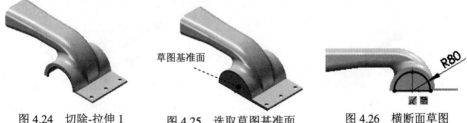

图 4.24　切除-拉伸 1　　　图 4.25　选取草图基准面　　　图 4.26　横断面草图

（3）定义切除深度属性。

① 定义切除深度方向。采用系统默认的切除深度方向。

② 定义深度类型和深度值。在"切除-拉伸"窗口中 方向1 区域的下拉列表中选择 成形到下一面 选项。

（4）单击窗口中的 按钮，完成切除-拉伸 1 的创建。

Step19. 添加图 4.27 所示的镜像 1。

（1）选择下拉菜单 插入(I) ➡ 阵列/镜向(E) ➡ 镜向(M)...命令。

（2）定义镜像基准面。选取右视基准面为镜像基准面。

（3）定义镜像对象。选取凸台-拉伸 2 和阵列（线性）1 为镜像 1 的对象。

a）镜像前 b）镜像后

图 4.27 镜像 1

（4）单击窗口中的 ✔ 按钮，完成镜像 1 的创建。

Step20. 创建图 4.28 所示的零件特征——切除-拉伸 2。选择下拉菜单 插入(I) ➡ 切除(C) ➡ 拉伸(E)...命令；选取图 4.29 所示的模型表面为草图基准面，在草绘环境中绘制图 4.30 所示的横断面草图；采用系统默认的切除深度方向；在"切除-拉伸"窗口中 方向1 区域的下拉列表中选择 完全贯穿 选项；单击窗口中的 ✔ 按钮，完成切除-拉伸 2 的创建。

图 4.28 切除-拉伸 2 图 4.29 选取草图基准面 图 4.30 横断面草图

Step21. 创建图 4.31b 所示的圆角 5。要圆角的对象为图 4.31a 所示的边线，圆角半径值为 10.0。

a）圆角前 b）圆角后

图 4.31 圆角 5

Step22. 保存零件模型。选择下拉菜单 文件(F) ➡ 保存(S) 命令，将模型命名为 main_housing，即可保存零件模型。

实例 5 外 壳

实例概述

该实例是一个外壳模型，主要运用基本的拉伸和切除-拉伸特征，该零件模型及设计树如图 5.1 所示。

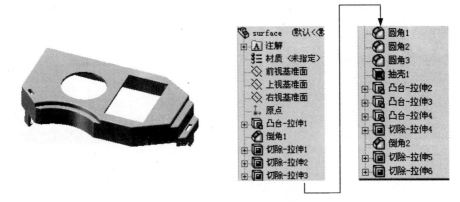

图 5.1 零件模型及设计树

Step1. 新建一个零件模型文件，进入建模环境。

Step2. 创建图 5.2 所示的零件基础特征——凸台-拉伸 1。

（1）选择命令。选择下拉菜单 插入(I) ➡ 凸台/基体(B) ➡ 拉伸(E)... 命令。

（2）定义特征的横断面草图。

① 定义草图基准面。选取前视基准面为草图基准面。

② 定义横断面草图。在草绘环境中绘制图 5.3 所示的横断面草图。

图 5.2 凸台-拉伸 1

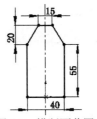

图 5.3 横断面草图

（3）定义拉伸深度属性。

① 定义深度方向。采用系统默认的深度方向。

② 定义深度类型和深度值。在"凸台-拉伸"对话框 方向1 区域的下拉列表框中选择 给定深度 选项，输入深度值 10.0。

（4）单击 ✔ 按钮，完成凸台-拉伸 1 的创建。

Step3. 创建图 5.4b 所示的倒角 1。

（1）选择命令。选择下拉菜单 插入(I) ➡ 特征(F) ➡ 🪣 倒角(C)... 命令，弹出"倒角"对话框。

（2）定义倒角类型。采用系统默认的倒角类型。

（3）定义倒角对象。选取图 5.4a 所示的边线为要倒角的对象。

（4）定义倒角半径及角度。在"倒角"对话框的 文本框中输入数值 10，在 后的文本框中输入数值 45.0。

（5）单击 ✔ 按钮，完成倒角 1 的创建。

a）倒角前　　　　　　　　　　　　　　　　　b）倒角后

图 5.4　倒角 1

Step4. 创建图 5.5 所示的零件特征——切除-拉伸 1。

（1）选择下拉菜单 插入(I) ➡ 切除(C) ▸ ➡ 🔲 拉伸(E)... 命令。

（2）定义特征的横断面草图。

① 选取前视基准面作为草图基准面。

② 在草绘环境中绘制图 5.6 所示的横断面草图。

（3）定义切除深度属性。

① 定义切除深度方向。采用系统默认的切除深度方向。

② 定义深度类型和深度值。在"切除-拉伸"对话框 **方向 1** 区域中单击 按钮，选择反向，在下拉列表框中选择 完全贯穿 选项

（4）单击对话框中的 ✔ 按钮，完成切除-拉伸 1 的创建。

图 5.5　切除－拉伸 1

图 5.6　横断面草图

Step5. 创建图 5.7 所示的零件特征——切除-拉伸 2。选择下拉菜单 插入(I) ➡ 切除(C) ▸ ➡ 🔲 拉伸(E)... 命令，选取前视基准面为草图基准面，在草绘环境中绘制图

5.8 所示的横断面草图(草图中的圆弧用等距实体命令绘制),在"切除－拉伸"对话框区域中单击 按钮,在下拉列表框中选择 给定深度 选项,输入深度值 2.0,单击对话框中的 按钮,完成切除-拉伸 2 的创建。

图 5.7　切除－拉伸 2

图 5.8　横断面草图

Step6. 创建图 5.9 所示的零件特征——切除-拉伸 3。选择下拉菜单 插入(I) ➡ 切除(C) ▸ ➡ 拉伸(E)... 命令,选取右视基准面为草图基准面,在草绘环境中绘制图 5.10 所示的横断面草图,采用系统默认的切除深度方向,定义深度类型和深度值。在"切除-拉伸"对话框 方向1 区域的下拉列表框中选择 完全贯穿 选项,在 方向2 区域的下拉列表框中选择 完全贯穿 选项,单击对话框中的 按钮,完成切除-拉伸 3 的创建。

图 5.9　切除－拉伸 3

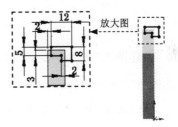

图 5.10　横断面草图

Step7. 创建图 5.11b 所示的圆角 1。

(1)选择下拉菜单 插入(I) ➡ 特征(F) ▸ ➡ 圆角(F)... 命令。

(2)定义圆角类型。采用系统默认的圆角类型。

(3)定义圆角的对象。选择图 5.11a 所示的边线为要圆角的对象。

(4)定义圆角的半径。在"圆角"对话框中输入圆角半径值 1.0。

(5)单击 按钮,完成圆角 1 的创建。

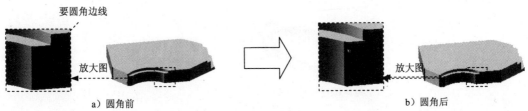

a)圆角前　　　　　　　　　　　　　　　　　b)圆角后

图 5.11　圆角 1

Step8. 创建图 5.12b 所示的圆角 2。选择下拉菜单 插入(I) ➡ 特征(F) ➡
🔷 圆角(F)…命令，采用系统默认的圆角类型，选择图 5.12a 所示的边线为要圆角的对象，
在"圆角"对话框中输入圆角半径值 1.0，单击 ✅ 按钮，完成圆角 2 的创建。

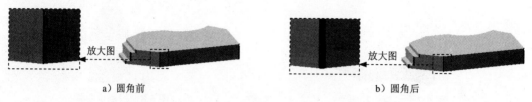

a）圆角前　　　　　　　　　　　　　　b）圆角后

图 5.12　圆角 2

Step9. 创建图 5.13b 所示的圆角 3。要圆角的对象为图 5.13a 所示的边线，圆角半径为
0.5。

a）圆角前　　　　　　　　　　　　　　（b）圆角后

图 5.13　圆角 3

Step10. 创建图 5.14b 所示的零件特征——抽壳 1。

（1）选择下拉菜单 插入(I) ➡ 特征(F) ➡ 🔲 抽壳(S)…命令。

（2）定义要移除的面。选取图 5.14a 所示的模型的面为要移除的面。

要移除的面

a）抽壳前　　　　　　　　　　　　　　b）抽壳后

图 5.14　抽壳 1

（3）定义抽壳 1 的参数。在"抽壳 1"对话框的 参数(P) 区域中输入壁厚值 1。

（4）单击对话框中的 ✅ 按钮，完成抽壳 1 的创建。

Step11. 创建图 5.15 所示的零件特征——凸台-拉伸 2。

图 5.15　凸台-拉伸 2

（1）选择下拉菜单 插入(I) ➡ 凸台/基体(B) ➡ 🔲 拉伸(E)…命令。

（2）定义特征的横断面草图。选取图 5.16 所示的模型表面为草图基准面，在草绘环境中绘制图 5.17 所示的横断面草图。

图 5.16 草图基准面

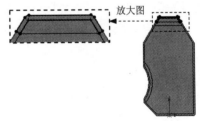

图 5.17 横断面草图

（3）定义拉伸深度属性。

① 定义深度方向。采用系统默认的深度方向。

② 定义深度类型和深度值。在"凸台-拉伸"对话框 **方向1** 区域的下拉列表框中选择 **给定深度** 选项，输入深度值 2.0。

（4）单击 ✔ 按钮，完成凸台-拉伸 2 的创建。

Step12. 创建图 5.18 所示的零件特征——凸台－拉伸 3。选择下拉菜单 **插入(I)** ➡ **凸台/基体(B)** ➡ **拉伸(E)...** 命令，选取右视基准面为草图基准面，在草绘环境中绘制图 5.19 所示的横断面草图，采用系统默认的深度方向，定义深度类型和深度值。在"凸台-拉伸"对话框 **方向1** 区域的下拉列表框中选择 **两侧对称** 选项，输入深度值 4.0，单击 ✔ 按钮，完成凸台-拉伸 3 的创建。

图 5.18 凸台-拉伸 3

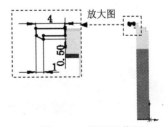

图 5.19 横断面草图

Step13. 创建图 5.20 所示的零件特征——凸台－拉伸 4。选择下拉菜单 **插入(I)** ➡ **凸台/基体(B)** ➡ **拉伸(E)...** 命令，选取图 5.21 所示的模型表面作为草图基准面，在草绘环境中绘制图 5.22 所示的横断面草图，采用系统默认的深度方向，定义深度类型和深度值。在"凸台-拉伸"对话框 **方向1** 区域的下拉列表框中选择 **给定深度** 选项，输入深度值 6.0，单击 ✔ 按钮，完成凸台-拉伸 4 的创建。

图 5.20 凸台-拉伸 4

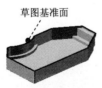

图 5.21 草图基准面

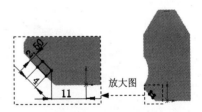

图 5.22 横断面草图

Step14. 创建图 5.23 所示的零件特征——切除-拉伸 4，选择下拉菜单 插入(I) ➡️ 切除(C) ▸ ➡️ 拉伸(E)... 命令，选取图 5.24 所示的模型表面为草图基准面，绘制图 5.25 所示的横断面草图，采用系统默认的切除深度方向。在"切除-拉伸"对话框 方向1 区域的下拉列表框中选择 完全贯穿 选项，在 方向2 区域的下拉列表框中选择 给定深度 选项，输入深度值 5.0，单击对话框中的 ✅ 按钮，完成切除-拉伸 4 的创建。

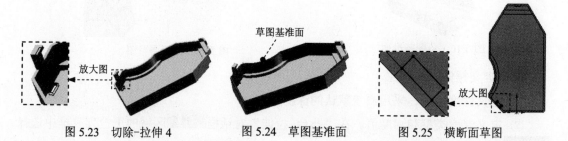

图 5.23　切除-拉伸 4　　　　图 5.24　草图基准面　　　　图 5.25　横断面草图

Step15. 创建图 5.26b 所示的倒角 2。

（1）选择命令。选择下拉菜单 插入(I) ➡️ 特征(F) ▸ ➡️ 倒角(C)... 命令，弹出"倒角"对话框。

（2）定义倒角类型。采用系统默认的倒角类型。

（3）定义倒角对象。选取图 5.26a 所示的边线为要倒角的对象。

（4）定义倒角半径及角度。在"倒角"对话框的 ⟋D 文本框中输入数值 1.5，在 📐 后的文本框中输入数值 45.0。

（5）单击 ✅ 按钮，完成倒角 2 的创建。

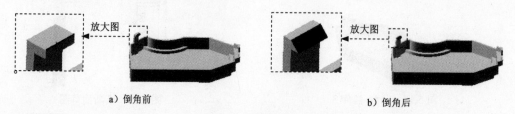

a）倒角前　　　　　　　　　　　　　　　　b）倒角后

图 5.26　倒角 2

Step16. 创建图 5.27 所示的零件特征——切除-拉伸 5。选取前视基准面为草图基准面，绘制横断面草图如图 5.28 所示；在"切除-拉伸"对话框 方向1 区域中单击 🔄 按钮，在下拉列表框中选择 完全贯穿 选项。

图 5.27　切除—拉伸 5

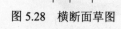

图 5.28　横断面草图

Step17. 创建图 5.29 所示的零件特征——切除-拉伸 6。选取前视基准面为草图基准面，绘制横断面草图如图 5.30 所示；在"切除-拉伸"对话框 方向1 区域中单击 按钮，在下拉列表框中选择 给定深度 选项，输入深度值 10.0，单击对话框中的 按钮，完成切除-拉伸 6 的创建。

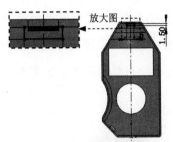

图 5.29 切除－拉伸 6   图 5.30 横断面草图

Step18. 至此，零件模型创建完毕。选择下拉菜单 文件(F) ➡ 保存 (S) 命令，命名为 surface，即可保存零件模型。

实例 6　儿童玩具篮

实例概述

　　本实例讲解了儿童玩具篮的设计过程，在其设计过程中运用了拉伸、切除-拉伸、拔模、抽壳、基准面、筋、阵列（线性）、镜像、圆角等特征命令，注意切除-拉伸的创建及圆角顺序等过程中用到的技巧和注意事项。相应的零件模型及设计树如图 6.1 所示。

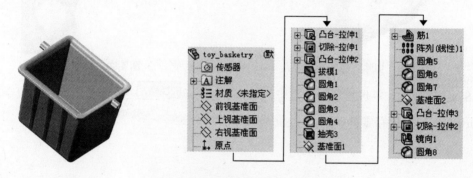

图 6.1　零件模型及设计树

　　Step1. 新建模型文件。选择下拉菜单 文件(F) ➡ 新建 (N)...命令，在系统弹出的"新建 SolidWorks 文件"对话框中选择"零件"模块，单击 确定 按钮，进入建模环境。

　　Step2. 创建图 6.2 所示的零件基础特征——凸台-拉伸 1。

　　（1）选择命令。选择下拉菜单 插入(I) ➡ 凸台/基体 (B) ➡ 拉伸 (E)...命令。

　　（2）定义特征的横断面草图。

　　① 定义草图基准面。选取前视基准面为草图基准面。

　　② 定义横断面草图。在草绘环境中绘制图 6.3 所示的横断面草图。

　　③ 选择下拉菜单 插入(I) ➡ 退出草图命令，退出草绘环境，此时系统弹出"凸台-拉伸"对话框。

　　（3）定义拉伸深度属性。

　　① 定义深度方向。采用系统默认的深度方向。

　　② 定义深度类型和深度值。在"凸台-拉伸"对话框 方向1 区域的下拉列表框中选择 给定深度 选项，输入深度值 40.0。

　　（4）单击 ✔ 按钮，完成凸台-拉伸 1 的创建。

图 6.2　凸台-拉伸 1

图 6.3　横断面草图

Step3. 创建图 6.4 所示的零件特征——切除-拉伸 1。

（1）选择命令。选择下拉菜单 插入(I) ➡ 切除(C) ➡ 拉伸(E)... 命令。

（2）定义特征的横断面草图。

① 定义草图基准面。选取图 6.5 所示的平面为草图基准面。

② 定义横断面草图。在草绘环境中绘制图 6.6 所示的横断面草图。

③ 选择下拉菜单 插入(I) ➡ 退出草图 命令，完成横断面草图的创建。

（3）定义切除深度属性。

① 定义切除深度方向。采用系统默认的切除深度方向。

② 定义深度类型及深度值。在"切除-拉伸"对话框 方向1 区域的下拉列表框中选择 成形到下一面 选项。

（4）单击对话框中的 ✔ 按钮，完成切除-拉伸 1 的创建。

图 6.4　切除-拉伸 1

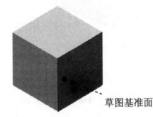
图 6.5　草图基准面

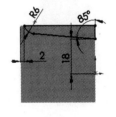
图 6.6　横断面草图

Step4. 创建图 6.7 所示的零件特征——凸台-拉伸 2。

（1）选择命令。选择下拉菜单 插入(I) ➡ 凸台/基体(B) ➡ 拉伸(E)... 命令。

（2）定义特征的横断面草图。

① 定义草图基准面。选取图 6.8 所示的实体表面为草图基准面。

② 定义横断面草图。在草绘环境中绘制图 6.9 所示的横断面草图。

（3）单击"凸台-拉伸"对话框中的 ↗ 按钮，在 方向1 区域的下拉列表框中选择 成形到一顶点 选项，然后选取图 6.8 所示的顶点作为拉伸终止点。

（4）单击 ✔ 按钮，完成凸台-拉伸 2 的创建。

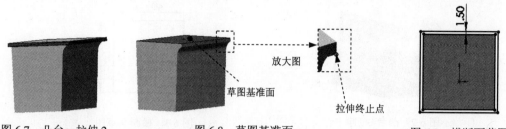

图 6.7　凸台－拉伸 2　　　　图 6.8　草图基准面　　　　图 6.9　横断面草图

Step5. 创建图 6.10 所示的零件特征——拔模 1。

（1）选择命令。选择下拉菜单 插入(I) ➡ 特征(F) ➡ 拔模(D)...命令。

（2）定义拔模面。选取图 6.11 所示的四个模型表面为拔模面。

（3）定义拔模中性面。选取图 6.12 所示的底面为中性面。

（4）定义拔模参数。

① 定义拔模方向。采用系统默认的拔模方向。

② 定义拔模角度。在"拔模"对话框的 拔模角度(G) 区域的 文本框后输入 3.0。

（5）单击 按钮，完成拔模 1 的创建。

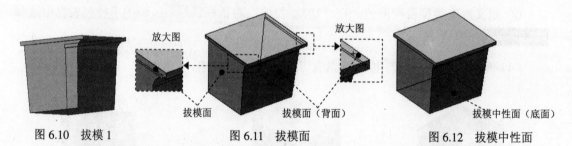

图 6.10　拔模 1　　　　图 6.11　拔模面　　　　图 6.12　拔模中性面

Step6. 创建图 6.13b 示的圆角 1。

（1）选择命令。选择下拉菜单 插入(I) ➡ 特征(F) ➡ 圆角(F)...命令，系统弹出"圆角"对话框。

（2）定义圆角类型。采用系统默认的圆角类型。

（3）定义圆角对象。选取图 6.13a 所示的边线为要圆角的对象。

（4）定义圆角的半径。在对话框中输入半径值 3。

（5）单击"圆角"对话框中的 按钮，完成圆角 1 的创建。

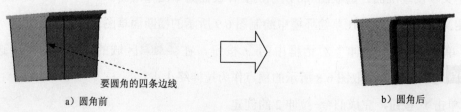

a）圆角前　　　　　　　　　　　　　　　b）圆角后

图 6.13　圆角 1

Step7. 创建图 6.14b 所示的圆角 2。选取图 6.14a 所示的边线为要圆角的对象，圆角半径为 3。

图 6.14　圆角 2

Step8. 创建图 6.15b 所示的圆角 3。选取图 6.15a 所示的边线为要圆角的对象，圆角半径值为 1.0。

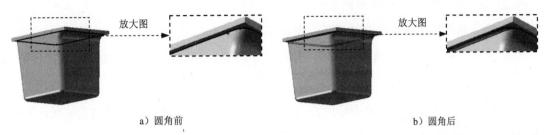

图 6.15　圆角 3

Step9. 创建图 6.16b 所示的圆角 4。选取图 6.16a 所示的边线为要圆角的对象，圆角半径值为 3。

图 6.16　圆角 4

Step10. 创建图 6.17b 所示的零件特征——抽壳 1。

（1）选择命令。选择下拉菜单 插入(I) ➡ 特征(F) ➡ 抽壳(S)... 命令。

（2）定义要移除的面。选取图 6.17a 所示的模型表面为要移除的面。

图 6.17　抽壳 1

（3）定义抽壳的参数。在"抽壳 1"对话框的 参数(P) 区域输入壁厚值 2.0。

（4）单击对话框中的 ✔ 按钮，完成抽壳 1 的创建。

Step11. 创建图 6.18 所示的基准面 1。

（1）选择下拉菜单 插入(I) ➡ 参考几何体(G) ▸ ➡ ◇ 基准面(P)... 命令，系统弹出"基准面"对话框。

（2）选取右视基准面为参考实体，输入偏移距离 10.0。

（3）单击 ✔ 按钮，完成基准面 1 的创建。

Step12. 创建图 6.19 所示的零件特征——筋 1。

（1）选择下拉菜单 插入(I) ➡ 特征(F) ➡ 🖕 筋(R)... 命令。

（2）定义筋（肋）特征的横断面草图。

① 定义草图基准面。选取基准面 1 为草图基准面。

② 绘制图 6.20 所示的横断面草图，建立尺寸约束和几何约束，并修改为目标尺寸。

（3）定义筋特征的参数。

① 定义筋的生成方向。单击拉伸方向下的"平行于草图"按钮，采用系统默认的生成方向。

② 定义筋的厚度。在"筋"对话框的 参数(P) 区域中单击 ☰（两侧）按钮，输入筋厚度值 2.0。

（4）单击 ✔ 按钮，完成筋 1 的创建。

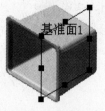
图 6.18　基准面 1

图 6.19　筋 1

图 6.20　横断面草图

Step13. 创建图 6.21b 所示的阵列（线性）1。

（1）选择下拉菜单 插入(I) ➡ 阵列/镜向(E) ➡ ▦ 线性阵列(L)... 命令，系统弹出"线性阵列"对话框。

（2）定义阵列源特征。选取筋 1 作为阵列的源特征。

（3）定义阵列参数。

① 定义方向 1 的参考边线。选择图 6.21a 所示的边线为方向 1 的参考边线。

② 定义方向 1 参数。在 方向1 区域中单击"反向"按钮 ↗，反转阵列方向，然后在 ↖D1

文本框中输入数值 10.0；在 文本框中输入数值 3。

（4）单击对话框中的 按钮，完成阵列（线性）1 的创建。

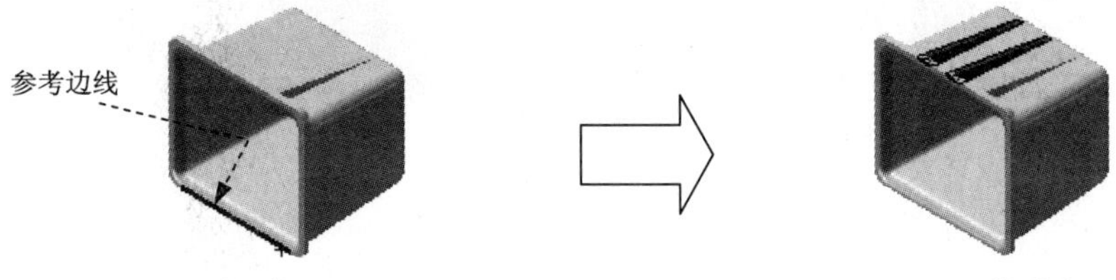

a）阵列前　　　　b）阵列后

图 6.21　阵列（线性）1

Step14. 创建图 6.22b 所示的圆角 5。

（1）选择命令。选择下拉菜单 插入(I) → 特征(F) → 圆角(F)... 命令，系统弹出“圆角”对话框。

（2）定义圆角类型。采用系统默认的圆角类型。

（3）定义圆角对象。选取图 6.22a 所示的边线为要圆角的对象。

（4）定义圆角的半径。在对话框中输入圆角半径值 0.5。

（5）单击“圆角”对话框中的 按钮，完成圆角 5 的创建。

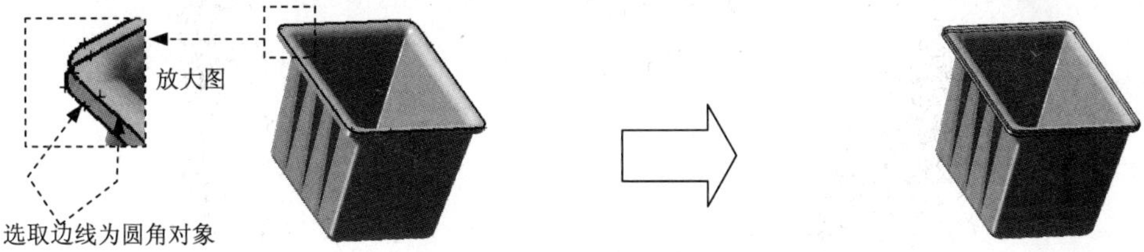

a）圆角前　　　　b）圆角后

图 6.22　圆角 5

Step15. 创建图 6.23b 所示的圆角 6。要圆角的对象为图 6.23a 所示的边线，圆角半径为 0.5。

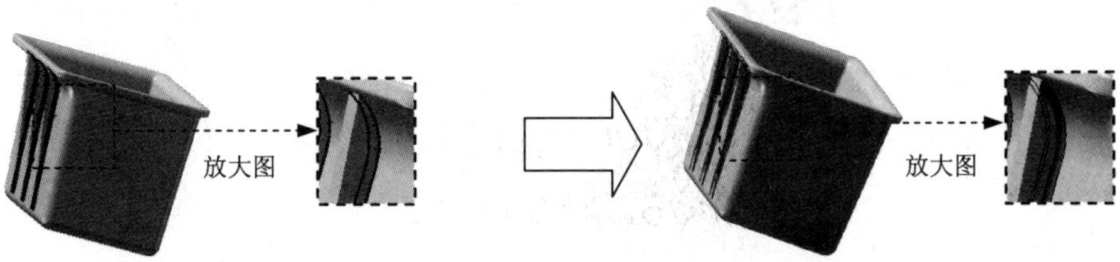

a）圆角前　　　　b）圆角后

图 6.23　圆角 6

Step16. 创建图 6.24b 所示的圆角 7。要圆角的对象为图 6.24a 所示的边线，圆角半径为 0.5。

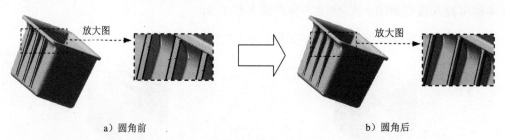

　　　　　a）圆角前　　　　　　　　　　　　　　　　　b）圆角后

图 6.24　圆角 7

Step17. 创建图 6.25 所示的基准面 2。

（1）选择下拉菜单 插入(I) ➡ 参考几何体(G) ➡ 基准面(P)... 命令，系统弹出
"基准面"对话框。

（2）选取右视基准面为参考实体，输入偏移距离 28.0。

（3）单击 ✔ 按钮，完成基准面 2 的创建。

Step18. 创建图 6.26 所示的零件特征——凸台-拉伸 3。

（1）选择命令。选择下拉菜单 插入(I) ➡ 凸台/基体(B) ➡ 拉伸(E)... 命令。

（2）定义特征的横断面草图。

① 定义草图基准面。选取基准面 2 为草图基准面。

② 定义横断面草图。在草绘环境中绘制图 6.27 所示的横断面草图。

（3）单击"凸台-拉伸"对话框中的 ↗ 按钮，在 方向1 区域的下拉列表框中选择
成形到下一面 选项。

（4）单击 ✔ 按钮，完成凸台-拉伸 3 的创建。

图 6.25　基准面 2　　　　　图 6.26　凸台-拉伸 3　　　　图 6.27　横断面草图

Step19. 创建图 6.28 所示的零件特征——切除-拉伸 2。

（1）选择命令。选择下拉菜单 插入(I) ➡ 切除(C) ➡ 拉伸(E)... 命令。

（2）定义特征的横断面草图。

① 定义草图基准面。选取基准面 2 为草图基准面。

② 定义横断面草图。在草绘环境中绘制图 6.29 所示的横断面草图。

③ 选择下拉菜单 插入(I) ➡ 退出草图 命令，完成横断面草图的创建。

（3）采用系统默认的切除深度方向；在"切除-拉伸"对话框 方向1 区域的下拉列表框
中选择 给定深度 选项，输入深度值 3.5。

（4）单击对话框中的 ✔ 按钮，完成切除-拉伸 2 的创建。

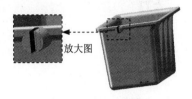

图 6.28 切除-拉伸 2

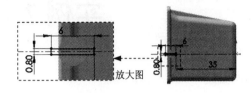

图 6.29 横断面草图

Step20. 创建图 6.30b 所示的镜像 1。

（1）选择命令。选择下拉菜单 插入(I) ➞ 阵列/镜向(E) ➞ 镜向(M)...命令。

（2）定义镜像基准面。选取右视基准面为镜像基准面。

（3）定义镜像对象。在设计树中凸台-拉伸 3 和切除-拉伸 2 为镜像 1 的对象。

（4）单击对话框中的 ✔ 按钮，完成镜像 1 的创建。

a）镜像前　　　　　　　　　　　　b）镜像后

图 6.30 镜像 1

Step21. 创建图 6.31 所示的圆角 8。

（1）选择命令。选择下拉菜单 插入(I) ➞ 特征(F) ➞ 圆角(F)...命令，系统弹出"圆角"对话框。

（2）定义圆角类型。采用系统默认的圆角类型。

（3）定义圆角对象。选取图 6.31a 所示的边线为要圆角的对象。

（4）定义圆角的半径。在对话框中输入圆角半径值 0.5。

（5）单击"圆角"对话框中的 ✔ 按钮，完成圆角 8 的创建。

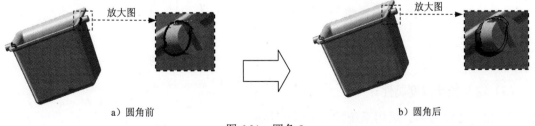

a）圆角前　　　　　　　　　　　　b）圆角后

图 6.31 圆角 8

Step22. 至此，零件模型创建完毕。选择下拉菜单 文件(F) ➞ 保存(S)命令，将模型命名为 toy_basketry，即可保存零件模型。

实例 7　旋　　钮

实例概述

　　本实例是一个日常生活中常见的微波炉调温旋钮。设计过程是：首先创建实体旋转特征和基准曲线，然后利用基准曲线并通过镜像构建边界曲面，再使用边界曲面切除来塑造实体，最后进行圆角、抽壳得到最终模型。零件实体模型及相应的设计树如图 7.1 所示。

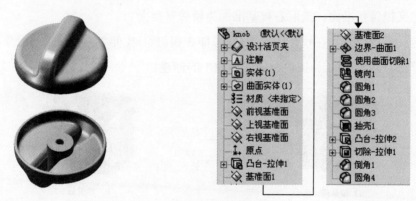

图 7.1　零件模型及设计树

Step1. 新建一个零件模型文件，进入建模环境。

Step2. 创建图 7.2 所示的零件基础特征——凸台-拉伸 1。

（1）选择命令。选择下拉菜单 插入(I) ➡ 凸台/基体(B) ➡ 拉伸(E)... 命令。

（2）定义特征的横断面草图。

① 定义草图基准面。选取前视基准面为草图基准面。

② 定义横断面草图。在草绘环境中绘制图 7.3 所示的草图 1。

图 7.2　凸台-拉伸 1

图 7.3　草图 1

（3）定义拉伸深度属性。

① 定义深度方向。采用系统默认的深度方向。

② 定义深度类型和深度值。在"凸台-拉伸"对话框 方向1 区域的下拉列表框中选择 给定深度 选项，输入深度值 5.0，在"凸台-拉伸"对话框的 ☑ 方向2 区域的下拉列表框中选

择 绘定深度 选项，输入深度值 20.0，在"凸台-拉伸"对话框的 方向2 区域中单击"拔模"按钮 ，在文本框中输入拔模角度值 10.0。

（4）单击 按钮，完成凸台-拉伸 1 的创建。

Step3. 创建图 7.4 所示的基准面 1。

（1）选择命令。选择下拉菜单 插入(I) ➡ 参考几何体(G) ▶ ➡ 基准面(P)... 命令，系统弹出"基准面"对话框。

（2）定义基准面参数。

① 定义基准面 1 的参考实体。选取上视基准面为参考实体。

② 定义偏移方向。采用系统默认的偏移方向。

③ 定义偏移距离。在"基准面"对话框中输入偏移距离值 35.0。

（3）单击对话框中的 按钮，完成基准面 1 的创建。

Step4. 创建图 7.5 所示的基准面 2。选择下拉菜单 插入(I) ➡ 参考几何体(G) ▶ ➡ 基准面(P)... 命令，系统弹出"基准面"对话框，选取上视基准面为参考实体，在偏移文本框中输入 35.0，选中 ☑反转 复选框，采用与系统默认方向相反的偏移方向。

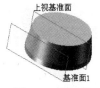

图 7.4　基准面 1

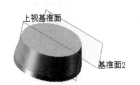

图 7.5　基准面 2

Step5. 创建图 7.6 所示的草图 2。

（1）选择命令。选择下拉菜单 插入(I) ➡ 草图绘制 命令。

（2）定义草图基准面。选取上视基准面为草图基准面。

（3）绘制草图。在草绘环境中绘制图 7.6 所示的草图。

（4）选择下拉菜单 插入(I) ➡ 退出草图 命令，退出草图设计环境。

Step6. 创建图 7.7 所示的草图 3。

（1）选择命令。选择下拉菜单 插入(I) ➡ 草图绘制 命令。

（2）定义草图基准面。选取基准面 1 作为草图基准面。

（3）绘制草图。在草绘环境中绘制图 7.7 所示的草图。

（4）选择下拉菜单 插入(I) ➡ 退出草图 命令，退出草图设计环境。

Step7. 创建图 7.8 所示的草图 4。选取基准面 2 为草图基准面，在草绘环境中绘制图 7.8 所示的草图。

注意：在绘制草图 4 时，可直接引用草图 3。具体操作方法如下：进入草绘环境后，选中草图 3，然后单击"草图（K）"工具栏中的"转换实体引用"按钮，即可完成草图 4 的创建。

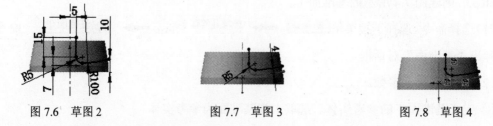

图 7.6　草图 2　　　　图 7.7　草图 3　　　　图 7.8　草图 4

Step8. 创建图 7.9b 所示的边界-曲面 1。

（1）选择命令。选择下拉菜单 插入(I) ➡ 曲面(S) ➡ 边界曲面(B)... 命令，系统弹出"边界-曲面"对话框。

（2）定义方向 1 的边界曲线。依次选取图 7.9a 所示的草图 3、草图 2 和草图 4 为 方向1 的边界曲线（注意：闭合点的闭合方向要一致）。

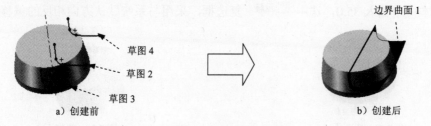

图 7.9　创建边界-曲面 1

（3）定义相切类型。采用系统默认的相切类型。

（4）单击对话框中的 ✔ 按钮，完成边界-曲面 1 的创建。

Step9. 创建图 7.10b 所示的"使用曲面切除 1"。

（1）选择命令。选择下拉菜单 插入(I) ➡ 切除(C) ➡ 使用曲面(U) 命令，系统弹出"使用曲面切除"对话框。

（2）定义切除曲面。选择图 7.10a 所示的边界曲面 1 为切除曲面。

图 7.10　使用曲面切除 1

（3）单击对话框中的 ✔ 按钮，完成使用曲面切除 1 的创建。

Step10. 隐藏边界曲面 1。在设计树中右击 ⊞ ◈ 边界-曲面1 ，然后在弹出的快捷菜单中选择隐藏命令，完成"边界曲面 1"的隐藏，隐藏结果如图 7.11b 所示。

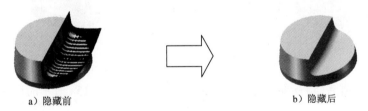

a）隐藏前　　　　　　　　　　　b）隐藏后

图 7.11　隐藏边界曲面 1

Step11. 创建图 7.12b 所示的镜像 1。

（1）选择下拉菜单 插入(I) ➡ 阵列/镜向(E) ➡ 镜向(M)... 命令。

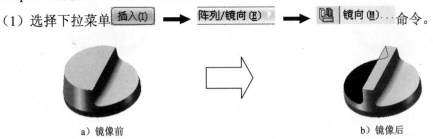

a）镜像前　　　　　　　　　　　b）镜像后

图 7.12　镜像 1

（2）定义镜像基准面。选取右视基准面为镜像基准面。

（3）定义要镜像的对象。选取使用曲面切除 1 为要镜像的对象。

（4）单击对话框中的 ✔ 按钮，完成镜像 1 的创建。

Step12. 创建图 7.13b 所示的圆角 1。

（1）选择下拉菜单 插入(I) ➡ 特征(F) ➡ 圆角(F)... 命令，系统弹出"圆角"对话框。

（2）定义要圆角的对象。选取图 7.13a 所示的边线为要圆角的对象。

（3）定义圆角半径。在"圆角"对话框中输入圆角半径值 15.0。

（4）单击 ✔ 按钮，完成圆角 1 的创建。

倒圆角边线

a）圆角前　　　　　　　　　　　b）圆角后

图 7.13　圆角 1

Step13. 创建图 7.14b 所示的圆角 2。要圆角的对象为图 7.14a 所示的边线，圆角半径为 2.0。

图 7.14　圆角 2

Step14. 创建图 7.15b 所示的圆角 3。要圆角的对象为图 7.15a 所示的边线，圆角半径为 15.0。

图 7.15　圆角 3

Step15. 创建图 7.16b 所示的抽壳 1。

（1）选择下拉菜单 插入(I) ➡ 特征(F) ➡ 抽壳(S)... 命令，系统弹出"抽壳 1"对话框。

（2）定义要移除的面。选取图 7.16a 所示的模型表面为要移除的面。

图 7.16　抽壳 1

（3）定义厚度值。在 后的文本框中输入数值 2.0，选中 ☑ 壳厚朝外(S) 复选框。

（4）单击对话框中的 按钮，完成抽壳 1 的创建。

Step16. 创建图 7.17 所示的零件基础特征——凸台-拉伸 2。

（1）选择下拉菜单 插入(I) ➡ 凸台/基体(B) ➡ 拉伸(E)... 命令。

（2）选取前视基准面为草图基准面，在草绘环境中绘制图 7.18 所示的横断面草图。

（3）在"拉伸"对话框的 方向1 区域的下拉列表框中选择 成形到一面 选项，选择图 7.19 所示的面为拉伸终止面；在"凸台-拉伸"对话框的 方向2 区域的下拉列表框中选择 成形到下一面 选项。

（4）单击 按钮，完成凸台-拉伸 2 的创建。

图 7.17　凸台-拉伸 2

图 7.18　横断面草图

图 7.19　拉伸终止面

Step17. 创建图 7.20 所示的零件特征——切除-拉伸 1。

（1）选择命令。选择下拉菜单 插入(I) ➡ 切除(C) ➡ 拉伸(E)... 命令。

（2）定义特征的横断面草图。

① 定义草图基准面。选取图 7.21 所示的模型表面为草图基准面。

② 定义横断面草图。在草绘环境中绘制图 7.22 所示的横断面草图。

③ 选择下拉菜单 插入(I) ➡ 退出草图 命令，完成横断面草图的创建。

（3）定义切除深度属性。

① 定义切除深度方向。采用系统默认的切除深度方向。

② 定义深度类型及深度值。在"切除-拉伸"对话框的 方向1 区域的下拉列表框中选择 给定深度 选项，输入深度值 5.0。

（4）单击对话框中的 ✔ 按钮，完成切除-拉伸 1 的创建。

图 7.20　切除-拉伸 1

图 7.21　草图基准面

图 7.22　横断面草图

Step18. 创建图 7.23b 所示的倒角 1。

（1）选择命令。选择下拉菜单 插入(I) ➡ 特征(F) ➡ 倒角(C)... 命令，弹出"倒角"对话框。

（2）定义倒角类型。采用系统默认的倒角类型。

（3）定义倒角对象。选取图 7.23a 所示的边线为要倒角的对象。

（4）定义倒角半径及角度。在"倒角"对话框的 ⟋ 文本框中输入数值 0.5，在 ⟋ 后的文本框中输入数值 45.0。

（5）单击 ✔ 按钮，完成倒角 1 的创建。

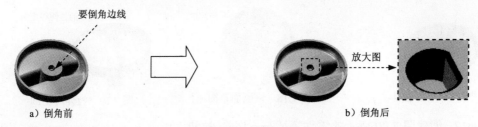

图 7.23　倒角 1

Step19. 创建图 7.24b 所示的圆角 4。要圆角的对象为图 7.24a 所示的边线，圆角半径为 1.0。

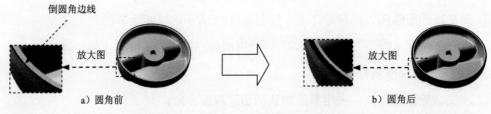

图 7.24　圆角 4

Step20. 至此，零件模型创建完毕。选择下拉菜单 文件(F) ➡ 保存(S) 命令，将模型命名为 knob，即可保存零件模型。

实例 8　剃 须 刀 盖

实例概述

　　本实例主要运用了实体建模的基本技巧，包括实体拉伸、切除—拉伸及变圆角等特征命令，其中的变圆角特征的创建需要读者多花时间练习才能更好地掌握。该零件模型及设计树如图 8.1 所示。

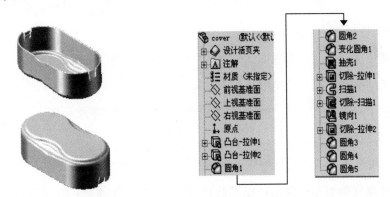

图 8.1　零件模型及设计树

　　Step1. 新建模型文件。选择下拉菜单 文件(F) ➡ 新建(N)...命令，在系统弹出的"新建 SolidWorks 文件"对话框中选择"零件"模块，单击 确定 按钮，进入建模环境。

　　Step2. 创建图 8.2 所示的零件基础特征——凸台-拉伸 1。

　　（1）选择命令。选择下拉菜单 插入(I) ➡ 凸台/基体(B) ➡ 拉伸(E)...命令。

　　（2）定义特征的横断面草图。

　　① 定义草图基准面。选取上视基准面为草图基准面。

　　② 定义横断面草图。在草绘环境中绘制图 8.3 所示的草图 1。

　　③ 选择下拉菜单 插入(I) ➡ 退出草图命令，退出草绘环境，此时系统弹出"凸台-拉伸"对话框。

　　（3）定义拉伸深度属性。

　　① 定义深度方向。采用系统默认的深度方向。

　　② 定义深度类型和深度值。在"凸台-拉伸"对话框的 方向1 区域的下拉列表框中选择 给定深度选项，输入深度值 18.0。

图 8.2   凸台-拉伸 1

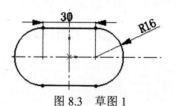

图 8.3   草图 1

（4）单击 ✔ 按钮，完成凸台-拉伸 1 的创建。

Step3. 创建图 8.4 所示的零件特征——凸台-拉伸 2。

（1）选择命令。选择下拉菜单 插入(I) ➡ 凸台/基体(B) ➡ 拉伸(E)... 命令。

（2）定义特征的横断面草图。

① 定义草图基准面。选取图 8.5 所示的模型表面为草图基准面。

② 定义横断面草图。在草绘环境中绘制图 8.6 所示的草图 2。

③ 选择下拉菜单 插入(I) ➡ 退出草图 命令，退出草绘环境。

（3）定义拉伸深度属性。

① 定义深度方向。采用系统默认的深度方向。

② 定义深度类型和深度值。在"凸台-拉伸"对话框 方向1 区域的下拉列表框中选择 给定深度 选项，输入深度值 2.0。

（4）单击 ✔ 按钮，完成凸台-拉伸 2 的创建。

图 8.4   凸台-拉伸 2

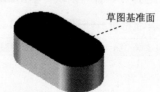

图 8.5   草图基准面

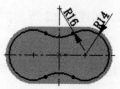

图 8.6   草图 2

Step4. 创建图 8.7b 所示的圆角 1。

（1）选择命令。选择下拉菜单 插入(I) ➡ 特征(F) ➡ 圆角(F)... 命令，系统弹出"圆角"对话框。

（2）定义圆角类型。采用系统默认的圆角类型。

（3）定义圆角对象。选取图 8.7a 所示的边线为要圆角的对象。

（4）定义圆角的半径。在对话框中输入圆角半径值 2.0。

（5）单击"圆角"对话框中的 ✔ 按钮，完成圆角 1 的创建。

Step5. 创建图 8.8b 所示的圆角 2。

（1）选择命令。选择下拉菜单 插入(I) ➡ 特征(F) ➡ 圆角(F)...命令。

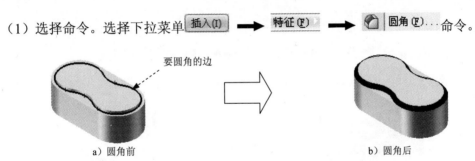

a）圆角前   b）圆角后

图 8.7 圆角 1

（2）定义圆角类型。采用系统默认的圆角类型。

（3）定义圆角对象。选取图 8.8a 所示的边线为要圆角的对象。

（4）定义圆角的半径。在对话框中输入半径值 2.0。

（5）单击"圆角"对话框中的 ✔ 按钮，完成圆角 2 的创建。

a）圆角前   b）圆角后

图 8.8 圆角 2

Step6. 创建图 8.10 所示的变化圆角 1。

（1）选择命令。选择下拉菜单 插入(I) ➡ 特征(F) ➡ 圆角(F)...命令。

（2）定义圆角类型。选择 ⊙ 变半径(V) 单选按钮。

（3）定义圆角对象。选取图 8.9 所示的边线为要圆角的对象，在边线上会出现亮点。选择 8.9 所示的点。

（4）定义圆角的半径。选择要定义半径的圆角。在对话框中输入半径值。其中点 1、2 处半径值为 1.5，点 3、4、5、6 处半径值为 3，点 7、8 处半径值为 4。

（5）单击"圆角"对话框中的 ✔ 按钮，完成变化圆角 1 的创建。

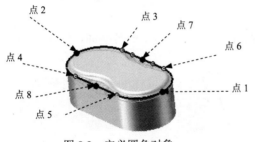

图 8.9 定义圆角对象

图 8.10 变化圆角 1

Step7. 创建图 8.11b 所示的零件特征——抽壳 1。

（1）选择下拉菜单 插入(I) ➡ 特征(F) ➡ 抽壳(S)... 命令。

（2）定义要移除的面。选取图 8.11a 所示模型表面为要移除的面。

图 8.11　抽壳 1

（3）定义抽壳 1 的参数。在"抽壳 1"对话框的 参数(P) 区域中输入壁厚值 1，选中 ☑ 壳厚朝外(S) 复选框。

（4）单击对话框中的 ✔ 按钮，完成抽壳 1 的创建。

Step8. 创建图 8.12 所示的零件特征——切除-拉伸 1。

（1）选择下拉菜单 插入(I) ➡ 切除(C) ➡ 拉伸(E)... 命令。

（2）定义特征的横断面草图。

① 选取右视基准面作为草图基准面。

② 在草绘环境中绘制图 8.13 所示的草图 3。

（3）定义切除深度属性。

① 定义切除深度方向。采用系统默认的切除深度方向。

② 定义深度类型和深度值。在"切除-拉伸"对话框的 方向1 和 ☑ 方向2 区域的下拉列表框中均选择 完全贯穿 选项。

（4）单击对话框中的 ✔ 按钮，完成切除-拉伸 1 的创建。

图 8.12　切除-拉伸 1

图 8.13　草图 3

Step9. 创建图 8.15 所示的草图 4。以图 8.14 所示的面为草图基准面，绘制草图 4。

图 8.14　草图基准面

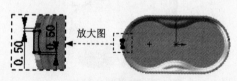

图 8.15　草图 4

Step10. 创建图 8.16 所示的草图 5。选取前视基准面为草图基准面,绘制草图 5。

Step11. 创建图 8.17 所示的特征——扫描 1。

（1）选择下拉菜单 插入(I) ➡ 凸台/基体(B) ➡ 扫描(S)... 命令,系统弹出"扫描"对话框。

（2）定义扫描特征的轮廓。选择草图 4 为扫描 1 特征的轮廓。

（3）定义扫描特征的路径。选择草图 5 为扫描 1 特征的路径。

（4）单击对话框中的 按钮,完成扫描 1 的创建。

图 8.16　草图 5　　　　　　　　　　　图 8.17　扫描 1

Step12. 创建图 8.19 所示的草图 6。选取图 8.18 所示的模型表面为草图基准面,绘制草图 6。

图 8.18　草图基准面　　　　　　　　　图 8.19　草图 6

Step13. 创建如图 8.20 所示的草图 7。选取前视基准面为草图基准面,绘制草图 7。

Step14. 创建图 8.21 所示的切除-扫描 1。

（1）选择命令。选择下拉菜单 插入(I) ➡ 切除(C) ➡ 扫描(S)...命令,系统弹出"切除-扫描"对话框。

（2）定义扫描特征的轮廓。选择草图 6 为扫描特征的轮廓。

（3）定义扫描特征的路径。选择草图 7 为扫描特征的路径。

（4）单击对话框中的 按钮,完成切除-扫描 1 的创建。

图 8.20　草图 7　　　　　　　　　　　图 8.21　切除-扫描 1

Step15. 创建图 8.22b 所示的镜像 1。

（1）选择下拉菜单 插入(I) ➡ 阵列/镜向(E) ➡ 镜向(M)...命令。

（2）定义镜像基准面。选取右视基准面为镜像基准面。

（3）定义镜像对象。选择切除-扫描 1 为镜像 1 的对象。

a）镜像前

b）镜像后

图 8.22　镜像 1

（4）单击对话框中的 ✔ 按钮，完成镜像 1 的创建。

Step16. 创建零件特征——切除-拉伸 2。

（1）选择下拉菜单 插入(I) ➡ 切除(C) ➡ 🔲 拉伸(E)... 命令。

（2）定义特征的横断面草图。选取图 8.23 所示的模型表面为草图基准面，在草绘环境中绘制图 8.24 所示的横断面草图。

（3）定义切除深度属性。

① 定义切除深度方向。采用系统默认的切除深度方向值。

② 定义深度类型和深度值。在"切除-拉伸"对话框的 方向1 区域的下拉列表框中选择 给定深度 选项，输入深度值为 2.0。

（4）单击对话框中的 ✔ 按钮，完成切除-拉伸 2 的创建。

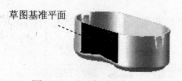

图 8.23　切除-拉伸 2

图 8.24　横断面草图

Step17. 创建图 8.25b 所示的圆角 3。

（1）选择命令。选择下拉菜单 插入(I) ➡ 特征(F) ➡ 🔵 圆角(F)... 命令，系统弹出"圆角"对话框。

（2）定义圆角类型。选择 ⊙ 等半径(C) 单选按钮。

（3）定义圆角对象。选取图 8.25a 所示的八条边线为要圆角的对象。

（4）定义圆角的半径。在对话框中输入圆角半径值 0.20。

（5）单击"圆角"对话框中的 ✔ 按钮，完成圆角 3 的创建。

图 8.25　圆角 3

　　Step18. 创建图 8.26b 所示的圆角 4。要圆角的对象为图 8.26a 所示的边线，圆角半径为 2.0。

图 8.26　圆角 4

　　Step19. 创建图 8.27b 所示的圆角 5。要圆角的对象为图 8.27a 所示的边线，圆角半径为 1.0。

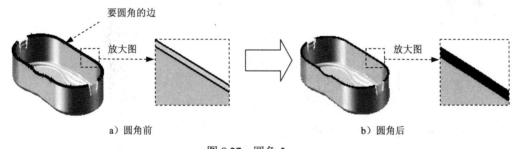

图 8.27　圆角 5

　　Step20. 至此，零件模型创建完毕。选择下拉菜单 文件(F) ➡ 保存(S) 命令，将模型命名为 cover，即可保存零件模型。

实例9 打火机壳

实例概述

该实例介绍了一个打火机外壳的创建过程，其中用到的命令比较简单，关键在于草图中曲线轮廓的构建，曲线的质量决定了曲面是否光滑，读者也可留意一下。该零件模型及设计树如图9.1所示。

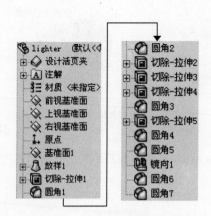

图 9.1 零件模型及设计树

Step1. 新建一个零件模型文件，进入建模环境。

Step2. 创建图 9.2 所示的草图 1。

（1）选择命令。选择下拉菜单 `插入(I)` ➝ `草图绘制` 命令。

（2）定义草图基准面。选取前视基准面为草图基准面。

（3）绘制草图。在草绘环境中绘制图 9.2 所示的草图 1。

（4）选择下拉菜单 `插入(I)` ➝ `退出草图` 命令，退出草图设计环境。

Step3. 创建图 9.3 所示的草图 2。选择下拉菜单 `插入(I)` ➝ `草图绘制` 命令，选取上视基准面为草图基准面，绘制草图 2。

Step4. 创建图 9.4 所示的草图 3（在草绘环境下镜像草图 2）。选择下拉菜单 `插入(I)` ➝ `草图绘制` 命令，选择上视基准面为草图基准面，绘制图草图 3。

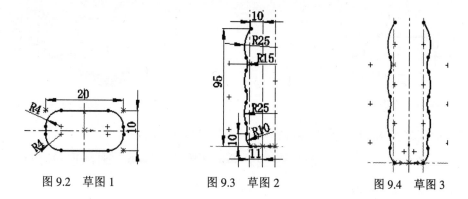

图 9.2　草图 1　　　　图 9.3　草图 2　　　　图 9.4　草图 3

Step5. 创建图 9.5a 所示的基准面 1。

（1）选择下拉菜单 插入(I) ➡ 参考几何体(G) ➡ 基准面(P)... 命令，系统弹出"基准面"对话框。

（2）定义基准面的参考实体。选取前视基准面和图 9.5b 所示的端点为参考实体。

（3）定义偏移参数。

（4）单击对话框中的 ✅ 按钮，完成基准面 1 的创建。

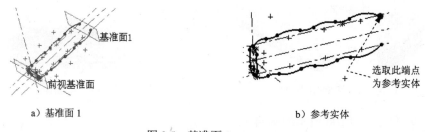

a）基准面 1　　　　　　　　　　　　　　b）参考实体

图 9.5　基准面 1

Step6. 绘制草图 4。选择下拉菜单 插入(I) ➡ 草图绘制 命令，选取基准面 1 为草图基准面，绘制图 9.6 所示的草图 4。

Step7. 创建图 9.7 所示的放样 1。

（1）选择下拉菜单 插入(I) ➡ 凸台/基体(B) ➡ 放样(L)... 命令，系统弹出"放样"对话框。

（2）定义放样特征的轮廓。选取草图 4 和草图 1 为放样 1 的轮廓。

（3）定义放样特征的引导线。选取草图 3 和草图 2 为放样引导线，然后在"放样"对话框的 引导线(G) 区域的 引导线感应类型(V) 下拉列表框中选择 到下一引线 选项。

（4）单击对话框中的 ✅ 按钮，完成放样 1 的创建。

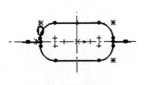

图 9.6　草图 4

图 9.7　放样 1

Step8. 创建图 9.8 所示的零件特征——切除-拉伸 1。

（1）选择命令。选择下拉菜单 插入(I) ➡ 切除(C) ➡ 拉伸(E)... 命令。

（2）定义特征的横断面草图。

① 定义草图基准面。选取图 9.8 所示的模型表面为草图基准面。

② 绘制横断面草图。在草绘环境中绘制图 9.9 所示的横断面草图。

③ 选择下拉菜单 插入(I) ➡ 退出草图 命令，完成横断面草图的创建。

（3）定义切除深度属性。在"切除-拉伸"对话框 方向1 区域中的下拉列表框中选择 给定深度 选项，在 $D1$ 后的文本框中输入数值 1.0。

（4）单击对话框中的 ✔ 按钮，完成切除-拉伸 1 创建。

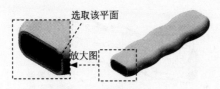

图 9.8　切除-拉伸 1

图 9.9　横断面草图

Step9. 创建图 9.10b 所示的圆角 1。

（1）选择命令。选择下拉菜单 插入(I) ➡ 特征(F) ➡ 圆角(F)... 命令，系统弹出"圆角"对话框。

（2）定义圆角类型。采用系统默认的圆角类型。

（3）定义圆角对象。选取图 9.10a 所示的边线为要圆角的对象。

（4）定义圆角的半径。在对话框中输入半径值 0.5。

（5）单击"圆角"对话框中的 ✔ 按钮，完成圆角 1 的创建。

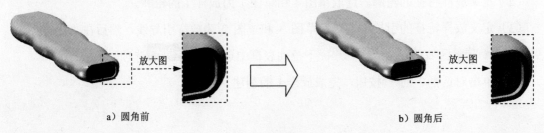

a）圆角前　　　　　　　　　　　　　　　　b）圆角后

图 9.10　圆角 1

Step10. 创建图 9.11b 所示的圆角 2。选取图 9.11a 所示的边线为要圆角的对象，圆角半径为 0.1。

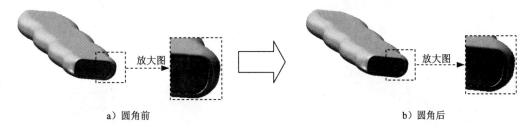

　　　　a）圆角前　　　　　　　　　　　　　　　　　　　　b）圆角后

图 9.11　圆角 2

Step11. 创建图 9.12 所示的零件特征——切除-拉伸 2。

（1）选择命令。选择下拉菜单 插入(I) ➡ 切除(C) ➡ 拉伸(E)... 命令。

（2）定义特征的横断面草图。

① 定义草图基准面。选取上视基准面为草图基准面。

② 定义横断面草图。在草绘环境中绘制图 9.13 所示的横断面草图。

③ 选择下拉菜单 插入(I) ➡ 退出草图 命令，完成横断面草图的创建。

（3）定义切除深度属性。

① 定义切除深度方向。采用系统默认的切除深度方向。

② 定义切除深度属性。在"切除-拉伸"对话框的 方向1 和 方向2 区域的下拉列表框中均选择 完全贯穿 选项。

（4）单击对话框中的 ✔ 按钮，完成切除-拉伸 2 的创建。

图 9.12　切除-拉伸 2

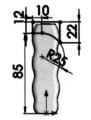

图 9.13　横断面草图

Step12. 创建图 9.14 所示的零件特征——切除-拉伸 3。

（1）选择命令。选择下拉菜单 插入(I) ➡ 切除(C) ➡ 拉伸(E)... 命令。

（2）定义特征的横断面草图。

① 定义草图基准面。选取图 9.14 所示的表平面为草图基准面。

② 绘制横断面草图。在草绘环境中绘制图 9.15 所示的横断面草图（草图中的圆弧部分是用"转换实体引用"命令来绘制的）。

③ 选择下拉菜单 插入(I) ➡ 退出草图 命令，完成横断面草图的创建。

（3）定义切除深度属性。采用系统默认的切除深度方向；在"切除-拉伸"对话框的 方向1 区域的下拉列表框中选择 给定深度 选项，在 后的文本框中输入数值 80.0。

（4）单击对话框中的 ✔ 按钮，完成切除-拉伸 3 创建。

选取此表平面
为草图基准面

图 9.14　切除-拉伸 3

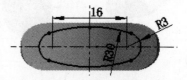

图 9.15　横断面草图

Step13. 创建图 9.16 所示的零件特征——切除-拉伸 4。

（1）选择命令。选择下拉菜单 插入(I) ➡ 切除(C) ➡ 拉伸(E)... 命令。

（2）定义特征的横断面草图。

① 定义草图基准面。选取前视基准面为草图基准面。

② 定义横断面草图。在草绘环境中绘制图 9.17 所示的横断面草图。

③ 选择下拉菜单 插入(I) ➡ 退出草图 命令，完成横断面草图的创建。

（3）定义切除深度属性。

① 定义切除深度方向。采用系统默认的切除深度方向。

② 定义切除深度属性。在"切除-拉伸"对话框 方向1 区域的下拉列表框中选择 完全贯穿 选项。

（4）单击对话框中的 ✔ 按钮，完成切除-拉伸 4 的创建。

图 9.16　切除-拉伸 4

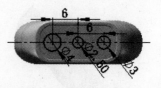

图 9.17　横断面草图

Step14. 创建图 9.18b 所示的圆角 3。

（1）选择命令。选择下拉菜单 插入(I) ➡ 特征(F) ➡ 圆角(F)... 命令，系统弹出"圆角"对话框。

（2）定义圆角类型。采用系统默认的圆角类型。

（3）定义圆角对象。选取图 9.18a 所示的三个圆为要圆角的对象。

（4）定义圆角的半径。在对话框中输入半径值 0.2。

（5）单击"圆角"对话框中的 ✔ 按钮，完成圆角 3 的创建。

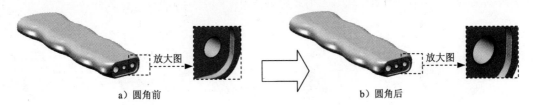

a）圆角前　　　　　　　　　　　　　b）圆角后

图 9.18　圆角 3

Step15. 创建图 9.19 所示的零件特征——切除-拉伸 5。

（1）选择命令。选择下拉菜单 插入(I) ➡ 切除(C) ➡ 拉伸(E)... 命令。

（2）定义特征的横断面草图。

① 定义草图基准面。选取右视基准面为草图基准面。

② 定义横断面草图。在草绘环境中绘制图 9.20 所示的横断面草图。

③ 选择下拉菜单 插入(I) ➡ 退出草图 命令，完成横断面草图的创建（其中尺寸 20 是圆弧到原点的垂直距离）。

（3）定义切除深度属性。

① 定义切除深度方向。采用系统默认的切除深度方向。

② 定义切除深度属性。在"切除-拉伸"对话框的 方向1 区域的下拉列表框中选择 完全贯穿 选项。

（4）单击对话框中的 ✓ 按钮，完成切除-拉伸 5 的创建。

图 9.19　切除-拉伸 5

图 9.20　横断面草图

Step16. 创建图 9.21b 所示的圆角 4。

（1）选择命令。选择下拉菜单 插入(I) ➡ 特征(F) ➡ 圆角(F)... 命令，系统弹出"圆角"对话框。

（2）定义圆角类型。采用系统默认的圆角类型。

（3）定义圆角对象。选取图 9.21a 所示的四条边线为要圆角的对象。

（4）定义圆角的半径。在对话框中输入半径值 0.5。

（5）单击"圆角"对话框中的 ✓ 按钮，完成圆角 4 的创建。

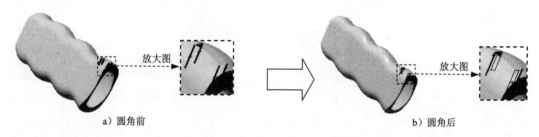

a）圆角前   b）圆角后

图 9.21 圆角 4

Step17. 创建图 9.22b 所示的圆角 5。选取图 9.22a 所示的边线为要圆角的对象，圆角半径为 0.2。

a）圆角前   b）圆角后

图 9.22 圆角 5

Step18. 创建图 9.23b 所示的镜像 1。

（1）选择下拉菜单 ➡ 插入(I) ➡ 阵列/镜向(E) ➡ 镜向(M)...命令。

（2）定义镜像基准面。选取上视基准面为镜像基准面。

（3）定义镜像对象。选择圆角 5，圆角 4 和切除-拉伸 5 作为镜像 1 的对象。

a）镜像前   b）镜像后

图 9.23 镜像 1

（4）单击对话框中的 ✔ 按钮，完成镜像 1 的创建。

Step19. 创建图 9.24b 所示的圆角 6。选取图 9.24a 所示的边线为要圆角的对象，圆角半径为 0.5。

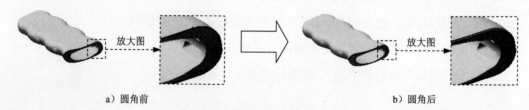

a）圆角前   b）圆角后

图 9.24 圆角 6

Step20. 创建圆角 7。选取图 9.25a 所示的边线为要圆角的对象，圆角半径为 0.5，如图 9.25b 所示。

a）圆角前　　　　　　　　　　　　　　　　　　b）圆角后

图 9.25　圆角 7

Step21. 至此，零件模型创建完毕。选择下拉菜单 文件(F) ➡ 保存 (S) 命令，命名为 lighter，即可保存零件模型。

实例 10　在曲面上创建实体文字

实例概述

　　该实例主要是帮助读者更深刻地理解拉伸、切除-拉伸、圆角、抽壳、筋、阵列及包覆等命令，其中包覆命令是本范例的重点内容，范例中详细讲解了如何在曲面上创建实体文字的过程。零件模型及设计树如图 10.1 所示。

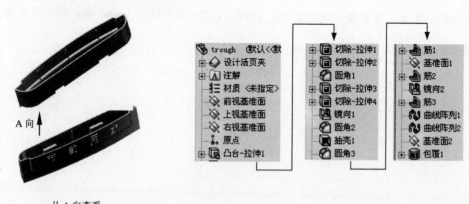

A 向

从 A 向查看　　　　　图 10.1　零件模型及设计树

　　Step1. 新建模型文件。选择下拉菜单 文件(F) ➡ 新建 (N)... 命令，在系统弹出的"新建 SolidWorks 文件"对话框中选择"零件"模块，单击 确定 按钮，进入建模环境。

　　Step2. 创建图 10.2 所示的零件基础特征——凸台-拉伸 1。

　　（1）选择命令。选择下拉菜单 插入(I) ➡ 凸台/基体 (B) ➡ 拉伸 (E)... 命令。

　　（2）定义特征的横断面草图。

　　① 定义草图基准面。选取前视基准面为草图基准面。

　　② 定义横断面草图。在草绘环境中绘制图 10.3 所示的横断面草图。

　　③ 选择下拉菜单 插入(I) ➡ 退出草图 命令，退出草绘环境，此时系统弹出"拉伸"对话框。

图 10.2　凸台-拉伸 1

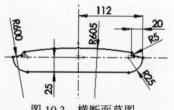

图 10.3　横断面草图

　　（3）定义拉伸深度属性。

① 定义深度方向。采用系统默认的深度方向。

② 定义深度类型和深度值。在"凸台-拉伸"对话框 方向1 区域的下拉列表框中选择 给定深度 选项，在 ↘D₁ 文本框中输入深度值 40.0。

（4）单击 ✔ 按钮，完成凸台-拉伸 1 的创建。

Step3. 创建图 10.4 所示的零件特征——切除-拉伸 1。

（1）选择命令。选择下拉菜单 插入(I) ➡ 切除(C) ➡ 拉伸(E)... 命令。

（2）定义特征的横断面草图。

① 定义草图基准面。选取图 10.4 所示的模型表面为草图基准面。

② 定义横断面草图。在草绘环境中绘制图 10.5 所示的横断面草图。

③ 选择下拉菜单 插入(I) ➡ 退出草图 命令，完成横断面草图的创建。

（3）定义切除深度属性。采用系统默认的切除深度方向；在"切除-拉伸"对话框 方向1 区域的下拉列表框中选择 给定深度 选项，输入深度值 15.0。

（4）单击对话框中的 ✔ 按钮，完成切除-拉伸 1 的创建。

图 10.4　切除-拉伸 1

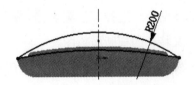

图 10.5　横断面草图

Step4. 创建图 10.6 所示的零件特征——切除-拉伸 2。

（1）选择命令。选择下拉菜单 插入(I) ➡ 切除(C) ➡ 拉伸(E)... 命令。

（2）定义特征的横断面草图。

① 定义草图基准面。选取图 10.7 所示的模型表面为草图基准面。

② 定义横断面草图。在草绘环境中绘制图 10.8 所示的横断面草图。

③ 选择下拉菜单 插入(I) ➡ 退出草图 命令，完成横断面草图的创建。

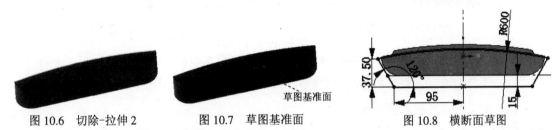

图 10.6　切除-拉伸 2　　　　图 10.7　草图基准面　　　　图 10.8　横断面草图

（3）定义切除深度属性。采用系统默认的切除深度方向；在"切除-拉伸"对话框 方向1 区域的下拉列表框中选择 给定深度 选项，输入深度值 3.0。

（4）单击对话框中的 ✔ 按钮，完成切除-拉伸 2 的创建。

Step5. 创建图 10.9b 所示的圆角 1。

（1）选择命令。选择下拉菜单 插入(I) ➡ 特征(F) ➡ 圆角(F)...命令，系统弹出"圆角"对话框。

（2）定义圆角类型。采用系统默认的圆角类型。

（3）定义圆角对象。选取图 10.9a 所示的边线为要圆角的对象。

（4）定义圆角的半径。在对话框中输入半径值 3.0。

（5）单击"圆角"对话框中的 ✔ 按钮，完成圆角 1 的创建。

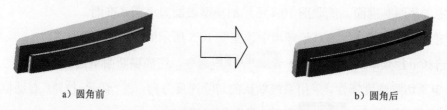

a）圆角前   b）圆角后

图 10.9　圆角 1

Step6. 创建图 10.10 所示的零件特征——切除-拉伸 3。

（1）选择命令。选择下拉菜单 插入(I) ➡ 切除(C) ➡ 拉伸(E)...命令。

（2）定义特征的横断面草图。

① 定义草图基准面。选取图 10.10 所示的模型表面为草图基准面。

② 定义横断面草图。在草绘环境中绘制图 10.11 所示的横断面草图。

③ 选择下拉菜单 插入(I) ➡ 退出草图命令，完成横断面草图的创建。

（3）定义切除深度属性。采用系统默认的切除深度方向；在"切除-拉伸"对话框 方向1 区域的下拉列表框中选择 给定深度 选项，输入深度值 17.0。

（4）单击对话框中的 ✔ 按钮，完成切除-拉伸 3 的创建。

草图基准面

图 10.10　切除-拉伸 3

35
20

图 10.11　横断面草图

Step7. 创建图 10.12 所示的零件特征——切除-拉伸 4。

（1）选择命令。选择下拉菜单 插入(I) ➡ 切除(C) ➡ 拉伸(E)...命令。

（2）定义特征的横断面草图。

① 定义草图基准面。选取图 10.13 所示的模型表面为草图基准面。

② 定义横断面草图。在草绘环境中绘制图 10.14 所示的横断面草图。

③ 选择下拉菜单 插入(I) ➡ 退出草图命令，完成横断面草图的创建。

（3）定义切除深度属性。采用系统默认的切除深度方向；在"切除-拉伸"对话框 方向1 区域的下拉列表框中选择 给定深度 选项，输入深度值 5.0。

（4）单击对话框中的 ✔ 按钮，完成切除-拉伸 4 的创建。

图 10.12　切除-拉伸 4　　　图 10.13　草图基准面　　　图 10.14　横断面草图

Step8. 创建图 10.15b 所示的镜像 1。

（1）选择命令。选择下拉菜单 插入(I) ➡ 阵列/镜向(E) ➡ 镜向(M)...命令，系统弹出"镜像"对话框。

（2）定义镜像基准面。选取右视基准面为镜像基准面。

（3）定义镜像对象。在设计树中选择切除-拉伸 3 和切除-拉伸 4 为镜像 1 的对象。

（4）单击对话框中的 ✔ 按钮，完成镜像 1 的创建。

a）镜像前　　　　　　　　　　　b）镜像后

图 10.15　镜像 1

Step9. 创建图 10.16b 所示的圆角 2。

（1）选择命令。选择下拉菜单 插入(I) ➡ 特征(F) ➡ 圆角(F)...命令，系统弹出"圆角"对话框。

（2）定义圆角类型。采用系统默认的圆角类型。

（3）定义圆角对象。选取图 10.16a 所示的边线为要圆角的对象。

（4）定义圆角的半径。在对话框中输入圆角半径值 3.0。

（5）单击"圆角"对话框中的 ✔ 按钮，完成圆角 2 的创建。

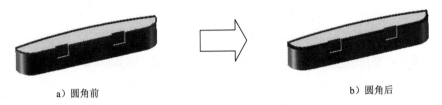

a）圆角前　　　　　　　　　　　b）圆角后

图 10.16　圆角 2

Step10. 创建图 10.17b 所示的零件特征——抽壳 1。

（1）选择命令。选择下拉菜单 插入(I) ➡ 特征(F) ➡ 抽壳(S)...命令。

（2）定义要移除的面。选取图 10.17a 所示的模型表面为要移除的面。

（3）定义抽壳的参数。在"抽壳 1"对话框的 参数(P) 区域中输入壁厚值 2.0。

（4）单击对话框中的 ✔ 按钮，完成抽壳 1 的创建。

a）抽壳前　　　　　　　　　　　　　　　　　　　　b）抽壳后

图 10.17　抽壳 1

Step11. 创建图 10.18b 所示的圆角 3。

（1）选择命令。选择下拉菜单 插入(I) ➡ 特征(F) ➡ 🔵 圆角(F)... 命令，系统弹出"圆角"对话框。

（2）定义圆角类型。采用系统默认的圆角类型。

（3）定义圆角对象。选取图 10.18a 所示的边线为要圆角的对象。

（4）定义圆角的半径。在对话框中输入圆角半径值 3.0。

（5）单击"圆角"对话框中的 ✔ 按钮，完成圆角 3 的创建。

a）圆角前　　　　　　　　　　　　　　　　　　　　b）圆角后

图 10.18　圆角 3

Step12. 创建图 10.19 所示的零件特征——筋 1。

（1）选择下拉菜单 插入(I) ➡ 特征(F) ➡ 👍 筋(R)... 命令。

（2）选取右视基准面作为草图基准面，绘制图 10.20 所示的横断面草图。

（3）在拉伸方向区域中单击"平行于草图"按钮 🔲，然后在"筋"对话框的 参数(P) 区域中单击 ☰（两侧）按钮，输入筋厚度值 1.0。

（4）单击 ✔ 按钮，完成筋 1 的创建。

Step13. 创建图 10.21 所示的基准面 1。

（1）选择下拉菜单 插入(I) ➡ 参考几何体(G) ➡ ◇ 基准面(P)... 命令，系统弹出"基准面"对话框。

（2）选取上视基准面为参考实体，选中"基准面"对话框中的 ☑ 反转 复选框，输入偏移距离 6.0。

（3）单击 ✔ 按钮，完成基准面 1 的创建。

图 10.19　筋 1

图 10.20　横断面草图

图 10.21　基准面 1

Step14. 创建图 10.22 所示的零件特征——筋 2。

（1）选择下拉菜单 插入(I) ➡ 特征(F) ➡ 筋(R)...。

（2）选取基准面 1 为草图基准面，绘制图 10.23 所示的横断面草图。

（3）在拉伸方向中单击"平行于草图"按钮，然后在"筋"对话框的 参数(P) 区域中单击（两侧）按钮，输入筋厚度值 1.0，选中 ☑ 反转材料方向(F) 复选框。

（4）单击 按钮，完成筋 2 的创建。

图 10.22　筋 2

图 10.23　横断面草图

Step15. 创建图 10.24b 所示的镜像 2。

（1）选择命令。选择下拉菜单 插入(I) ➡ 阵列/镜向(E) ➡ 镜向(M)...命令，系统弹出"镜像"对话框。

（2）定义镜像基准面。选取右视基准面为镜像基准面。

（3）定义镜像对象。在设计树中选择 Step14 所创建的筋 2 为镜像 2 的对象。

（4）单击对话框中的 按钮，完成镜像 2 的创建。

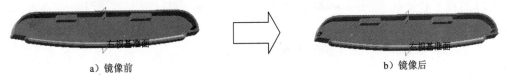
a）镜像前　　　b）镜像后
图 10.24　镜像 2

Step16. 创建图 10.25 所示的零件特征——筋 3。

（1）选择下拉菜单 插入(I) ➡ 特征(F) ➡ 筋(R)...命令。

（2）选取右视基准面为草图基准面，绘制图 10.26 所示的横断面草图。

（3）在拉伸方向中单击"平行于草图"按钮，然后在"筋"对话框的 参数(P) 区域中单击（两侧）按钮，输入筋厚度值 1.0，选中 ☑ 反转材料方向(F) 复选框。

（4）单击 按钮，完成筋 3 的创建。

图 10.25 筋 3

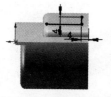

图 10.26 横断面草图

Step17. 创建图 10.27 所示的零件特征——曲线驱动的阵列 1。

（1）选择下拉菜单 插入(I) ➝ 阵列/镜向(E) ➝ 曲线驱动的阵列(R)... 命令，系统弹出"曲线驱动阵列"对话框。

（2）定义阵列源特征。单击 要阵列的特征(F) 区域中的文本框，选取筋 3 作为阵列的源特征。

（3）定义阵列参数。

① 定义方向 1 的参考边线。选择图 10.27 所示的边线为方向 1 的参考边线。

② 定义方向 1 的参数。在 方向1 区域的 文本框中输入数值 60.0，在 文本框中输入数值 2。

（4）单击对话框中的 按钮，完成阵列（曲线）1 的创建。

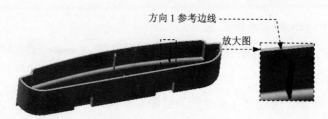

方向 1 参考边线

放大图

图 10.27 阵列（曲线）1

Step18. 创建图 10.28 所示的零件特征——曲线驱动的阵列 2。

（1）选择下拉菜单 插入(I) ➝ 阵列/镜向(E) ➝ 曲线驱动的阵列(R)... 命令，系统弹出"曲线驱动阵列"对话框。

（2）定义阵列源特征。单击 要阵列的特征(F) 区域中的文本框，选取筋 3 作为阵列的源特征。

（3）定义阵列参数。

① 定义方向 1 的参考边线。选择图 10.28 所示的边线为方向 1 的参考边线。

② 定义方向 1 的参数。在 方向1 区域中单击 按钮，并在 文本框中输入数值 60.0，在 文本框中输入数值 2。

（4）单击对话框中的 按钮，完成阵列（曲线）2 的创建。

Step19. 创建图 10.29 所示的基准面 2。

（1）选择下拉菜单 插入(I) ➝ 参考几何体(G) ➝ 基准面(P)... 命令，系统弹出

"基准面"对话框。

（2）选取上视基准面为参考实体，在"基准面"对话框中输入偏移距离 20.0。

（3）单击 ✔ 按钮，完成基准面 2 的创建。

图 10.28　阵列（曲线）2　　　　　　　　　图 10.29　基准面 2

Step20. 创建图 10.30 所示的零件特征——包覆 1。

（1）选择下拉菜单 插入(I) ➡ 特征(F) ➡ 🗔 包覆(W)... 命令。

（2）定义特征的横断面草图。

① 定义草图基准面。选取基准面 2 为草图基准面。

② 定义横断面草图。在草绘环境中绘制图 10.31 所示的横断面草图。

说明：绘制此草图时，选择下拉菜单 工具(T) ➡ 草图绘制实体(K) ➡ A 文本(T)... 命令，系统弹出"草图文字"对话框，在 文字(T) 区域的文本框中输入"节约用水"，设置文字的字体为新宋体，高度为 10.00mm，宽度因子设置为 100%，间距设置为 350%。

③ 选择下拉菜单 插入(I) ➡ ⤴ 退出草图 命令，系统弹出"包覆 1"对话框。

（3）定义包覆属性。

① 定义深度方向。采用系统默认的深度方向。

② 在"包覆 1"对话框 包覆参数(W) 区域中选择 ◉ 浮雕(M) 单选按钮，选取拉伸 1 特征的圆柱面作为包覆草图的面，在 ⟘T1 后的文本框中输入厚度数值 2.0。

（4）单击 ✔ 按钮，完成包覆 1 的创建。

图 10.30　包覆 1　　　　　　　　　图 10.31　横断面草图

Step21. 至此，零件模型创建完毕。选择下拉菜单 文件(F) ➡ 🖫 保存(S) 命令，将模型命名为 trough，即可保存零件模型。

实例 11 泵 体

实例概述

　　该实例中使用的特征命令比较简单，主要运用了拉伸、旋转及向导孔等特征命令。在建模时主要注意基准面的选择和孔的定位。该零件模型及设计树如图 11.1 所示。

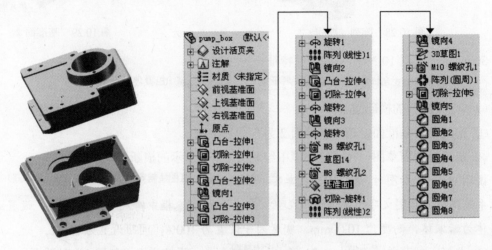

图 11.1 零件模型及设计树

Step1. 新建一个零件模型文件，进入建模环境。

Step2. 创建图 11.2 所示的零件基础特征——凸台-拉伸 1。

（1）选择命令。选择下拉菜单 插入(I) ➡ 凸台/基体(B) ➡ 拉伸(E)... 命令。

（2）定义特征的横断面草图。

① 定义草图基准面。选取前视基准面为草图基准面。

② 定义横断面草图。在草绘环境中绘制图 11.3 所示的横断面草图。

图 11.2 凸台-拉伸 1　　　　　图 11.3 横断面草图

（3）定义拉伸深度属性。

① 定义深度方向。采用系统默认的深度方向。

② 定义深度类型和深度值。在"凸台-拉伸"对话框中 方向1 区域的下拉列表框中选

择 给定深度 选项，输入深度值 105.0。

（4）单击 ✔ 按钮，完成凸台-拉伸 1 的创建。

Step3. 创建图 11.4 所示的零件特征——切除-拉伸 1。

（1）选择下拉菜单 插入(I) ➡ 切除(C) ➡ 拉伸(E)... 命令。

（2）定义特征的横断面草图。

① 定义草图基准面。选取图 11.5 所示的模型表面为草图基准面。

② 定义横断面草图。在草绘环境中绘制图 11.6 所示的横断面草图。

（3）定义切除深度属性。

① 定义切除深度方向。采用系统默认的切除深度方向。

② 定义深度类型和深度值。在"切除-拉伸"对话框中 方向1 区域的下拉列表框中选择 给定深度 选项，输入深度值 90.0。

（4）单击对话框中的 ✔ 按钮，完成切除－拉伸 1 的创建。

图 11.4　切除-拉伸 1

图 11.5　草图基准面

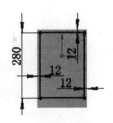

图 11.6　横断面草图

Step4. 创建图 11.7 所示的零件特征——切除-拉伸 2。选择下拉 插入(I) ➡ 切除(C) ➡ 拉伸(E)... 命令。选取右视基准面为草图基准面。在草绘环境中绘制图 11.8 所示的横断面草图。采用系统默认的切除深度方向。在"切除-拉伸"对话框的 方向1 和 ☑ 方向2 区域的下拉列表框中均选择 完全贯穿 选项。单击对话框中的 ✔ 按钮，完成切除－拉伸 2 的创建。

图 11.7　切除-拉伸 2

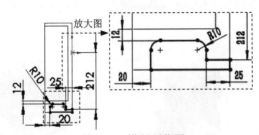

图 11.8　横断面草图

Step5. 创建图 11.9 所示的零件基础特征——凸台-拉伸 2。选择下拉菜单 插入(I) ➡ 凸台/基体(B) ➡ 拉伸(E)... 命令。选取图 11.10 所示的模型表面为草图基准面。在草绘环境中绘制图 11.11 所示的横断面草图。采用系统默认的深度方向。在"凸台-拉伸"对话框中 **方向1** 区域的下拉列表框中选择 **给定深度** 选项，输入深度值 30.0，并单击 按钮。单击 ✔ 按钮，完成凸台-拉伸 2 的创建。

图 11.9　凸台-拉伸 2

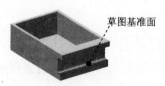
图 11.10　草图基准面

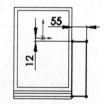
图 11.11　横断面草图

Step6. 创建图 11.12b 所示的镜像 1。

（1）选择下拉菜单 **插入(I)** ➡ **阵列/镜向(E)** ➡ **镜向(M)...** 命令。

（2）定义镜像基准面。选取右视基准面为镜像基准面。

（3）定义镜像对象。选择凸台-拉伸 2 为镜像 1 的对象。

a）镜像前

b）镜像后

图 11.12　镜像 1

（4）单击对话框中的 ✔ 按钮，完成镜像 1 的创建。

Step7. 创建图 11.13 所示的零件基础特征——凸台-拉伸 3。选择下拉菜单 **插入(I)** ➡ **凸台/基体(B)** ➡ **拉伸(E)...** 命令。选取图 11.14 所示的模型表面为草图基准面。在草绘环境中绘制图 11.15 所示的横断面草图。采用系统默认的深度方向。在"凸台-拉伸"对话框中 **方向1** 区域的下拉列表框中选择 **给定深度** 选项，输入深度值 18.00。在 ☑ **方向2** 区域的下拉列表框中选择 **给定深度** 选项，输入深度值 55.00。单击 ✔ 按钮，完成凸台-拉伸 3 的创建。

图 11.13　凸台-拉伸 3

图 11.14　草图基准面

图 11.15　横断面草图

Step8. 创建图 11.16 所示的零件特征——切除-拉伸 3。选择下拉菜单 **插入(I)** ➡

![切除(C)] ➡ ![拉伸(E)]...命令。选取图 11.17 所示的模型表面为草图基准面，在草绘环境中绘制图 11.18 所示的横断面草图。采用系统默认的切除深度方向。在"切除-拉伸"对话框中 ![方向1] 区域的下拉列表框中选择 ![完全贯穿] 选项。单击对话框中的 ![✓] 按钮，完成切除-拉伸 3 的创建。

图 11.16 切除-拉伸 3

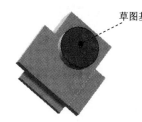

图 11.17 草图基准面

图 11.18 横断面草图

Step9. 创建图 11.19 所示的零件基础特征——旋转 1。

（1）选择命令。选择下拉菜单 ![插入(I)] ➡ ![凸台/基体(B)] ➡ ![旋转(R)]...命令。

（2）定义特征的横断面草图。

① 定义草图基准面。选取图 11.20 所示的模型表面为草图基准面。

② 定义横断面草图。在草绘环境中绘制图 11.21 所示的横断面草图。

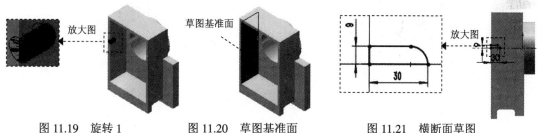

图 11.19 旋转 1

图 11.20 草图基准面

图 11.21 横断面草图

（3）定义旋转轴线。采用草图中绘制的中心线作为旋转轴线。

（4）定义旋转属性。

① 定义旋转方向。在"旋转"对话框 ![方向1] 区域的下拉列表框中选择 ![给定深度] 选项，采用系统默认的旋转方向。

② 定义旋转角度。在 ![方向1] 区域的 ![文本框] 文本框中输入数值 360.0。

（5）单击对话框中的 ![✓] 按钮，完成旋转 1 的创建。

Step10. 创建图 11.22 所示的阵列（线性）1。

（1）选择下拉菜单 ![插入(I)] ➡ ![阵列/镜向(E)] ➡ ![线性阵列(L)]...命令，系统弹出"线性阵列"对话框。

（2）定义阵列源特征。选取旋转 1 为阵列的源特征。

（3）定义阵列参数。

① 定义方向 1 的参考边线。选择图 11.23 所示的模型边线为方向 1 的参考边线，阵列方向为默认方向。

② 定义方向 1 的参数。在 方向1 区域的  文本框中输入数值 105.0，在 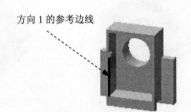 文本框中输入数值 2。

方向 1 的参考边线

图 11.22　阵列（线性）1　　　　　图 11.23　选择参考边线

（4）单击对话框中的 ✔ 按钮，完成阵列（线性）1 的创建。

Step11. 创建图 11.24b 所示的镜像 2。选择下拉菜单 插入(I) ➡ 阵列/镜向(E) ➡ 镜向(M)... 命令。选取右视基准面为镜像基准面。选择旋转 1 和阵列（线性）1 为镜像 2 的对象。单击对话框中的 ✔ 按钮，完成镜像 2 的创建。

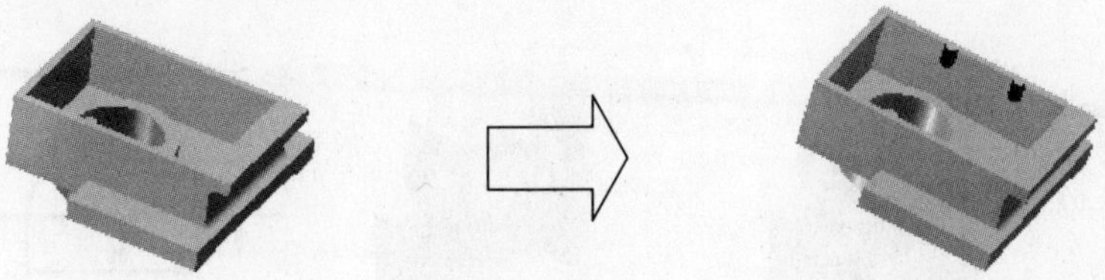

a）镜像前　　　　　　　　　　　　b）镜像后

图 11.24　镜像 2

Step12. 创建图 11.25 所示的零件基础特征——凸台-拉伸 4。选择下拉菜单 插入(I) ➡ 凸台/基体(B) ➡ 拉伸(E)... 命令。选取图 11.26 所示的模型表面为草图基准面。在草绘环境中绘制图 11.27 所示的横断面草图。在"凸台-拉伸"对话框中 方向1 区域中单击 🔀 按钮，采用系统默认方向的反方向为拉伸深度方向，在 方向1 区域的下拉列表框中选择 给定深度 选项，输入深度值 15.0，单击 ✔ 按钮，完成凸台-拉伸 4 的创建。

草图基准面

105

R60

图 11.25　凸台-拉伸 4 　　　　图 11.26　草图基准面 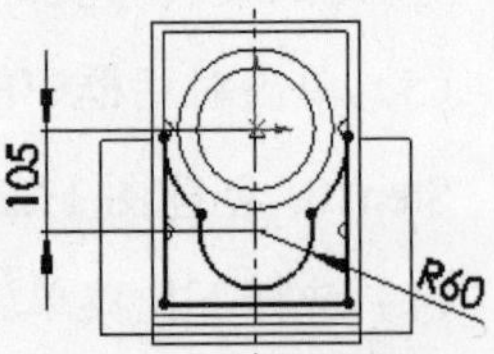　　　　图 11.27　横断面草图

Step13. 创建图 11.28 所示的零件特征——切除-拉伸 4。选择下拉菜单 插入(I) ➡

切除(C)　➡　拉伸(E)...命令。选取图 11.29 所示的模型表面为草图基准面，在草绘环境中绘制图 11.30 所示的横断面草图（可通过转换引用实体引用）。采用系统默认的切除深度方向。在"切除-拉伸 4"对话框下拉列表框中选择 给定深度 选项，输入深度值 7.0，单击对话框中的 ✔ 按钮，完成切除-拉伸 4 的创建。

图 11.28　切除-拉伸 4

图 11.29　选取草绘基准面

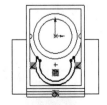
图 11.30　横断面草图

Step14. 创建图 11.31 所示的零件基础特征——旋转 2。选择下拉菜单 插入(I)　➡　凸台/基体(B)　➡　旋转(R)...命令。选取图 11.32 所示的平面为草图基准面。在草绘环境中绘制图 11.33 所示的横断面草图。采用草图中绘制的中心线作为旋转轴线。在"旋转"对话框 方向1 区域的下拉列表框中选择 给定深度 选项，采用系统默认的旋转方向。在 方向1 区域的 文本框中输入数值 360.0。单击对话框中的 ✔ 按钮，完成旋转 2 的创建。

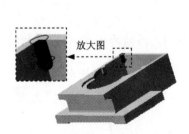
图 11.31　旋转 2

图 11.32　草图基准面

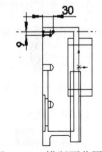
图 11.33　横断面草图

Step15. 创建图 11.34b 所示的镜像 3。选择下拉菜单 插入(I)　➡　阵列/镜向(E)　➡　镜向(M)...命令。选取右视基准面为镜像基准面。选择旋转 2 为镜像 3 的参照实体，单击对话框中的 ✔ 按钮，完成镜像 3 的创建。

a）镜像前

b）镜像后

图 11.34　镜像 3

Step16. 创建图 11.35 所示的零件基础特征——旋转 3。选择下拉菜单 插入(I)　➡

凸台/基体 (B) ➡ ⊕ 旋转 (R)... 命令。选取右视基准面为草图基准面。在草绘环境中绘制图 11.36 所示的横断面草图(应用转换实体引用命令绘制草图)。采用草图中绘制的中心线作为旋转轴线。在"旋转"对话框 方向1 区域的下拉列表框中选择 给定深度 选项，采用系统默认的旋转方向。在 方向1 区域的 ↿ᴬ¹ 文本框中输入数值 360.0。单击对话框中的 ✓ 按钮，完成旋转 3 的创建。

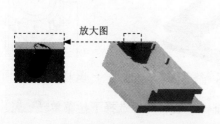
图 11.35　旋转 3

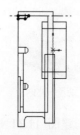
图 11.36　横断面草图

Step17. 创建图 11.37 所示的零件特征——异形向导孔 1。

（1）选择下拉菜单 插入(I) ➡ 特征(F) ➡ 孔(H) ➡ 📷 向导(W)... 命令。

（2）定义孔的位置。

① 定义孔的放置面。在"孔规格"对话框中选择 🛠 位置 选项卡，选取图 11.38 所示的模型表面为孔的放置面，在单击处将出现孔的预览。

② 定义孔的位置。在模型表面选定五个旋转体的表面圆心位置作为孔的放置位置。

（3）定义孔的参数。

① 定义孔的规格。在"孔位置"对话框中选择 🛠 类型 选项卡，选择孔"类型"为 🔲 （螺纹孔），标准为 Gb ，类型为 底部螺纹孔 ，大小为 M8 。

② 定义孔的终止条件。采用系统默认的深度方向，然后在 终止条件(C) 下拉列表框中选择 给定深度 选项，在 🔽 后的文本框中输入 15.0，在螺纹线下拉列表框中选择 给定深度 (2 * DIA) 选项，在 🔽 后的文本框中输入 12.0。

（4）单击对话框中的 ✓ 按钮，完成异形孔向导 1 的创建。

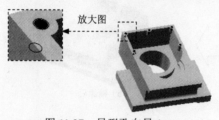
图 11.37　异形孔向导 1

图 11.38　孔的放置面

Step18. 创建图 11.40 所示的草绘图形——草图 14。选择图 11.39 所示的面为草绘基准面，绘制图 11.40 所示的草图（草图为两个点，分别为两个旋转体的表面圆心）。

图 11.39　草图基准面

图 11.40　草图 14

Step19. 创建图 11.41 所示的零件特征——异形孔向导 2。

（1）选择下拉菜单 插入(I) ➡ 特征(F) ➡ 孔(H) ➡ 🔩 向导(W)... 命令。

（2）定义孔的位置。选择草图 14 中的点和图 11.42 所示的三个点为孔的放置位置。

（3）定义孔的参数。

① 定义孔的规格。选择孔"类型"为 Ⅲ（螺纹孔），标准为 Gb ，类型为 底部螺纹孔 ，大小为 M8 。

② 定义孔的终止条件。采用系统默认的深度方向，然后在 终止条件(C) 下拉列表框中选择 给定深度 选项，在 🔧 后的文本框中输入 15.0，在"螺纹线"下拉列表框中选择 给定深度 (2 * DIA) 选项，在 🔧 后的文本框中输入 12.0。

（4）单击对话框中的 ✔ 按钮，完成异形孔向导 2 的创建。

图 11.41　异形孔向导 2

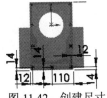

图 11.42　创建尺寸

Step20. 创建图 11.43 所示的基准面 1。选择下拉菜单 插入(I) ➡ 参考几何体(G) ➡ 🗔 基准面(P)... 命令。选择右视基准面为参照实体，采用系统默认的偏移方向，输入偏移距离值 140.0。单击对话框中的 ✔ 按钮，完成基准面 1 的创建。

Step21. 创建图 11.44 所示的零件特征——切除-旋转 1。

（1）选择命令。选择下拉菜单 插入(I) ➡ 切除(C) ➡ 🗇 旋转(R)... 命令。

（2）定义特征的横断面草图。

① 定义草图基准面。选取基准面 1 为草图基准面，进入草绘环境。

② 绘制图 11.45 所示的横断面草图（包括旋转中心线）。

③ 完成草图绘制后，选择下拉菜单 插入(I) ➡️ 退出草图 命令，退出草绘环境，系统弹出"切除-旋转"对话框。

（3）定义旋转轴线。采用草图中绘制的中心线为旋转轴线。

（4）定义旋转属性。

① 定义旋转方向。在"切除-旋转"对话框的 方向1 区域的下拉列表框中选择 给定深度 选项，采用系统默认的旋转方向。

② 定义旋转角度。在 方向1 区域的 文本框中输入数值 360.0。

（5）单击对话框中的 ✔ 按钮，完成切除-旋转 1 的创建。

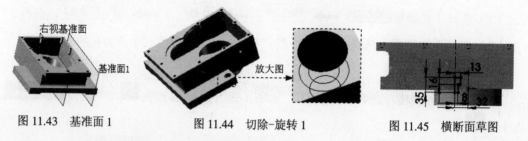

图 11.43　基准面 1　　　　图 11.44　切除-旋转 1　　　　图 11.45　横断面草图

Step22. 创建图 11.46 所示的阵列（线性）2.

（1）选择下拉菜单 插入(I) ➡️ 阵列/镜向(E) ➡️ 线性阵列(L)... 命令，系统弹出"线性阵列"对话框。

（2）定义阵列源特征。选取切除-旋转 1 为阵列的源特征。

（3）定义阵列参数。

① 定义方向 1 的参考边线。选择图 11.47 所示的模型边线为方向 1 的参考边线，阵列方向为默认方向。

② 定义方向 1 的参数。在 方向1 区域中单击 按钮，并在 文本框中输入数值 150.0，在 文本框中输入数值 2。

图 11.46　阵列（线性）2　　　　　　　图 11.47　定义参考边线

（4）单击对话框中的 ✔ 按钮，完成阵列（线性）2 的创建。

Step23. 创建图 11.48b 所示的镜像 4。选择下拉菜单 插入(I) ➡️ 阵列/镜向(E) ➡️ 镜向(M)... 命令，选取右视基准面为镜像基准面，选择切除-旋转 1 及阵列线性 2 作为镜像 4 的对象，单击对话框中的  按钮，完成镜像 4 的创建。

a）镜像前　　　　　　　　　　　　　　　　b）镜像后

图 11.48　镜像 4

Step24. 创建图 11.49 所示的零件特征——异形孔向导 3。

（1）选择下拉菜单 插入(I) ➡ 特征(F) ➡ 孔(H) ▶ 向导(W)... 命令。

（2）定义孔的位置。

① 定义孔的放置面。在"孔规格"对话框中选择 位置 选项卡，选取图 11.50 所示的模型表面为孔的放置面，在单击处将出现孔的预览。

② 建立尺寸。在"草图（K）"工具栏中单击 按钮，建立图 11.51 所示的尺寸约束。

（3）定义孔的参数。

① 定义孔的规格。在"孔位置"对话框中选择 类型 选项卡，选择孔"类型"为 （螺纹孔），标准为 Gb ，类型为 螺纹孔 ，大小为 M10 。

② 定义孔的终止条件。采用系统默认的深度方向，然后在 终止条件(C) 下拉列表框中选择 给定深度 选项，在 后的文本框中输入 18.0，在螺纹线下拉列表框中选择 给定深度 (2 * DIA) 选项，在 后的文本框中输入 17.0。

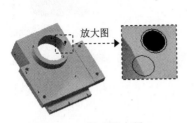　　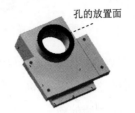　　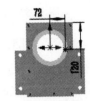

放大图　　　　　　　　　孔的放置面

图 11.49　异形孔向导 3　　　图 11.50　定义孔的放置面　　　图 11.51　创建尺寸

Step25. 创建图 11.52b 所示的阵列（圆周）1。

（1）选择命令。选择下拉菜单 插入(I) ➡ 阵列/镜向(E) ➡ 圆周阵列(C)... 命令，系统弹出"圆周阵列"对话框。

（2）定义阵列源特征。选择异形孔向导 3 特征为阵列的源特征。

（3）定义阵列参数。

① 定义阵列轴。选择下拉菜单 视图(V) ➡ 临时轴(X) 命令，显示临时轴，选取切除－拉伸 3 的临时轴为阵列轴。

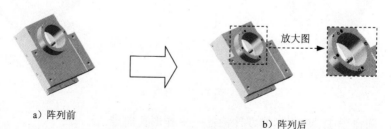

a）阵列前　　　　　　　b）阵列后

图 11.52　阵列（圆周）1

② 定义阵列间距。在 参数(P) 区域中 按钮后的文本框中输入数值 90。

③ 定义阵列实例数。在 参数(P) 区域中 按钮后的文本框中输入数值 4。

（4）单击对话框中的 按钮，完成阵列（圆周）1 的创建。

Step26. 创建图 11.53 所示的零件特征——切除-拉伸 5。选择下拉菜单 插入(I) ➡ 切除(C) ➡ 拉伸(E)... 命令。选取图 11.54 所示的模型表面为草图基准面，在草绘环境中绘制图 11.55 所示的横断面草图。采用系统默认的切除深度方向。在"切除-拉伸 5"对话框中 方向1 区域的下拉列表框中选择 完全贯穿 选项，单击拔模按钮 ，在文本框中输入拔模角 2.0，选中 向外拔模(O) 复选框，单击对话框中的 按钮，完成切除-拉伸 5 的创建。

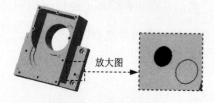

图 11.53　切除-拉伸 5

图 11.54　草图基准面

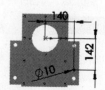

图 11.55　横断面草图

Step27. 创建图 11.56b 所示的镜像 5。选择下拉菜单 插入(I) ➡ 阵列/镜向(E) ➡ 镜向(M)... 命令，选取右视基准面为镜像基准面，选择切除-拉伸 5 为镜像 5 的参照对象，单击对话框中的 按钮，完成镜像 5 的创建。

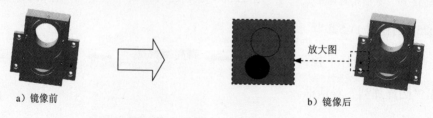

a）镜像前　　　　　　　　　b）镜像后

图 11.56　镜像 5

Step28. 创建图 11.57b 所示的圆角 1。

（1）选择命令。选择下拉菜单 插入(I) ➡️ 特征(F) ➡️ 🔵 圆角(F)...命令。

（2）定义圆角类型。采用系统默认的圆角类型。

（3）定义圆角对象。选取图 11.57a 所示的边线为要圆角的对象。

（4）定义圆角的半径。在"圆角"对话框中输入半径值 10.0。

（5）单击"圆角"对话框中的 ✔️ 按钮，完成圆角 1 的创建。

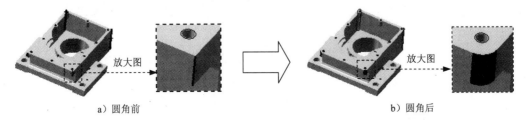

图 11.57 圆角 1

Step29. 创建图 11.58b 所示的圆角 2。要圆角的对象为图 11.58a 所示的边线，圆角半径为 3.0。

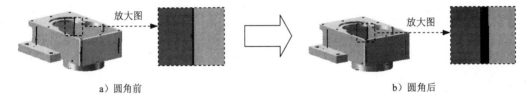

图 11.58 圆角 2

Step30. 创建图 11.59b 所示的圆角 3。要圆角的对象为图 11.59a 所示的边线，圆角半径为 10.0。

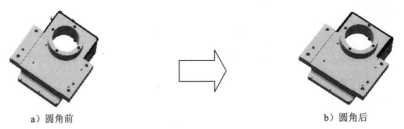

图 11.59 圆角 3

Step31. 创建图 11.60b 所示的圆角 4。要圆角的对象为图 11.60a 所示的边线，圆角半径为 5.0。

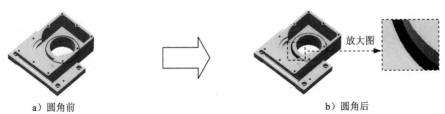

图 11.60 圆角 4

Step32. 创建图 11.61b 所示的圆角 5。要圆角的对象为图 11.61a 所示的边线，圆角半径为 5.0。

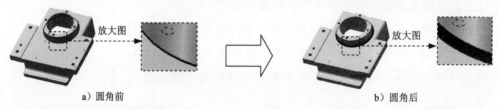

a）圆角前　　　　　　　　　　　　　　　　　b）圆角后

图 11.61　圆角 5

Step33. 创建图 11.62b 所示的圆角 6。要圆角的对象为图 11.62a 所示的边线，圆角半径为 10.0。

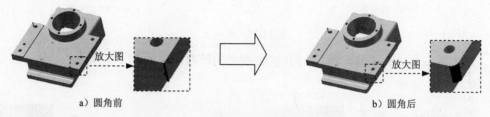

a）圆角前　　　　　　　　　　　　　　　　　b）圆角后

图 11.62　圆角 6

Step34. 创建图 11.63b 所示的圆角 7。要圆角的对象为图 11.63a 所示的边线，圆角半径为 3.0。

a）圆角前　　　　　　　　　　　　　　　　　b）圆角后

图 11.63　圆角 7

Step35. 创建图 11.64b 所示的圆角 8。要圆角的对象为图 11.64a 所示的边线，圆角半径为 5.0。

a）圆角前　　　　　　　　　　　　　　　　　b）圆角后

图 11.64　圆角 8

Step36. 至此，零件模型创建完毕。选择下拉菜单 文件(F) ➡ 保存(S) 命令，命名为 pump_box，保存零件模型。

实例 12 减 速 箱

实例概述

    该实例是一个减速箱底座模型，主要运用了拉伸、切除-拉伸、圆角以及异形向导孔等特征命令，注意体会其中"异型向导孔"特征中孔的位置的创建方法和技巧。该零件模型及设计树如图 12.1 所示。

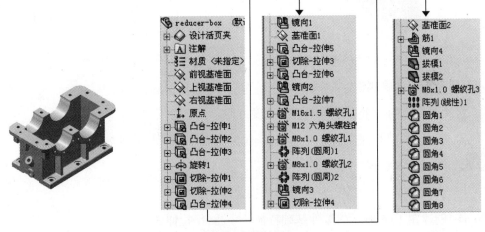

图 12.1 零件模型及设计树

Step1. 新建一个零件模型文件，进入建模环境。

Step2. 创建图 12.2 所示的零件基础特征——凸台-拉伸 1。

（1）选择命令。选择下拉菜单 插入(I) ➡ 凸台/基体(B) ➡ 拉伸(E)... 命令。

（2）定义特征的横断面草图。

① 定义草图基准面。选取前视基准面为草图基准面。

② 定义横断面草图。在草绘环境中绘制图 12.3 所示的横断面草图。

图 12.2 凸台-拉伸 1   图 12.3 横断面草图

（3）定义拉伸深度属性。

① 定义深度方向。采用系统默认的深度方向。

② 定义深度类型和深度值。在"凸台-拉伸"对话框 方向1 区域的下拉列表框中选择

两侧对称 选项，输入深度值 320.0。

（4）单击 ✔ 按钮，完成凸台-拉伸 1 的创建。

Step3. 创建图 12.4 所示的零件特征——凸台-拉伸 2。

（1）选择下拉菜单 插入(I) ➡ 凸台/基体(B) ➡ 🗔 拉伸(E)... 命令。

（2）定义特征的横断面草图。选取右视基准面为草图基准面，在草绘环境中绘制图 12.5 所示的横断面草图。

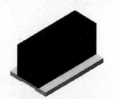

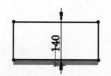

图 12.4　凸台-拉伸 2　　　　　　　　图 12.5　横断面草图

（3）定义拉伸深度属性。

① 定义深度方向。采用系统默认的深度方向。

② 定义深度类型和深度值。在"凸台-拉伸"对话框 方向1 区域的下拉列表框中选择 两侧对称 选项，输入深度值 120.0。

（4）单击 ✔ 按钮，完成凸台-拉伸 2 的创建。

Step4. 创建图 12.6 所示的零件基础特征——凸台-拉伸 3。

（1）选择命令。选择下拉菜单 插入(I) ➡ 凸台/基体(B) ➡ 🗔 拉伸(E)... 命令。

（2）定义特征的横断面草图。

① 定义草图基准面。选取图 12.7 所示的模型表面为草图基准面。

② 定义横断面草图。在草绘环境中绘制图 12.8 所示的横断面草图。

草图基准面

图 12.6　凸台-拉伸 3　　　　　　图 12.7　草图基准面　　　　　　图 12.8　横断面草图

（3）定义拉伸深度属性。

① 定义深度方向。采用系统默认的拉伸深度方向。

② 定义深度类型和深度值。在"凸台-拉伸"对话框 方向1 区域的下拉列表框中选择 给定深度 选项，输入深度值 15.0。

（4）单击 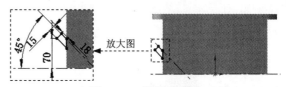 按钮，完成凸台-拉伸 3 的创建。

Step5. 创建图 12.9 所示的零件基础特征——旋转 1。

（1）选择下拉菜单 插入(I) ➡ 凸台/基体(B) ➡ 旋转(R)...命令。

（2）定义特征的横断面草图。

① 定义草图基准面。选取右视基准面为草图基准面。

② 定义横断面草图。在草绘环境中绘制图 12.10 所示的横断面草图。

图 12.9 旋转 1

图 12.10 横断面草图

（3）定义旋转轴线。采用草图中绘制的竖直中心线为旋转轴线。

（4）定义旋转属性。

① 定义旋转方向。在"旋转"对话框 方向1 区域的下拉列表框中选择 给定深度 选项，采用系统默认的旋转方向。

② 定义旋转角度。在 方向1 区域的 文本框中输入数值 360.0。

（5）单击对话框中的 按钮，完成旋转 1 的创建。

Step6. 创建图 12.11 所示的零件特征——切除-拉伸 1。

（1）选择下拉菜单 插入(I) ➡ 切除(C) ➡ 拉伸(E)...命令。

（2）定义特征的横断面草图。

① 选取右视基准面为草图基准面。

② 在草绘环境中绘制图 12.12 所示的横断面草图。

（3）定义切除深度属性。在"切除-拉伸"对话框 方向1 区域的下拉列表框中选择 两侧对称 选项，输入深度值 100.0。

（4）单击对话框中的 按钮，完成切除-拉伸 1 的创建。

图 12.11 切除-拉伸 1

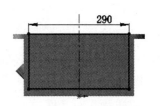

图 12.12 横断面草图

Step7. 创建图 12.13 所示的零件特征——切除-拉伸 2。

（1）选择下拉菜单 插入(I) ➡ 切除(C) ▸ 拉伸(E)...命令。

（2）定义特征的横断面草图。

① 选取右视基准面作为草图基准面。

② 在草绘环境中绘制图 12.14 所示的横断面草图。

（3）定义切除深度属性。

① 定义切除深度方向。采用系统默认的切除深度方向。

② 定义深度类型和深度值。在"切除-拉伸"对话框 方向1 区域的下拉列表框中选择 完全贯穿 选项，在 ☑ 方向2 区域的下拉列表框中选择 完全贯穿 选项。

（4）单击对话框中的 ✔ 按钮，完成切除-拉伸 2 的创建。

图 12.13　切除-拉伸 2

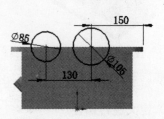

图 12.14　横断面草图

Step8. 创建图 12.15 所示的零件特征——凸台-拉伸 4。选择下拉菜单 插入(I) ➡ 凸台/基体(B) ➡ 拉伸(E)...命令。选取图 12.16 所示的模型表面为草图基准面，在草绘环境中绘制图 12.17 所示的横断面草图，单击"凸台-拉伸"对话框中的 按钮，反转深度方向，在 方向1 区域的下拉列表框中选择 成形到下一面 选项，单击 ✔ 按钮，完成凸台-拉伸 4 的创建。

图 12.15　凸台-拉伸 4

图 12.16　草图基准面

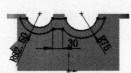

图 12.17　横断面草图

Step9. 创建图 12.18b 所示的镜像 1。

（1）选择下拉菜单 插入(I) ➡ 阵列/镜向(E) ▸ 镜向(M)...命令。

（2）选择凸台-拉伸 4 作为镜像 1 的对象，在设计树中选取右视基准面为镜像基准面。

（3）单击对话框中的 ✔ 按钮，完成镜像 1 的创建。

Step10. 创建图 12.19 所示的基准面 1。

（1）选择命令。选择下拉菜单 插入(I) ➡ 参考几何体(G) ▸ 基准面(E)...命令，系统弹出"基准面"对话框。

（2）定义基准面参数。

① 定义基准面 1 的参考实体。选取上视基准面为参考实体。

② 定义偏移方向。采用系统默认的偏移方向。

③ 定义偏移距离。在"基准面"对话框中输入偏移距离值 120.0。

（3）单击对话框中的 按钮，完成基准面 1 的创建。

a）镜像前　　　　　　　b）镜像后

图 12.18　镜像 1　　　　　　　　　　　图 12.19　基准面 1

Step11. 创建图 12.20 所示的零件特征——凸台-拉伸 5。选择下拉菜单 插入(I) ➡
凸台/基体(B) ➡ 拉伸(E)...命令。选取基准面 1 为草图基准面，在草绘环境中绘制图
12.21 所示的横断面草图，采用系统默认的深度方向，在"凸台-拉伸"对话框 方向1 区域
的下拉列表框中选择 成形到下一面 选项，单击 按钮，完成凸台-拉伸 5 的创建。

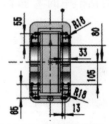

图 12.20　凸台-拉伸 5　　　　　　　图 12.21　横断面草图

Step12. 创建图 12.22 所示的零件特征——切除-拉伸 3。 选择下拉菜单 插入(I) ➡
切除(C) ➡ 拉伸(E)...命令，选取图 12.22 所示的面为草图基准面，在草绘环境中绘
制图 12.23 所示的横断面草图（有四个圆的圆心与上一步创建的拉伸特征中的圆弧同心），
采用系统默认的切除深度方向，在"切除-拉伸"对话框 方向1 区域的下拉列表框中选择
给定深度 选项，输入深度值 60.0，单击对话框中的 按钮，完成切除-拉伸 3 创建。

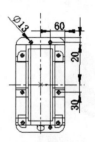

草图基准面

图 12.22　切除-拉伸 3　　　　　　　图 12.23　横断面草图

Step13. 创建图 12.24 所示的零件特征——凸台-拉伸 6。选择下拉菜单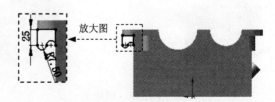

命令。选取右视基准面为草图基准面，在草绘环境中绘制图 12.25 所示的横断面草图，采用系统默认的深度方向，在"凸台-拉伸"对话框 方向1 区域的下拉列表框中选择 两侧对称 选项，输入深度值 10.0，单击 ✓ 按钮，完成凸台-拉伸 6 的创建。

图 12.24　凸台-拉伸 6

图 12.25　横断面草图

Step14. 创建图 12.26b 所示的镜像 2。

（1）选择下拉菜单 插入(I) → 阵列/镜向(E) ▶ → 镜向(M)...命令。

（2）选择凸台-拉伸 6 作为镜像 2 的对象，在设计树中选取前视基准面为镜像基准面。

（3）单击对话框中的 ✓ 按钮，完成镜像 2 的创建。

a）镜像前　　　　　　　　　　　　　　　　　　b）镜像后

图 12.26　镜像 2

Step15. 创建图 12.27 所示的零件特征——凸台-拉伸 7。选择下拉菜单 插入(I) →

凸台/基体(B) → 拉伸(E)...命令。选取图 12.28 所示的模型表面为草图基准面，在草绘环境中绘制图 12.29 所示的横断面草图，采用系统默认的拉伸深度方向，在"凸台-拉伸"对话框 方向1 区域的下拉列表框中选择 给定深度 选项，输入深度值 5.0，单击 ✓ 按钮，完成凸台-拉伸 7 的创建。

图 12.27　凸台-拉伸 7

图 12.28　草图基准面

图 12.29　横断面草图

Step16. 创建图 12.30 所示的零件特征——异形孔向导 1。

（1）选择下拉菜单 【插入(I)】 ➡ 【特征(F)】 ➡ 【孔(H)】 ➡ 【🔧 向导(W)...】命令。

（2）定义孔的位置。

① 定义孔的放置面。在"孔规格"对话框中选择 【📌 位置】 选项卡，选取图 12.31 所示的模型表面为孔的放置面。

② 建立尺寸。在"草图（K）"工具栏中选择 【✏️】 按钮，选择图 12.32 所示的点（拉伸 7 的表面圆心）为孔的放置点。

（3）定义孔的参数。

① 定义孔的规格。在"孔位置"对话框中选择 【🔩 类型】 选项卡，选择孔"类型"为 【🔩】（螺纹孔），标准为 【Gb】，类型为 【螺纹孔】，大小为 【M16x1.5】。

② 定义孔的终止条件。采用系统默认的深度方向，然后在 【终止条件(C)】 下拉列表框中选择 【给定深度】 选项，在 【🔩】 后的文本框中输入 38.00，在螺纹线下拉列表框中选择 【给定深度 (2 * DIA)】 选项，在 【🔩】 后的文本框中输入 35.00。

（4）单击对话框中的 【✓】 按钮，完成异形孔向导 1 的创建。

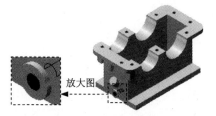
图 12.30　异形孔向导 1

孔的放置面
图 12.31　定义孔的放置面

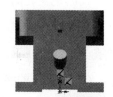
图 12.32　选择孔的放置

Step17. 创建图 12.33 所示的零件特征——异形孔向导 2。

（1）选择下拉菜单 【插入(I)】 ➡ 【特征(F)】 ➡ 【孔(H)】 ➡ 【🔧 向导(W)...】命令。

（2）定义孔的位置。

① 定义孔的放置面。在"孔规格"对话框中选择 【📌 位置】 选项卡，选取图 12.34 所示的模型表面为孔的放置面。

② 建立尺寸。在"草图（K）"工具栏中单击 【✏️】 按钮，选择图 12.35 所示的点（旋转 1 的表面圆心）为孔的放置点。

（3）定义孔的参数。

① 定义孔的规格。在"孔位置"对话框中选择 【🔩 类型】 选项卡，选择孔"类型"为 【📌】（柱形沉头孔，标准为 【Gb】，类型为 【Hex head bolts GB/T5782-】，大小为 【M12】，配合为 【正常】。

② 定义孔的终止条件。采用系统默认的深度方向，然后在 【终止条件(C)】 下拉列表框中选择 【给定深度】 选项，在 【🔩】 后的文本框中输入 60.00。

（4）单击对话框中的 ✔ 按钮，完成异形孔向导 2 的创建。

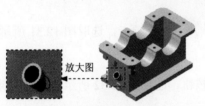
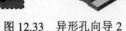

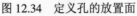

图 12.33　异形孔向导 2　　　　图 12.34　定义孔的放置面　　　　图 12.35　创建约束

Step18. 创建图 12.36 所示的零件特征——异形孔向导 3。

（1）选择下拉菜单 插入(I) ➡ 特征(F) ➡ 孔(H) ➡ 📷 向导(W)... 命令。

（2）定义孔的位置。

① 定义孔的放置面。在"孔规格"对话框中选择 ⊟ 位置 选项卡，选取图 12.37 所示的模型表面为孔的放置面。

② 建立尺寸。在"草图（K）"工具栏中单击 ◇ 按钮，选择图 12.38 所示的点为孔的放置点。

（3）定义孔的参数。

① 定义孔的规格。在"孔位置"对话框中选择 类型 选项卡，选择孔"类型"为 🔩 （螺纹孔），标准为 Gb，类型为 螺纹孔，大小为 M8x1.0。

② 定义孔的终止条件。采用系统默认的深度方向，然后在 终止条件(C) 下拉列表框中选择 给定深度 选项，在 🔽 后的文本框中输入 20.00，在螺纹线下拉列表框中选择 给定深度 (2*DIA) 选项，在 🔽 后的文本框中输入 16.00。

（4）单击对话框中的 ✔ 按钮，完成异形孔向导 3 的创建。

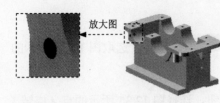

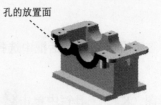

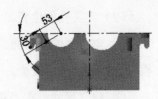

图 12.36　异形孔向导 3　　　　图 12.37　定义孔的放置面　　　　图 12.38　孔的放置点

Step19. 创建图 12.39b 所示的阵列（圆周）1。

（1）选择命令。选择下拉菜单 插入(I) ➡ 阵列/镜向(E) ➡ 🔄 圆周阵列(C)... 命令，系统弹出"圆周阵列"对话框。

（2）定义阵列源特征。选择异形孔向导 3 特征作为阵列的源特征。

（3）定义阵列参数。

① 定义阵列轴。选择下拉菜单 视图(V) ➡ 🔗 临时轴(X) 命令，选择图 12.39a 所示

的临时轴为阵列基准轴。

② 定义阵列间距。在 参数(P) 区域中 按钮后的文本框中输入数值 60。

③ 定义阵列实例数。在 参数(P) 区域中 按钮后的文本框中输入数值 3。

（4）单击对话框中的 按钮，完成阵列（圆周）1 的创建。

选择此临时轴作为阵列轴

a）阵列前　　　　　　　　　　　　b）阵列后

图 12.39　阵列（圆周）1

Step20. 创建图 12.40 所示的零件特征——异形孔向导 4。

（1）选择下拉菜单 插入(I) —→ 特征(F) —→ 孔(H) —→ 向导(W)... 命令。

（2）定义孔的位置。

① 定义孔的放置面。在"孔规格"对话框中选择 位置 选项卡，选取图 12.41 所示的模型表面为孔的放置面。

② 建立尺寸。在"草图（K）"工具栏中单击 按钮，选择图 12.42 所示的点为孔的放置点。

（3）定义孔的参数。

① 定义孔的规格。在"孔位置"对话框中选择 类型 选项卡，选择孔"类型"为 （螺纹孔），标准为 Gb ，类型为 螺纹孔 ，大小为 M8x1.0 。

② 定义孔的终止条件。采用系统默认的深度方向，然后在 终止条件(C) 下拉列表框中选择 给定深度 选项，在 后的文本框中输入 20.00，在螺纹线下拉列表框中选择 给定深度 (2*DIA) 选项，在 后的文本框中输入 16.00。

（4）单击对话框中的 按钮，完成异形孔向导 4 的创建。

孔的放置面

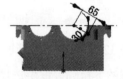

65
30

图 12.40　异形孔向导 4　　　图 12.41　定义孔的放置面　　　图 12.42　孔的放置点

Step21. 创建图 12.43b 所示的阵列（圆周）2。

（1）选择命令。选择下拉菜单 `插入(I)` ➡ `阵列/镜向(E)` ➡ `圆周阵列(C)...` 命令，系统弹出"圆周阵列"对话框。

（2）定义阵列源特征。选择异形孔向导 4 特征为阵列的源特征。

（3）定义阵列参数。

① 定义阵列轴。选择下拉菜单 `视图(V)` ➡ `临时轴(X)` 命令，选择 18.43a 所示的临时轴为阵列基准轴。

② 定义阵列间距。在 `参数(P)` 区域中 按钮后的文本框中输入数值 60。

③ 定义阵列实例数。在 `参数(P)` 区域中 按钮后的文本框中输入数值 3。

（4）单击对话框中的 按钮，完成阵列（圆周）2 的创建。

a）阵列前　　　　　　　　　　　　　　　b）阵列后

图 12.43　阵列（圆周）2

Step22. 创建图 12.44b 所示的镜像 3。

（1）选择下拉菜单 `插入(I)` ➡ `阵列/镜向(E)` ➡ `镜向(M)...` 命令。

（2）选择异形孔向导 3、异形孔向导 4、阵列（圆周）2 和阵列（圆周）1 作为镜像 3 的对象，在设计树中选取右视基准面为镜像基准面。

（3）单击对话框中的 按钮，完成镜像 3 的创建。

a）镜像前　　　　　　　　　　　　　　　b）镜像后

图 12.44　镜像 3

Step23. 创建图 12.45 所示的零件特征——切除-拉伸 4。 选择下拉菜单 `插入(I)` ➡ `切除(C)` ➡ `拉伸(E)...` 命令，选取图 12.46 所示的面为草图基准面，在草绘环境中绘制图 12.47 所示的横断面草图，采用系统默认的切除深度方向，在"切除-拉伸"对话框 `方向1` 区域的下拉列表框中选择 `给定深度` 选项，输入深度值 60.0，单击对话框中的 按钮，完成切除-拉伸 4 创建。

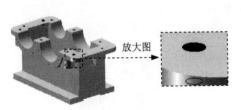
图 12.45　切除-拉伸 4

图 12.46　草图基准面

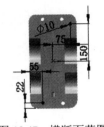
图 12.47　横断面草图

Step24. 创建图 12.48 所示的基准面 2。

（1）选择命令。选择下拉菜单 插入(I) ➡ 参考几何体(G) ➡ 基准面(P)... 命令，系统弹出"基准面"对话框。

（2）定义基准面参数。

① 定义基准面 2 的参考实体。选取右视基准面为参考实体。

② 定义偏移方向。采用系统默认的偏移方向。

③ 定义偏移距离。在"基准面"对话框中输入偏移距离值 90.0。

（3）单击对话框中的 ✔ 按钮，完成基准面 2 的创建。

Step25. 创建图 12.49 所示的零件特征——筋 1。

（1）选择命令。选择下拉菜单 插入(I) ➡ 特征(F) ➡ 筋(R)... 命令。

（2）定义筋特征的横断面草图。

① 定义草图基准面。选取基准面 2 为草图基准面。

② 绘制截面的几何图形（即图 12.50 所示的直线）。

（3）定义筋的属性。在"筋"对话框的 参数(P) 区域中单击 ≡（两侧）按钮，输入筋厚度值 5.0，采用系统默认的拉伸方向。

（4）单击 ✔ 按钮，完成筋 1 的创建。

图 12.48　基准面 2

图 12.49　筋 1

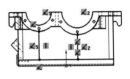
图 12.50　横断面草图

Step26. 创建图 12.51b 所示的镜像 4。

（1）选择下拉菜单 插入(I) ➡ 阵列/镜向(E) ➡ 镜向(M)... 命令。

（2）选择筋 1 作为镜像 4 的参照实体，在设计树中选取右视基准面为镜像基准面。

（3）单击对话框中的 ✔ 按钮，完成镜像 4 的创建。

Step27. 创建图 12.52 所示的零件特征——拔模 1。

（1）选择命令。选择下拉菜单  → →  命令。

a）镜像前　　　　　　　　　　　　　　　b）镜像后

图 12.51　镜像 4

（2）定义拔模面。选取图 12.53 所示的面为拔模面。

（3）定义拔模中性面。选取图 12.54 所示的面为中性面。

（4）定义拔模参数。

① 定义拔模方向。采用系统默认的拔模方向。

② 定义拔模角度。在"拔模"对话框的**拔模角度(G)**区域的文本框后输入 5.0。

（5）单击 按钮，完成拔模 1 的创建。

拔模面　　　　　　　　　　　　　　　　中性面

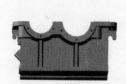　　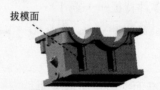　　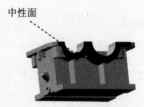

图 12.52　拔模 1　　　　图 12.53　拔模面 1　　　　图 12.54　中性面 1

Step28. 创建图 12.55 所示的零件特征——拔模 2。

（1）选择命令。选择下拉菜单 插入(I) → 特征(F) → 拔模(D) ... 命令。

（2）定义拔模面。选取图 12.56 所示的面为拔模面。

（3）定义拔模中型面。选取图 12.57 所示的面为中性面。

（4）定义拔模参数。

① 定义拔模方向。采用系统默认的拔模方向。

② 定义拔模角度。在"拔模"对话框的**拔模角度(G)**区域的文本框后输入 5.0。

（5）单击 按钮，完成拔模 2 的创建。

拔模面　　　　　　　　　　　　　　　　中性面

　　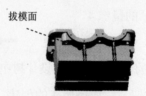　　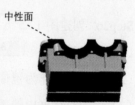

图 12.55　拔模 2　　　　图 12.56　拔模面 2　　　　图 12.57　中性面 2

Step29. 创建图 12.58 所示的零件特征——异形孔向导 5。

（1）选择下拉菜单 插入(I) ➡ 特征(F) ➡ 孔(H) ▸ | 向导(W)... 命令。

（2）定义孔的位置。

① 定义孔的放置面。在"孔规格"对话框中选择 位置 选项卡，选取图 12.59 所示的模型表面为孔的放置面。

② 建立尺寸。在"草图（K）"工具栏中单击 按钮，选择图 12.60 所示的点为孔的放置点。

（3）定义孔的参数。

① 定义孔的规格。在"孔位置"对话框中选择 类型 选项卡选择孔"类型"为 （螺纹孔），标准为 Gb ，类型为 螺纹孔 ，大小为 M8x1.0 。

② 定义孔的终止条件。采用系统默认的深度方向，然后在 终止条件(C) 下拉列表框中选择 给定深度 选项，在 后的文本框中输入 20.00，在螺纹线下拉列表框中选择 给定深度 (2 * DIA) 选项，在 后的文本框中输入 16.00。

（4）单击对话框中的 按钮，完成异形孔向导 5 的创建。

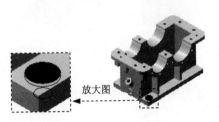

图 12.58　异形孔向导 5

图 12.59　定义孔的放置面

图 12.60　孔的放置点

Step30. 创建图 12.61b 所示的阵列（线性）1。

（1）选择命令。选择下拉菜单 插入(I) ➡ 阵列/镜向(E) ▸ | 线性阵列(L)... 命令，系统弹出"线性阵列"对话框。

（2）定义阵列源特征。单击 要阵列的特征(F) 区域中的文本框，选取图 12.58 所示的异形孔向导 5 作为阵列的源特征。

（3）定义阵列参数。

① 定义方向 1 的参考边线。选取图 12.61a 所示的边线 1 为方向 1 的参考边线。

② 定义方向 1 的参数。在 方向1 区域的 文本框中输入数值 135.0，在 文本框中输入数值 3。

③ 定义方向 2 的参考边线。选取图 12.61a 所示的边线 2 为方向 2 的参考边线。

④ 定义方向 2 的参数。在 方向2 区域的 文本框中输入数值 160.0，在 文本框中输入数值 2。

（4）单击对话框中的 按钮，完成阵列（线性）1 的创建。

图 12.61　阵列（线性）1

Step31. 创建图 12.62b 所示的圆角 1。

（1）选择下拉菜单 插入(I) ➡ 特征(F) ➡ 圆角(F)...命令，系统弹出"圆角"对话框。

（2）定义圆角类型。采用系统默认的圆角类型。

（3）定义圆角对象。选择图 12.62a 所示的边线为要圆角的对象。

（4）定义圆角的半径。在对话框中输入圆角半径值 3.0。

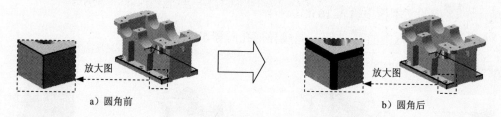

图 12.62　圆角 1

Step32. 创建图 12.63b 所示的圆角 2。要圆角的对象为图 12.63a 所示的边线，圆角半径为 3.0。

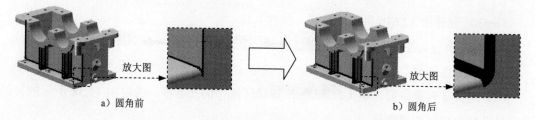

图 12.63　圆角 2

Step33. 创建图 12.64b 所示的圆角 3。要圆角的对象为图 12.64a 所示的边线，圆角半径为 3.0。

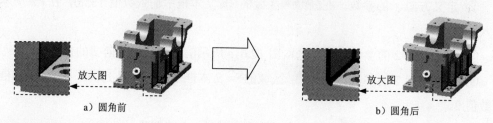

图 12.64　圆角 3

Step34. 创建图 12.65b 所示的圆角 4。要圆角的对象为图 12.65a 所示的边线,圆角半径为 1.0。

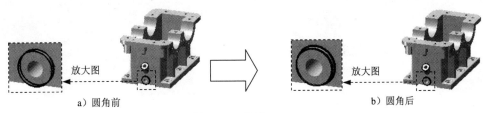

a) 圆角前　　　　　　　　　　　　　　　　b) 圆角后

图 12.65　圆角 4

Step35. 创建图 12.66b 所示的圆角 5。要圆角的对象为图 12.66a 所示的边线,圆角半径为 1.0。

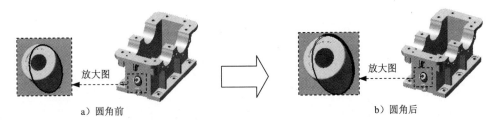

a) 圆角前　　　　　　　　　　　　　　　　b) 圆角后

图 12.66　圆角 5

Step36. 创建图 12.67b 所示的圆角 6。要圆角的对象为图 12.67a 所示的边线,圆角半径为 2.0。

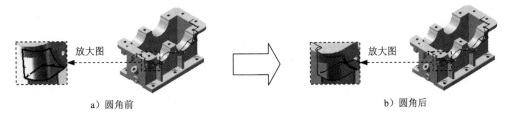

a) 圆角前　　　　　　　　　　　　　　　　b) 圆角后

图 12.67　圆角 6

Step37. 创建图 12.68b 所示的圆角 7。要圆角的对象为图 12.68a 所示的边线,圆角半径为 2.0。

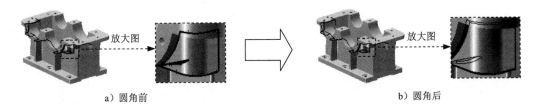

a) 圆角前　　　　　　　　　　　　　　　　b) 圆角后

图 12.68　圆角 7

Step38. 创建图 12.69b 所示的圆角 8。要圆角的对象为图 12.69a 所示的边线，圆角半径为 3.0。

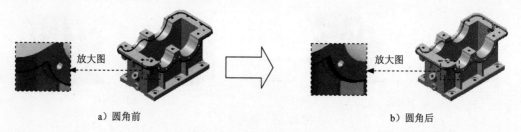

a）圆角前   b）圆角后

图 12.69　圆角 8

Step39. 至此，零件模型创建完毕。选择下拉菜单 文件(F) ➡ 保存(S) 命令，命名为 reducer_box，即可保存零件模型。

实例 13　饮水机开关

实例概述

　　此零件为一个饮水机开关，主要运用拉伸、镜像、扫描、切除-旋转、切除-拉伸等特征命令，难点在于扫描轨迹的创建。零件模型及其设计树如图 13.1 所示。

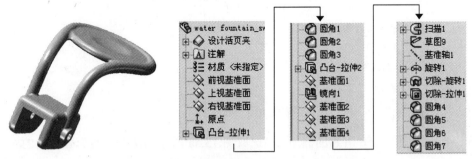

图 13.1　零件模型及设计树

　　Step1. 新建模型文件。选择下拉菜单 文件(F) ➡ 新建(N)... 命令，在系统弹出的"新建 SolidWorks 文件"对话框中选择"零件"模块，单击 确定 按钮，进入建模环境。

　　Step2. 创建图 13.2 所示的零件基础特征——凸台-拉伸 1。

　　（1）选择命令。选择下拉菜单 插入(I) ➡ 凸台/基体(B) ➡ 拉伸(E)... 命令。

　　（2）定义特征的横断面草图。

　　① 定义草图基准面。选取前视基准面为草图基准面。

　　② 定义横断面草图。在草绘环境中绘制图 13.3 所示的草图 1。

　　③ 选择下拉菜单 插入(I) ➡ 退出草图 命令，系统弹出"凸台-拉伸"对话框。

　　（3）定义拉伸深度属性。

　　① 定义深度方向。采用系统默认的深度方向。

　　② 定义深度类型和深度值。在"凸台-拉伸"对话框 方向1 区域的下拉列表框中选择 两侧对称 选项，输入深度值 30.0。

　　（4）单击 ✔ 按钮，完成凸台-拉伸 1 的创建。

图 13.2　凸台-拉伸 1

图 13.3　草图 1

Step3. 创建图 13.4b 所示的圆角 1。

（1）选择命令。选择下拉菜单 插入(I) ➡ 特征(F) ➡ 🎯 圆角(F)...命令，系统弹出"圆角"对话框。

（2）定义圆角类型。采用系统默认的圆角类型。

（3）定义圆角对象。选取图 13.4a 所示的两条边线为要圆角的对象。

（4）定义圆角的半径。在对话框中输入半径值 10.0。

（5）单击"圆角"对话框中的 ✅ 按钮，完成圆角 1 的创建。

a）圆角前　　　　　　　　　　　b）圆角后

图 13.4　圆角 1

Step4. 创建图 13.5b 所示的圆角 2。选取图 13.5a 所示的两条边线为要圆角的对象，输入半径值 5.0。

选此两边线为圆角边

a）圆角前　　　　　　　　　　　b）圆角后

图 13.5　圆角 2

Step5. 创建图 13.6b 所示的圆角 3。选取图 13.6a 所示的两条边线为要圆角的对象，输入半径值 3.0。

a）圆角前　　　　　　　　　　　b）圆角后

图 13.6　圆角 3

Step6. 创建图 13.7 所示的零件基础特征——凸台-拉伸 2。选择下拉菜单 插入(I) ➡ 凸台/基体(B) ➡ 📳 拉伸(E)...命令，选取图 13.8 所示的模型表面为草图基准面，在草绘环境中绘制图 13.9 所示的横断面草图，采用系统默认的深度方向，在"凸台-拉伸"对话框 方向1 区域的下拉列表框中选择 给定深度 选项，输入深度值 4.0，单击 ✅ 按钮，完成凸台-拉伸 2 的创建。

图 13.7 凸台-拉伸 2

图 13.8 草图基准面

图 13.9 草图 2

Step7. 创建图 13.10 所示的基准面 1。

（1）选择命令。选择下拉菜单 插入(I) —→ 参考几何体(G) —→ 基准面(P)...命令，系统弹出"基准面"对话框。

（2）定义基准面参数。

① 定义基准面 1 的参考实体。选取上视基准面为参考实体。

② 定义偏移方向。采用系统默认的偏移方向。

③ 定义偏移距离。在"基准面"对话框中输入偏移距离值 10.0。

（3）单击对话框中的 ✔ 按钮，完成基准面 1 的创建。

Step8. 创建图 13.11b 所示的镜像 1。

（1）选择命令。选择下拉菜单 插入(I) —→ 阵列/镜向(E) —→ 镜向(M)...命令。

（2）定义镜像基准面。选择右视基准面为镜像基准面。

（3）定义镜像对象。在设计树中选择拉伸 2 为镜像 1 的对象。

（4）单击对话框中的 ✔ 按钮，完成镜像 1 的创建。

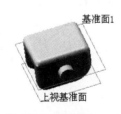

图 13.10 基准面 1

a）镜像前

b）镜像后

图 13.11 镜像 1

Step9. 创建图 13.12 所示的基准面 2。选择下拉菜单 插入(I) —→ 参考几何体(G) —→ 基准面(P)...命令，系统弹出"基准面"对话框，选取上视基准面为参考实体，采用系统默认的偏移方向，在"基准面"对话框中输入偏移距离值 50.0，单击对话框中的 ✔ 按钮，完成基准面 2 的创建。

Step10. 创建图 13.13 所示的草图 3。

（1）选择命令。选择下拉菜单 插入(I) —→ 草图绘制 命令。

（2）定义草图基准面。选取前视基准面为草图基准面。

（3）绘制草图。在草绘环境中绘制图 13.13 所示的草图。

（4）选择下拉菜单 插入(I) ➡️ 退出草图命令，退出草图设计环境。

Step11. 创建图 13.14 所示的草图 4。选取基准面 1 为草绘基准面，在草绘环境中绘制草图，如图 13.14 所示。

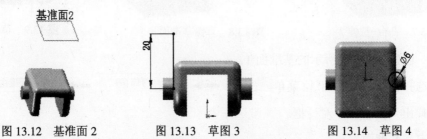

图 13.12　基准面 2　　　　图 13.13　草图 3　　　　图 13.14　草图 4

Step12. 创建图 13.15 所示的基准面 3。选取右视基准面和草图 3 为参考实体，选中 ☑反转 复选框，在"基准面"对话框中输入偏移角度值 15.0。

Step13. 创建图 13.16 所示的草图 5。选取基准面 3 为草绘基准面，绘制草图。

图 13.15　基准面 3　　　　　　　图 13.16　草图 5

Step14. 创建图 13.17 所示的草图 6。选取基准面 2 为草绘基准面，绘制草图。

Step15. 创建图 13.18 所示的草图 7。选取前视基准面为草绘基准面，绘制草图。

Step16. 创建图 13.19 所示的基准面 4。选取右视基准面和草图 7 作为参考实体，采用系统默认方向为偏移方向，在"基准面"对话框中输入偏移角度值 15.0。

图 13.17　草图 6　　　　图 13.18　草图 7　　　　图 13.19　基准面 4

Step17. 创建图 13.20 所示的草图 8。选取基准面 4 为草绘基准面，绘制草图。

Step18. 创建图 13.21 所示的组合曲线 1。选择命令 插入(I) ➡️ 曲线(U) ➡️ 组合曲线(C)...，依次选择草图 3、草图 5、草图 6、草图 7、草图 8 为组合对象，单击对话框中的 ✔ 按钮，完成组合曲线 1 的创建。

图 13.20 草图 8

图 13.21 组合曲线 1

Step19. 创建图 13.22 所示的扫描 1。

（1）选择下拉菜单 插入(I) ➡ 凸台/基体(B) ➡ 扫描(S)... 命令，系统弹出"扫描"对话框。

（2）定义扫描特征的轮廓。选择草图 4 为扫描 1 特征的轮廓。

（3）定义扫描特征的路径。选择组合曲线 1 为扫描 1 特征的路径。

（4）单击对话框中的 ✅ 按钮，完成扫描 1 的创建。

Step20. 创建图 13.23 所示的草图 9。

（1）选择命令。选择下拉菜单 插入(I) ➡ 草图绘制 命令。

（2）定义草图基准面。选取基准面 2 为草图基准面。

（3）绘制草图。在草绘环境中绘制图 13.23 所示的草图（圆心处的一个点）。

（4）选择下拉菜单 插入(I) ➡ 退出草图 命令，退出草图设计环境。

图 13.22 扫描 1

图 13.23 草图 9

Step21. 创建基准轴，如图 13.24 所示。选择下拉菜单 插入(I) ➡ 参考几何体(G) ▸ ➡ 基准轴(A) 命令，选择草图 9 和上视基准面为参照对象，单击对话框中的 ✅ 按钮，完成基准轴 1 的创建。

Step22. 创建图 13.25 所示的零件基础特征——旋转 1。

（1）选择命令。选择下拉菜单 插入(I) ➡ 凸台/基体(B) ➡ 旋转(R)... 命令，系统弹出"旋转"对话框。

（2）定义特征的横断面草图。

① 定义草图基准面。选取右视基准面为草图基准面，进入草绘环境。

② 绘制图 13.26 所示的横断面草图。

③ 完成草图绘制后，选择下拉菜单 插入(I) ➡️ 退出草图 命令，退出草绘环境。

（3）定义旋转轴线。采用基准轴 1 作为旋转轴线。

（4）定义旋转属性。

① 定义旋转方向。在"旋转"对话框 方向1 区域的下拉列表框中选择 给定深度 选项，采用系统默认的旋转方向。

② 定义旋转角度。在 方向1 区域的 文本框中输入数值 360.0。

（5）单击对话框中的 ✔ 按钮，完成旋转 1 的创建。

图 13.24　基准轴 1

图 13.25　旋转 1

图 13.26　横断面草图

Step23. 创建图 13.27 所示的零件特征——切除-旋转 1。

（1）选择下拉菜单 插入(I) ➡️ 切除(C) ➡️ 旋转(R)... 命令。

（2）选取右视基准面为草图基准面，绘制图 13.28 所示的横断面草图。

（3）定义旋转轴线。采用基准轴 1 作为旋转轴线。

（4）定义旋转角度值。在"切除-旋转"对话框中输入旋转角度值 360.0。

（5）单击 ✔ 按钮，完成切除-旋转 1 的创建。

图 13.27　切除-旋转 1

图 13.28　横断面草图

Step24. 创建图 13.29 所示的零件特征——切除-拉伸 1。

（1）选择命令。选择下拉菜单 插入(I) ➡️ 切除(C) ➡️ 拉伸(E)... 命令。

（2）定义特征的横断面草图。

① 定义草图基准面。选取右视基准面为草图基准面。

② 定义横断面草图。在草绘环境中绘制图 13.30 所示的横断面草图。

③ 选择下拉菜单 插入(I) ➡️ 退出草图 命令，完成横断面草图的创建。

（3）定义切除深度属性。采用系统默认的切除深度方向，在"切除-拉伸"对话框中

方向1 区域和 **方向2** 区域的下拉列表框中均选择 完全贯穿 选项。

（4）单击对话框中的 ✅ 按钮，完成切除-拉伸 1 的创建。

图 13.29　切除-拉伸 1

图 13.30　横断面草图

Step25. 创建图 13.31b 所示的圆角 4。

（1）选择命令。选择下拉菜单 插入(I) ➡ 特征(F) ➡ 🟦 圆角(F)... 命令，系统弹出"圆角"对话框。

（2）定义圆角类型。采用系统默认的圆角类型。

（3）定义圆角对象。选取图 13.31a 所示的边线为要圆角的对象。

（4）定义圆角的半径。在对话框中输入半径值 3.0。

（5）单击"圆角"对话框中的 ✅ 按钮，完成圆角 4 的创建。

a）圆角前　　　　　　　　　　　　　　b）圆角后

图 13.31　圆角 4

Step26. 创建图 13.32b 所示的圆角 5。选取图 13.32a 所示的边线为要圆角的对象，输入半径值 1.0。

a）圆角前　　　　　　　　　　　　　　b）圆角后

图 13.32　圆角 5

Step27. 创建图 13.33b 所示的圆角 6。选取图 13.33a 所示的边线为要圆角的对象，输入半径值 15。

a）圆角前   b）圆角后

图 13.33   圆角 6

Step28. 创建图 13.34b 所示的圆角 7。选取图 13.34a 所示的边线为要圆角的对象，输入半径值 0.5。

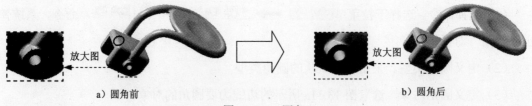

a）圆角前   b）圆角后

图 13.34   圆角 7

Step29. 至此，零件模型创建完毕。选择下拉菜单 文件(F) ➡ 保存(S) 命令，命名为 water fountain_switch，保存零件模型。

实例 14　吊　　钩

实例概述

本实例运用了实体造型和曲面造型相结合的建模方式，运用了零件和曲面造型的基础特征命令，在本例中读者应着重掌握吊钩尖点的处理方法。零件模型及设计树如图 14.1 所示。

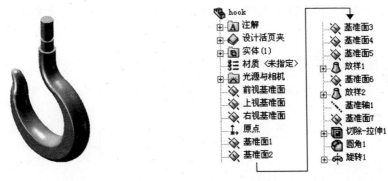

图 14.1　零件模型及设计树

Step1. 新建模型文件。选择下拉菜单 文件(F) ➡ 新建(N)... 命令，在系统弹出的"新建 SolidWorks 文件"对话框中选择"零件"模块，单击 确定 按钮，进入建模环境。

Step2. 创建图 14.2 所示的草图 1。

（1）选择命令。选择下拉菜单 插入(I) ➡ 草图绘制 命令。

（2）定义草图基准面。选取前视基准面为草图基准面。

（3）在草绘环境中绘制图 14.2 所示的草图。

（4）选择下拉菜单 插入(I) ➡ 退出草图 命令，完成草图 1 的创建。

Step3. 创建图 14.3 所示的基准面 1。

（1）选择下拉菜单 插入(I) ➡ 参考几何体(G) ➡ 基准面(P)... 命令，系统弹出"基准面"对话框。

（2）定义基准面 1 的参考对象。选取草图 1 上的点和直线为基准面 1 的参考对象。

（3）单击 ✔ 按钮，完成基准面 1 的创建。

图 14.2 草图 1   图 14.3 基准面 1

Step4. 创建草图 2。

（1）选择命令。选择下拉菜单 插入(I) ➡ 草图绘制 命令。

（2）定义草图基准面。选取基准面 1 为草图基准面。

（3）在草绘环境中，约束圆心与图 14.4 所示的草图 1 上的点为穿透关系，绘制图 14.5 所示的草图。

（4）选择下拉菜单 插入(I) ➡ 退出草图 命令，完成草图 2 的创建。

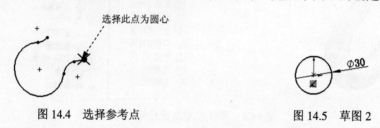

图 14.4 选择参考点   图 14.5 草图 2

Step5. 创建图 14.6 所示的基准面 2。选取图 14.6 所示的草图 1 上的点及草图 1 上的直线为基准面 2 的参考实体，单击 ✔ 按钮，完成基准面 2 的创建。

Step6. 创建图 14.8 所示的草图 3。选取基准面 2 为草图基准面，约束草图 3 的圆心与图 14.7 所示的点为穿透关系，在草绘环境中绘制草图。

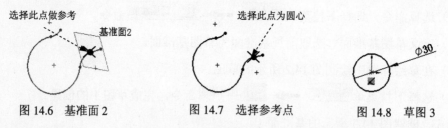

图 14.6 基准面 2   图 14.7 选择参考点   图 14.8 草图 3

Step7. 创建图 14.9 所示的基准面 3。选取图 14.9 所示的点及其草图 1 为基准面 3 的参考对象，单击 ✔ 按钮，完成基准面 3 的创建。

Step8. 创建图 14.11 所示的草图 4。选取基准面 3 为草图基准面，约束草图 4 的圆心与图 14.10 所示的点为穿透关系，在草绘环境中绘制草图。

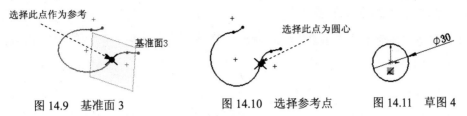

图 14.9 基准面 3   图 14.10 选择参考点   图 14.11 草图 4

Step9. 创建图 14.12 所示的草图 5。选取上视基准面为草图基准面，在草绘环境中绘制草图 5。

Step10. 创建图 14.13 所示的草图 6。选取基准面 3 为草图基准面，以基准面 3 和草图 1 的交点为圆心，在草绘环境中绘制草图 6。

图 14.12 草图 5   图 14.13 草图 6

Step11. 创建图 14.14 所示的基准面 4。选取图 14.14 所示的点及其草图 1 为基准面 4 的参考对象，单击 ✔ 按钮，完成基准面 4 的创建。

Step12. 创建图 14.16 所示的草图 7。选取基准面 4 为草图基准面，以图 14.15 所示的草图 1 上的点为圆心，在草绘环境中绘制草图。

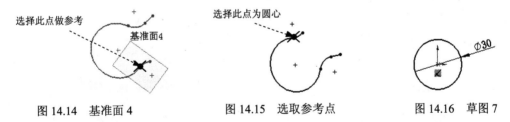

图 14.14 基准面 4   图 14.15 选取参考点   图 14.16 草图 7

Step13. 创建图 14.17 所示的基准面 5。选取图 14.17 所示的点及其草图 1 为基准面 5 的参考对象，单击 ✔ 按钮，完成基准面 4 的创建。

Step14. 创建图 14.18 所示的草图 8。选取基准面 5 为草图基准面，以图 14.19 所示的点为圆心，在草绘环境中绘制草图。

图 14.17 基准面 5   图 14.18 草图 8   图 14.19 选取参考点

Step15. 创建图 14.20 所示的放样 1。

（1）选择命令。选择下拉菜单 插入(I) ➡ 凸台/基体 (B) ➡ 放样 (L)... 命令，系统弹出"放样"对话框。

（2）定义放样轮廓。依次选取草图 2、草图 3、草图 4、草图 5、草图 6、草图 7 和草图 8 作为放样 1 的轮廓（如图 14.20 所示）。在 中心线参数(L) 区域中选取草图 1 作为放样轮廓的中心线。

（3）单击对话框中的 ✔ 按钮，完成放样 1 的创建。

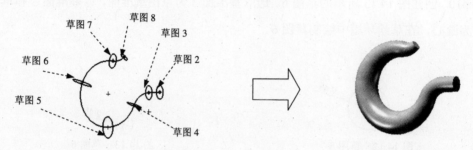

图 14.20　放样 1

Step16. 创建图 14.21 所示的基准面 6。选取基准面 5 为基准面 6 的参照实体，在 ↗ 后的文本框中输入等距距离 10.00，单击 ✔ 按钮，完成基准面 6 的创建。

Step17. 创建图 14.22 所示的草图 9。选取基准面 6 为草图基准面，在草绘环境中绘制草图。

图 14.21　基准面 6　　　　　　　　　　　　图 14.22　草图 9

Step18. 创建图 14.23b 所示的放样 2。

（1）选择命令。选择下拉菜单 插入(I) ➡ 凸台/基体 (B) ➡ 放样 (L)... 命令，系统弹出"放样"对话框。

（2）定义放样轮廓。依次选取草图 9 和图 14.23a 所示的模型表面作为放样 2 的参照实体。

（3）定义约束。在 起始/结束约束(C) 区域的 开始约束(S): 中选择 垂直于轮廓 选项，输入结束处相切长度值为 1.5 在"结束约束"中选择 垂直于轮廓 选项。

（4）单击对话框中的 ✔ 按钮，完成放样 2 的创建。

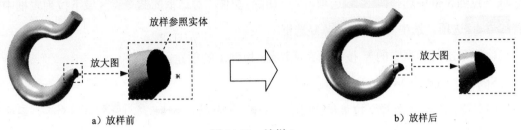

a）放样前　　　　　　　　　　　　　　　b）放样后

图 14.23　放样 2

Step19. 创建图 14.24 所示的基准轴 1。

（1）选择命令。选择下拉菜单 插入(I) ➡ 参考几何体(G) ➡ 基准轴(A)... 命令，系统弹出"基准轴"对话框。

（2）定义基准轴的参考实体。选取右视基准面和上视基准面为参考实体。

（3）单击对话框中的 ✔ 按钮，完成基准轴 1 的创建。

Step20. 创建图 14.25 所示的基准面 7。选取基准轴 1 和右视基准面，在 🔲 后的文本框中输入角度 45.0，单击 ✔ 按钮，完成基准面 7 的创建。

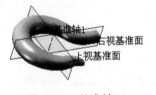

图 14.24　基准轴 1

图 14.25　基准面 7

Step21. 创建图 14.26 所示的零件特征——切除-拉伸 1。

（1）选择命令。选择下拉菜单 插入(I) ➡ 切除(C) ➡ 拉伸(E)... 命令。

（2）定义特征的横断面草图。

① 定义草图基准面。选取基准面 7 为草图基准面。

② 定义横断面草图。在草绘环境中绘制图 14.27 所示的横断面草图。

③ 选择下拉菜单 插入(I) ➡ 退出草图 命令，完成横断面草图的创建。

图 14.26　切除-拉伸 1

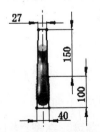

图 14.27　横断面草图

（3）定义切除深度属性。采用系统默认的切除方向，在"切除-拉伸"对话框的 方向1

区域下拉列表框中选择 完全贯穿 选项，在"切除-拉伸"对话框的 方向 2 区域下拉列表框中选择 完全贯穿 选项，选中 ☑ 反侧切除(F) 复选框。

（4）单击对话框中的 ✔ 按钮，完成切除-拉伸 1 的创建。

Step22. 创建图 14.28b 所示的圆角 1。

（1）选择命令。选择下拉菜单 插入(I) ➡ 特征(F) ➡ ◉ 圆角 (F)... 命令，系统弹出"圆角"对话框。

（2）定义圆角类型。采用系统默认的圆角类型。

（3）定义圆角对象。选取图 14.28a 所示的两条边线链为要圆角的对象。

（4）定义圆角的半径。在对话框中输入半径值 5.0。

（5）单击"圆角"对话框中的 ✔ 按钮，完成圆角 1 的创建。

a）圆角前　　　　　　　　　　　　　　　　　b）圆角后

图 14.28　圆角 1

Step23. 创建图 14.29 所示的零件特征——旋转 1。

（1）选择命令。选择下拉菜单 插入(I) ➡ 凸台/基体(B) ➡ ⬥ 旋转(R)... 命令，系统弹出"旋转"对话框。

（2）定义特征的横断面草图。

① 定义草图基准面。选取右视基准面为草图基准面，进入草绘环境。

② 定义横断面草图。绘制图 14.30 所示的横断面草图（旋转中心线与侧影轮廓边线重合）。

③ 完成草图绘制后，选择下拉菜单 插入(I) ➡ ☑ 退出草图 命令，退出草绘环境。

（3）定义旋转轴线。采用草图中绘制的中心线为旋转轴线（此时旋转对话框中显示所选中心线的名称）。

（4）定义旋转属性。

① 定义旋转方向。在"旋转"对话框中 方向1 区域的下拉列表框中选择 给定深度 选项，采用系统默认的旋转方向。

② 定义旋转角度。在 方向1 区域的 ⬑ 文本框中输入数值 360.0，

（5）单击对话框中的 ✔ 按钮，完成旋转 1 的创建。

图 14.29 旋转 1

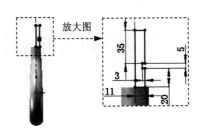

图 14.30 横断面草图

Step24. 至此，零件模型创建完毕。选择下拉菜单 文件(F) ➡ 保存(S) 命令，命名为 hook.SLDPRT，即可保存零件模型。

实例 15 饮 料 瓶

实例概述

    本实例是一个饮料瓶的设计，主要运用了旋转、曲面—放样、使用曲面切除、扫描等特征命令，其中曲面—放样和使用曲面切除特征的创建技巧应引起读者注意。零件实体模型及相应的设计树如图 15.1 所示。

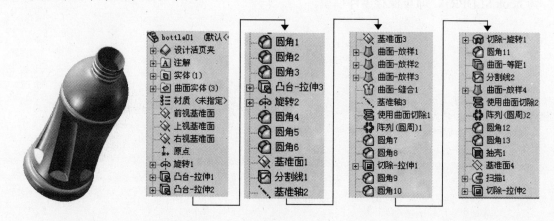

图 15.1 零件模型及设计树

Step1. 新建一个零件模型文件，进入建模环境。

Step2. 创建图 15.2 所示的零件基础特征——旋转 1。

（1）选择命令。选择下拉菜单 插入(I) ➡ 凸台/基体(B) ➡ 旋转(R)... 命令，系统弹出"旋转"对话框。

（2）定义特征的横断面草图。

① 定义草图基准面。选取前视基准面为草图基准面，进入草绘环境。

② 绘制图 15.3 所示的草图 1（包括旋转中心线）。

③ 完成草图绘制后，选择下拉菜单 插入(I) ➡ 退出草图 命令，退出草绘环境。

（3）定义旋转轴线。采用草图中绘制的中心线为旋转轴线（此时旋转对话框中显示所选中心线的名称）。

（4）定义旋转属性。

① 定义旋转方向。在"旋转"对话框中 方向1 区域的下拉列表框中选择 给定深度 选项，采用系统默认的旋转方向。

② 定义旋转角度。在 方向1 区域的 文本框中输入数值 360.0。

（5）单击对话框中的 ✔ 按钮，完成旋转 1 的创建。

图 15.2　旋转 1

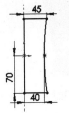

图 15.3　草图 1

Step3. 创建图 15.4 所示的零件特征——凸台-拉伸 1。

（1）选择命令。选择下拉菜单 插入(I) ➡ 凸台/基体(B) ➡ ⟦拉伸(E)...⟧命令。

（2）定义特征的横断面草图。

① 定义草图基准面。选取图 15.5 所示的表面为草图基准面。

② 定义横断面草图。在草绘环境中绘制图 15.6 所示的草图 2，绘制时可先绘制中心线，横断面草图关于中心线对称。

③ 选择下拉菜单 插入(I) ➡ ⟦退出草图⟧命令，退出草绘环境。

（3）定义拉伸深度属性。

① 定义深度方向。采用系统默认的拉伸方向。

② 定义深度类型和深度值。在"凸台-拉伸"对话框 方向1 区域的下拉列表框中选择 给定深度 选项，输入值 5.0。

（4）单击 ✔ 按钮，完成凸台-拉伸 1 的创建。

图 15.4　凸台-拉伸 1

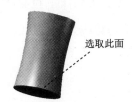

选取此面

图 15.5　定义草图基准面

图 15.6　草图 2

Step4. 创建图 15.7 所示的零件特征——凸台-拉伸 2。选择下拉菜单 插入(I) ➡ 凸台/基体(B) ➡ ⟦拉伸(E)...⟧命令；选取图 15.8 所示的模型表面作为草图基准面，在草绘环境中绘制图 15.9 所示的草图 3；采用系统默认的深度方向；在"凸台-拉伸"对话框 方向1 区域的下拉列表框中选择 给定深度 选项，输入深度值 20.0。

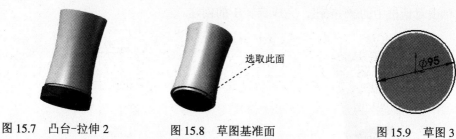

图 15.7　凸台-拉伸 2　　　　　图 15.8　草图基准面　　　　　图 15.9　草图 3

Step5. 创建图 15.10b 所示的圆角 1。

（1）选择命令。选择下拉菜单 插入(I) ➡ 特征(F) ➡ 🌑 圆角(F)...命令，系统弹出"圆角"对话框。

（2）定义圆角类型。采用系统默认的圆角类型。

（3）定义圆角对象。选取图 15.10a 所示的边线为要圆角的对象。

（4）定义圆角的半径。在对话框中输入半径值 4.0。

（5）单击"圆角"对话框中的 ✔ 按钮，完成圆角 1 的创建。

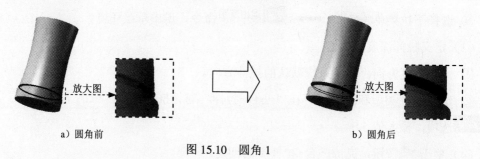

a）圆角前　　　　　　　　　　　　　　　　b）圆角后

图 15.10　圆角 1

Step6. 创建图 15.11b 所示的圆角 2。选择下拉菜单 插入(I) ➡ 特征(F) ➡ 🌑 圆角(F)...命令；选取图 15.11a 所示的边线为要圆角的对象；圆角半径为 6.0。

a）圆角前　　　　　　　　　　　　　　　　b）圆角后

图 15.11　圆角 2

Step7. 创建图 15.12b 所示的圆角 3。选择下拉菜单 插入(I) ➡ 特征(F) ➡ 🌑 圆角(F)...命令；选取图 15.12a 所示的边线为要圆角的对象；圆角半径为 2.0。

Step8. 创建图 15.13 所示的零件特征——凸台-拉伸 3。选择下拉菜单 插入(I) ➡ 凸台/基体(B) ➡ 🌑 拉伸(E)...命令；选取图 15.14 所示的表面为草图基准面，在草绘环境中绘制图 15.15 所示的草图 4；采用系统默认的深度方向；在"凸台-拉伸"对话框 方向 1

区域的下拉列表框中选择 给定深度 选项，输入深度值 5.0。

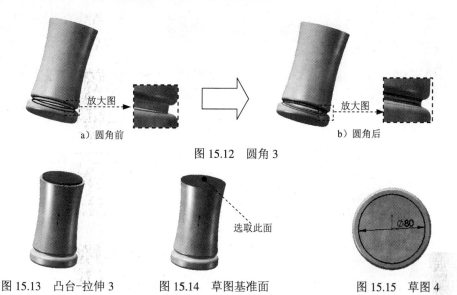

图 15.12　圆角 3

图 15.13　凸台-拉伸 3　　　　　图 15.14　草图基准面　　　　　图 15.15　草图 4

　　Step9. 创建图 15.16 所示的零件基础特征——旋转 2。选择下拉菜单 插入(I) ➡
凸台/基体(B) ➡ 旋转(R)... 命令；选取前视基准面作为草图基准面，进入草绘环境。
绘制图 15.17 所示的草图 5；采用草图中绘制的中心线为旋转轴线；在"旋转"对话框中 方向1
区域的下拉列表框中选择 给定深度 选项，采用系统默认的旋转方向；在 方向1 区域的 文本
框中输入数值 360.0。

图 15.16　旋转 2

图 15.17　草图 5

　　Step10. 创 建 图 15.18 所示的圆角 4 。选择下拉菜单 插入(I) ➡ 特征(F)
➡ 圆角(F)... 命令；圆角半径为 2.0。

　　Step11. 创建图 15.19b 所示的圆角 5。选择下拉菜单 插入(I) ➡ 特征(F) ➡
圆角(F)... 命令；选取图 15.19a 所示的边线为要圆角的对象；圆角半径为 4.0。

　　Step12. 创建图 15.20b 所示的圆角 6。选择下拉菜单 插入(I) ➡ 特征(F) ➡
圆角(F)... 命令；选取图 15.20a 所示的边线为要圆角的对象；圆角半径为 6.0。

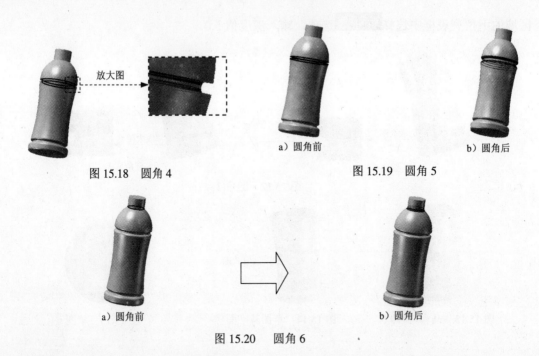

图 15.18　圆角 4　　　　　　　a）圆角前　　图 15.19　圆角 5　　　b）圆角后

a）圆角前　　　　　　　　　　　　　b）圆角后

图 15.20　圆角 6

Step13. 创建图 15.21 所示的基准面 1。

（1）选择命令。选择下拉菜单 插入(I) → 参考几何体(G) → 基准面(P)... 命令，系统弹出"基准面"对话框。

（2）定义基准面的参考实体。选取右视基准面为基准面的参考实体。

（3）定义偏移方向及距离。采用系统默认的偏移方向，在 按钮后输入偏移距离值 50.0。

（4）单击对话框中的 ✔ 按钮，完成基准面 1 的创建。

Step14. 创建图 15.22 所示的分割线 1。

（1）选择命令。选择下拉菜单 插入(I) → 曲线(U) → 分割线(S)... 命令，系统弹出"分割线"对话框。

（2）采用系统默认的分割类型。

（3）定义特征的分割工具。在设计树中选取右视基准面为分割工具。

（4）定义要分割的面。选取图 15.22 所示的模型表面为要分割的面。

（5）单击 ✔ 按钮，完成分割线 1 的创建。

图 15.21　基准面 1

图 15.22　分割线 1

Step15. 创建图 15.23 所示的草图 6。

（1）选择命令。选择下拉菜单 插入(I) ➡ 草图绘制 命令。

（2）定义草图基准面。选取基准面 1 为草图基准面。

（3）定义横断面草图。绘制图 15.23 所示的草图。

（4）选择下拉菜单 插入(I) ➡ 退出草图 命令，退出草绘环境。

Step16. 创建图 15.24 所示的草图 7。选择下拉菜单 插入(I) ➡ 草图绘制 命令；选取基准面 1 为草图基准面；绘制图 15.24 所示的草图。

图 15.23　草图 6

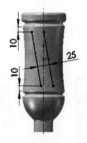

图 15.24　草图 7

Step17. 创建图 15.25 所示的曲线 1。

（1）选择命令。选择下拉菜单 插入(I) ➡ 曲线(U) ➡ 投影曲线(P)... 命令，系统弹出"投影曲线"对话框。

（2）选择投影类型。在"投影曲线"对话框的下拉列表框中选择 ⊙ 面上草图(K) 选项。

（3）定义要投影的草图。选择草图 6 为要投影的草图。

（4）定义要投影到的面。选取图 15.26 所示的模型表面为要投影到的面，选中 ☑ 反转投影(R) 复选框。

Step18. 创建图 15.27 所示的曲线 2。选择下拉菜单 插入(I) ➡ 曲线(U) ➡ 投影曲线(P)... 命令；在"投影曲线"对话框的下拉列表框中选择 ⊙ 面上草图(K) 选项；选择草图 7 为要投影的草图；选取图 15.28 所示的模型表面为要投影到的面，选中 ☑ 反转投影(R) 复选框。

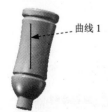
图 15.25　曲线 1

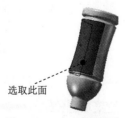
图 15.26　定义投影面

图 15.27　曲线 2

图 15.28　定义投影面

Step19. 创建图 15.29 所示的基准轴 1。

（1）按住 ctrl 键选择选取曲线 1 和曲线 2 的两个端点。

（2）选择下拉菜单 插入(I) ➡ 参考几何体(G) ➡ 基准轴(A) 命令，系统弹出"基准轴"对话框。

（3）单击对话框中的 ✅ 按钮，完成基准轴 1 的创建。

Step20. 创建图 15.30 所示的基准轴 2。

（1）按住 ctrl 键选择选取曲线 1 和曲线 2 的两个端点。

（2）选择下拉菜单 插入(I) ➡ 参考几何体(G) ➡ 基准轴(A) 命令，系统弹出"基准轴"对话框。

（3）单击对话框中的 ✅ 按钮，完成基准轴 2 的创建。

图 15.29　基准轴 1　　　　　　　　　　图 15.30　基准轴 2

Step21. 创建图 15.31 所示的基准面 2。选择下拉菜单 插入(I) ➡ 参考几何体(G) ➡ 基准面(P)... 命令；选取基准轴 1 和上视基准面为参考实体；在 后的文本框中输入数值 330.0。

Step22. 创建图 15.32 所示的基准面 3。选择下拉菜单 插入(I) ➡ 参考几何体(G) ➡ 基准面(P)... 命令；选取基准轴 2 和上视基准面为参考实体；在 后的文本框中输入数值 30.0；完成基准面 3 的创建。

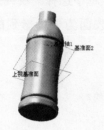

图 15.31　基准面 2　　　　　　　　　　图 15.32　基准面 3

Step23. 创建图 15.33 所示的草图 8。选择下拉菜单 插入(I) ➡ 草图绘制 命令；选取基准面 2 为草图基准面；绘制图 15.33 所示的草图。

Step24. 创建图 15.34 所示的草图 9。选择下拉菜单 插入(I) ➡ 草图绘制 命令；选取基准面 2 为草图基准面；绘制图 15.34 所示的草图。

图 15.33 草图 8

图 15.34 草图 9

Step25. 创建图 15.35 所示的草图 10。选择下拉菜单 插入(I) ➡ 草图绘制 命令；选取基准面 3 为草图基准面；绘制图 15.35 所示的草图。

Step26. 创建图 15.36 所示的草图 11。选择下拉菜单 插入(I) ➡ 草图绘制 命令；选取基准面 3 为草图基准面；绘制图 15.36 所示的草图。

图 15.35 草图 10

图 15.36 草图 11

Step27. 创建图 15.37 所示的曲面-放样 1。

（1）选择命令。选择下拉菜单 插入(I) ➡ 曲面(S) ➡ 放样曲面(L)... 命令，系统弹出"曲面－放样"对话框。

（2）定义放样轮廓。选择草图 8 和草图 9 作为曲面-放样 1 的轮廓。其他参数采用系统默认设置值。

（3）在对话框中单击 ✔ 按钮，完成曲面-放样 1 的创建。

Step28. 创建图 15.38 所示的曲面-放样 2。选择下拉菜单 插入(I) ➡ 曲面(S) ➡ 放样曲面(L)... 命令；选择草图 10 和草图 11 作为曲面-放样 2 的轮廓。

图 15.37 曲面-放样 1

图 15.38 曲面-放样 2

Step29. 创建图 15.39 所示的曲面-放样 3。选择下拉菜单 插入(I) ➡ 曲面(S) ➡ 放样曲面(L)... 命令；选择草图 8 和草图 10 为曲面-放样 3 的轮廓；选取曲线 1 和曲线 2 为曲面-放样 3 的引导线，其他参数采用系统默认设置值。

Step30. 创建图 15.40 所示的曲面-缝合 1。

（1）选择下拉菜单 插入(I) ➡ 曲面(S) ➡ 🛠 缝合曲面(K)... 命令，系统弹出"缝合曲面"对话框。

（2）定义要缝合的曲面。选择曲面-放样 1、曲面-放样 2 以及曲面-放样 3 为要缝合的曲面。

（3）单击对话框中的 ✔ 按钮，完成曲面-缝合 1 的创建。

图 15.39　曲面-放样 3　　　　　　图 15.40　曲面-缝合 1

Step31. 创建图 15.41 所示的基准轴 4。选择下拉菜单 插入(I) ➡ 参考几何体(G) ➡ ⟍ 基准轴(A) 命令；在"基准轴"对话框的 选择(S) 区域中单击 🔲 圆柱/圆锥面(C) 按钮；选取图 15.41 所示的圆柱面为基准轴的参考实体。

Step32. 创建图 15.42 所示的"使用曲面切除 1"。

（1）选择下拉菜单 插入(I) ➡ 切除(C) ➡ 🗐 使用曲面(W) 命令，系统弹出"使用曲面切除"对话框。

（2）定义切除曲面。选择曲面-缝合 1 为切除曲面。

图 15.41　基准轴 4　　　　　　　　图 15.42　使用曲面切除 1

（3）定义切除方向。单击 ⤢ 按钮。

（4）单击对话框中的 ✔ 按钮，完成使用曲面切除 1 的创建。

Step33. 创建图 15.43b 所示的阵列（圆周）1。

（1）选择命令。选择下拉菜单 插入(I) ➡ 阵列/镜向(E) ➡ 🖼 圆周阵列(C)... 命令，系统弹出"圆周阵列"对话框。

（2）定义阵列源特征。选择图 15.43a 所示的使用曲面切除 1 特征作为阵列的源特征。

（3）定义阵列参数。

① 定义阵列轴。选取设计树中的"基准轴 3"为圆周阵列轴。

② 定义阵列间距。在 参数(P) 区域中 按钮后的文本框中输入数值 60。

③ 定义阵列实例数。在 参数(P) 区域中 按钮后的文本框中输入数值 6。

（4）选中选项区域中的 ☑ 几何体阵列(G) 复选框。

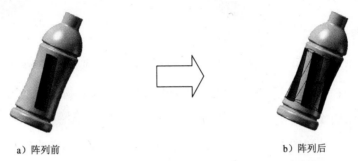

a）阵列前　　　　　　　　　　　　　　　　b）阵列后

图 15.43　阵列（圆周）1

Step34. 创建图 15.44 所示的圆角 7。选择下拉菜单 插入(I) → 特征(F) → 圆角(F)... 命令；选取图 15.44 所示的边线为要圆角的对象；圆角半径为 2.0。

Step35. 创建图 15.45 所示的圆角 8。选择下拉菜单 插入(I) → 特征(F) → 圆角(F)... 命令；选取图 15.45 所示的边线为要圆角的对象；圆角半径为 2.0。

选取所有内部边线

选取六条轮廓线

图 15.44　圆角 7　　　　　　　　　　　　　图 15.45　圆角 8

Step36. 创建图 15.46 所示的零件特征——切除-拉伸 1。

（1）选择命令。选择下拉菜单 插入(I) → 切除(C) → 拉伸(E)... 命令。

（2）定义特征的横断面草图。

① 定义草图基准面。选取图 15.47 所示的模型表面为草图基准面。

② 定义横断面草图。在草绘环境中绘制图 15.48 所示的草图 12。

（3）定义切除深度属性。采用系统默认的切除深度方向；在"切除-拉伸"对话框 方向 1 区域的下拉列表框中选择 给定深度 选项，输入深度值 4.0。

（4）单击对话框中的 ✔ 按钮，完成切除-拉伸 1 的创建。

图 15.46 切除-拉伸 1

选取此面

图 15.47 草图基准面

图 15.48 草图 12

Step37. 创建图 15.49 所示的圆角 9。选择下拉菜单 `插入(I)` ➡ `特征(F)` ➡ `圆角(F)...` 命令；选取图 15.49 所示的边线为要圆角的对象；圆角半径为 3.0。

Step38. 创建图 15.50 所示的圆角 10。选择下拉菜单 `插入(I)` ➡ `特征(F)` ➡ `圆角(F)...` 命令；选取图 15.50 所示的边线为要圆角的对象；圆角半径为 1.0。

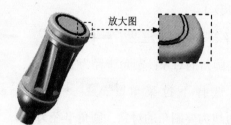

放大图

图 15.49 圆角 9

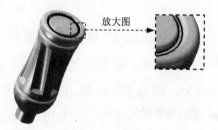

放大图

图 15.50 圆角 10

Step39. 创建图 15.51a 所示的零件特征——切除-旋转 1。

（1）选择命令。选择下拉菜单 `插入(I)` ➡ `切除(C)` ➡ `旋转(R)...` 命令，系统弹出"旋转"对话框。

（2）定义特征的横断面草图。

① 定义草图基准面。选取右视基准面为草图基准面，进入草绘环境。

② 绘制图 15.51b 所示的草图 13（包括旋转轴线）。

③ 完成草图绘制后，选择下拉菜单 `插入(I)` ➡ `退出草图` 命令，退出草绘环境，系统弹出"切除-旋转"对话框。

（3）定义旋转轴线。采用草图中绘制的旋转轴线。

（4）定义旋转属性。

① 定义旋转方向。在"切除-旋转"对话框中 `方向1` 区域的下拉列表框中选择 `给定深度` 选项，采用系统默认的旋转方向。

② 定义旋转角度。在 `方向1` 区域的 文本框中输入数值 360.0。

（5）单击对话框中的 按钮，完成切除-旋转 1 的创建。

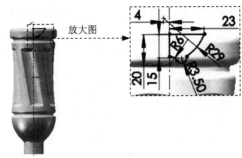

　　　　a）切除-旋转 1　　　　　　　　　　　　　　　　　　b）草图 13

图 15.51　切除-旋转 1

Step40. 创建图 15.52 所示的圆角 11。选择下拉菜单 插入(I) ➡ 特征(F) ➡
◯ 圆角(F)... 命令；选取图 15.52 所示的边线为要圆角的对象；圆角半径为 4.0。

Step41. 创建图 15.53 所示的曲面-等距 1。

（1）选择下拉菜单 插入(I) ➡ 曲面(S) ➡ 等距曲面(O)... 命令，系统弹出"等距曲面"对话框。

（2）定义等距曲面。选取图 15.53 所示的实体表面为等距曲面。

（3）定义等距距离。在 后的文本框中输入数值 0。

（4）单击 ✔ 按钮，完成曲面-等距 1 的创建。

说明：曲面等距前后实体并没有变化，只是在实体表面创建了曲面。

Step42. 创建图 15.54 所示的分割线 2。选择下拉菜单 插入(I) ➡ 曲线(U)
➡ 分割线(S)... 命令；采用系统默认的分割类型；在设计树中选取右视基准面为分割工具；选取图 15.54 所示的模型表面为要分割的面。

　　　图 15.52　圆角 11　　　　　　　图 15.53　曲面-等距 1　　　　　图 15.54　分割线 2

Step43. 创建图 15.55 所示的草图 14。选择下拉菜单 插入(I) ➡ 草图绘制 命令；选取图 15.58 所示的表面为草图基准面；绘制图 15.55 所示的草图。

Step44. 创建图 15.56 所示的草图 15。选择下拉菜单 插入(I) ➡ 草图绘制 命令；选取图 15.58 所示的表面为草图基准面；绘制图 15.56 所示的草图。

Step45. 创建图 15.57 所示的草图 16。选择下拉菜单 插入(I) ➡ 草图绘制 命令；

选取图 15.58 所示的表面为草图基准面；绘制图 15.57 所示的草图。

选取此面

图 15.55　草图 14　　　　图 15.56　草图 15　　　　图 15.57　草图 16　　　　图 15.58　草图基准面

Step46. 创建图 15.59 所示的曲线 3。选择下拉菜单 **插入(I)** ➡ **曲线(U)** ➡ **投影曲线(P)...** 命令；在 "投影曲线" 对话框的下拉列表框中选择 ◉ **面上草图(K)** 选项；选择草图 14 为要投影的草图；选取图 15.60 所示的模型表面为要投影到的面；选中 ☑ **反转投影(R)** 复选框。

Step47. 创建图 15.61 所示的曲线 4。选择下拉菜单 **插入(I)** ➡ **曲线(U)** ➡ **投影曲线(P)...** 命令；在 "投影曲线" 对话框的下拉列表框中选择 ◉ **面上草图(K)** 选项；选择草图 15 为要投影的草图；选取图 15.60 所示的模型表面为要投影到的面；选中 ☑ **反转投影(R)** 复选框。

Step48. 创建图 15.62 所示的曲线 5。选择下拉菜单 **插入(I)** ➡ **曲线(U)** ➡ **投影曲线(P)...** 命令；在 "投影曲线" 对话框的下拉列表框中选择 ◉ **面上草图(K)** 选项；选择草图 16 为要投影的草图；选取图 15.60 所示的模型表面为要投影到的面，选中 ☑ **反转投影(R)** 复选框。

图 15.59　曲线 3　　　　图 15.60　投影面　　　　图 15.61　曲线 4　　　　图 15.62　曲线 5

Step49. 创建图 15.63 所示的草图 17。选择下拉菜单 **插入(I)** ➡ **草图绘制** 命令；选取右视基准面作为草图基准面；绘制图 15.63 所示的草图。

Step50. 创建图 15.64 所示的曲线 6。选择下拉菜单 **插入(I)** ➡ **曲线(U)** ➡ **投影曲线(P)...** 命令；在 "投影曲线" 对话框的下拉列表框中选择 ◉ **面上草图(K)** 选项；选择草图 17 为要投影的草图；选取图 15.65 所示的模型表面为要投影到的面，取消选中 ☐ **反转投影(R)** 复选框。

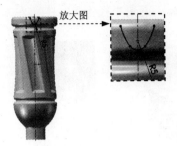

图 15.63　草图 17　　　　　　　　图 15.64　曲线 6　　　　　图 15.65　选模型表面

Step51. 创建图 15.66 所示的曲面-放样 4。选择下拉菜单 `插入(I)` ➞ `曲面(S)` ➞ `放样曲面(L)...` 命令；选择曲线 3 和曲线 6 为曲面-放样 4 的轮廓；选取曲线 4 和曲线 5 为曲面-放样 4 的引导线；其他参数采用系统默认设置值。

Step52. 创建图 15.67 所示的"使用曲面切除 2"。选择下拉菜单 `插入(I)` ➞ `切除(C)` ➞ `使用曲面(U)` 命令；选择曲面-放样 4 为切除曲面；采用系统默认的切除方向。

图 15.66　曲面-放样 4　　　　　　　　图 15.67　使用曲面切除 2

Step53. 创建图 15.68b 所示的阵列（圆周）1。选择下拉菜单 `插入(I)` ➞ `阵列/镜向(E)` ➞ `圆周阵列(C)...` 命令；选择图 15.68a 所示的使用曲面切除 2 特征为阵列的源特征；选取设计树中的"基准轴 4"作为圆周阵列轴；在 `参数(P)` 区域中 按钮后的文本框中输入数值 90.0；在 `参数(P)` 区域中 按钮后的文本框中输入数值 4。

a）阵列前　　　　　　　　　　　　　　　b）阵列后

图 15.68　阵列（圆周）1

Step54. 创建图 15.69 所示的圆角 12。选择下拉菜单 `插入(I)` ➞ `特征(F)` ➞ `圆角(F)...` 命令；选取图 15.69 所示的边线为要圆角的对象；圆角半径为 4.0。

Step55. 创建图 15.70 所示的圆角 13。选择下拉菜单 `插入(I)` ➞ `特征(F)` ➞

命令；选取图 15.70 所示的边线为要圆角的对象；圆角半径为 4.0。

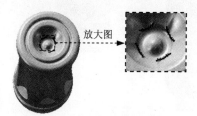

图 15.69　圆角 12　　　　　　　　　　　　　图 15.70　圆角 13

Step56. 创建图 15.71a 所示的零件特征——抽壳 1。

（1）选择命令。选择下拉菜单 插入(I) ➡ 特征(F) ➡ 抽壳(S)... 命令。

（2）定义要移除的面。选取图 15.74b 所示的模型表面为要移除的面。

（3）定义抽壳的参数。在"抽壳 1"对话框的 参数(P) 区域中输入壁厚值 1.0。

（4）单击对话框中的 ✔ 按钮，完成抽壳 1 的创建。

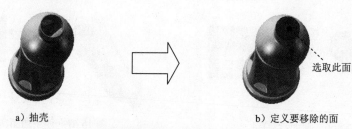

a）抽壳　　　　　　　　　　　　　　　　b）定义要移除的面

图 15.71　抽壳 1

Step57. 创建图 15.72 所示的基准面 4。选择下拉菜单 插入(I) ➡ 参考几何体(G) ▸ ➡ 基准面(P)... 命令；选取图 15.72 所示的面 1 为基准面 4 的参考实体；采用系统默认的偏移方向，输入偏移距离值 3.0，选中 ☑反转 复选框。

Step58. 创建图 15.73 所示的草图 18。选择下拉菜单 插入(I) ➡ 草图绘制 命令；选取基准面 4 为草图基准面；绘制图 15.73 所示的草图。

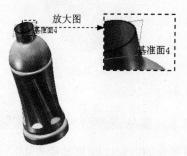

图 15.72　基准面 4

图 15.73　草图 18

Step59. 创建图 15.74 所示的螺旋线 1。

（1）选择命令。选择下拉菜单 插入(I) ➡ 曲线(U) ➡ 🐚 螺旋线/涡状线(H)... 命令。

（2）定义螺旋线的横断面。选择草图 18 为螺旋线的横断面。

（3）定义螺旋线的定义方式。在 定义方式(D): 区域的下拉列表框中选择 螺距和圈数 选项。

（4）定义螺旋线的参数。

① 定义螺距类型。在"螺旋线/涡状线"对话框 参数(P) 区域中选中 ⊙ 可变螺距(L) 复选框。

② 定义螺旋线参数。在 参数(P) 区域中输入图 15.75 所示的参数，选中 ☑ 反向(V) 复选框，其他均采用系统默认值。

（5）单击 ✔ 按钮，完成螺旋线 1 的创建。

图 15.74　螺旋线 1

圈数	高度	直径
1	0	0mm	36mm
2	0.3	2.1mm	40mm
3	2.3	16.1mm	40mm
4	2.8	19.6mm	37mm
5			

图 15.75　定义螺旋线参数

Step60. 创建图 15.76 所示的草图 19。选择下拉菜单 插入(I) ➡ 🖉 草图绘制 命令；右视基准面为草图基准面；绘制图 15.76 所示的草图。

Step61. 创建图 15.77 所示的扫描 1。

（1）选择命令。选择下拉菜单 插入(I) ➡ 凸台/基体(B) ➡ 🗇 扫描(S)... 命令，系统弹出"扫描"对话框。

（2）定义扫描的轮廓。在图形区中选取草图 19 为切除-扫描的轮廓线。

（3）定义扫描的路径。在图形区中选取螺旋线 1 为扫描的路径。

（4）单击对话框中的 ✔ 按钮，完成扫描 1 的创建。

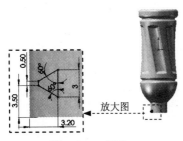

图 15.76　草图 19

图 15.77　扫描 1

Step62. 创建图 15.78 所示的零件特征——切除-拉伸 1。

（1）选择命令。选择下拉菜单 插入(I) ➡ 切除(C) ➡ 拉伸(E)... 命令。

（2）定义特征的横断面草图。

① 定义草图基准面。选取图 15.79 所示的模型表面为草图基准面。

② 定义横断面草图。在草绘环境中绘制图 15.80 所示的横断面草图（使用瓶口内边线）。

③ 选择下拉菜单 插入(I) ➡ 退出草图 命令，完成横断面草图的创建。

（3）定义切除深度属性。采用系统默认的切除深度方向；在"切除-拉伸"对话框 方向 1 区域的下拉列表框中选择 给定深度 选项，输入深度值 50.0。

（4）单击对话框中的 ✔ 按钮，完成切除－拉伸 1 的创建。

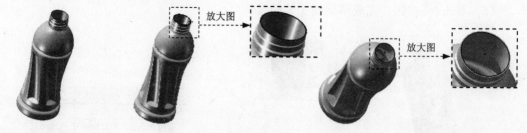

图 15.78 切除-拉伸 1   图 15.79 草图基准面   图 15.80 横断面草图

Step63. 至此，零件模型创建完毕。选择下拉菜单 文件(F) ➡ 保存(S) 命令，命名为 bottle，即可保存零件模型。

实例 16 参数化设计蜗杆

实例概述

  本实例介绍了一个由参数、关系控制的蜗杆模型。设计过程是先创建参数及关系，然后利用这些参数创建出蜗杆模型。用户可以通过修改参数值来改变蜗杆的形状。这是一种典型的系列化产品的设计方法，它使产品的更新换代更加快捷、方便。蜗杆模型及特征树如图 16.1 所示。

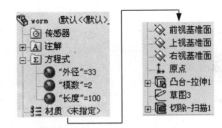

图 16.1 蜗杆模型及特征树

Step1. 新建一个零件模型文件，进入建模环境。

Step2. 添加方程式 1。

（1）选择下拉菜单  ，系统弹出"方程式"对话框，如图 16.2 所示。

名称	数值/方程式	估算到	评论	
□ 全局变量				确定
添加整体变量				取消
□ 特征				输入(I)...
添加特征压缩				输出(E)...
□ 方程式				帮助(H)
添加方程式				

方程式、整体变量、及尺寸   过滤所有栏区

□ 自动重建   角度方程单位： 度数 ▼   ☑ 自动求解组序

□ 链接至外部文件：

图 16.2 "方程式"对话框

（2）单击"全局变量"下面的文本框，然后在其文本框中输入"外径"；在"外径"文

本框的右侧单击使其激活，然后输入数值 "33"。

（3）参照步骤（2），创建另外两个全局变量，结果如图 16.3 所示，在 "方程式" 对话框中单击 确定 按钮，完成方程式的创建。

图 16.3   "方程式" 对话框

Step3. 添加图 16.4 所示的零件基础特征——凸台-拉伸 1。

（1）选择命令。选择下拉菜单 插入(I) → 凸台/基体(B) → 拉伸(E)... 命令。

（2）定义特征的横断面草图。

① 定义草图基准面。选取前视基准面为草图基准面。

② 定义横断面草图。在草绘环境中绘制图 16.5 所示的草图 1（草图尺寸可以任意给定）。

③ 选择下拉菜单 插入(I) → 退出草图 命令，退出草绘环境，系统弹出 "拉伸" 对话框。

（3）定义拉伸深度属性。

① 定义深度方向。采用系统默认的深度方向。

② 定义深度类型和深度值。在 "拉伸" 对话框 方向1 区域的下拉列表框中选择 给定深度 选项，深度值 40（可以任意给出深度值）。

（4）单击 ✔ 按钮，完成凸台-拉伸 1 的创建。

图 16.4   凸台-拉伸 1

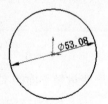

图 16.5   草图 1

Step4. 在模型树中右击 ⊞ A 注解 节点，系统弹出图 16.6 所示的快捷菜单，选择 显示特征尺寸 (C) 命令，在图形区显示出特征尺寸，如图 16.7 所示。

图 16.6 快捷菜单

图 16.7 显示特征尺寸

Step5. 连接拉伸尺寸。

（1）选择下拉菜单 工具(T) ➡ ∑ 方程式(Q)... 命令，系统弹出"方程式"对话框，如图 16.2 所示。

（2）单击"方程式"下面的文本框，在模型中选择尺寸 40，在快捷菜单中选择 全局变量 ➡ 长度 (100) 命令，如图 16.8 所示。

（3）参照步骤（2），定义尺寸"Ø53.08"等于"外径"，单击 确定 按钮。

（4）单击"重建模型"按钮 ，再生模型结果如图 16.9 所示。

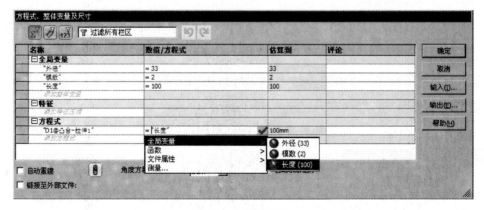

图 16.8 定义长度

图 16.9 再生模型

Step6. 创建图 16.10 所示的草图 2。

（1）选择命令。选择下拉菜单 插入(I) ➡ 草图绘制 命令。

（2）定义草图基准面。选取前视基准面为草图基准面。

（3）绘制草图。在草绘环境中绘制图 16.10 所示的草图。

（4）选择下拉菜单 插入(I) ➡ 退出草图 命令，退出草图设计环境。

Step7. 添加图 16.11 所示的螺旋线 1。

（1）选择命令。选择下拉菜单 插入(I) ➡ 曲线(U) ➡ 螺旋线/涡状线(H)... 命令。

（2）定义螺旋线的横断面。选择草图 2 为螺旋线的横断面。

（3）定义螺旋线的定义方式。在 定义方式(D): 区域的下拉列表框中选择 高度和螺距 选项。

（4）定义螺旋线的参数。选择旋转方向为 ⊙ 逆时针(W)，起始角为 0°，其他均按系统默认设置。高度和螺距参数任意给定（在这里我们给出螺距为 32，高度为 82）。

（5）单击 ✔ 按钮，完成螺旋线 1 的创建。

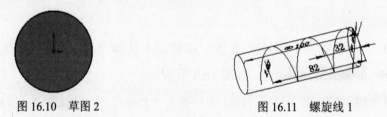

图 16.10　草图 2　　　　　图 16.11　螺旋线 1

Step8. 添加方程式 2。

（1）选择下拉菜单 工具(T) ➡ Σ 方程式(Q)... 命令，系统弹出"方程式"对话框。

（2）单击"方程式"下面的文本框，选择模型中螺距的尺寸 32，输入 pi * "模数"（输入时能在操控板中进行的操作都要在操控板中操作）。

（3）单击"方程式"下面的对话框，选择模型中高度尺寸 82，在快捷菜单中选择 全局变量 ➡ 长度 (100) 命令，完成结果如图 16.12 所示，单击 确定 按钮。

（4）单击重建模型按钮 ，再生螺旋线模型结果如图 16.13 所示。

Step9. 创建图 16.14 所示的草图 3。选择下拉菜单 插入(I) ➡ 草图绘制 命令，选取上视基准面为草图基准面，在草绘环境中绘制图 16.14 所示的草图（图中尺寸可以任意给定），选择下拉菜单 插入(I) ➡ 退出草图 命令，退出草图设计环境。

图 16.12   定义长度

图 16.13   再生螺旋线

Step10. 添加方程式 3。

（1）选择下拉菜单 工具(T) ➡️ ∑ 方程式(Q)... ，系统弹出"方程式"对话框。

（2）单击"方程式"下面的对话框，在图形区选择尺寸"12.34"，在操控板中输入("模数"*   pi   )/2（输入时能在操控板中进行的操作都要在操控板中操作）。

（3）参照步骤（2），创建尺寸"11.98"的方程式为("外径" - 4.2 * "模数") / 2，尺寸"17.27"的方程式为("外径" - 2 * "模数") / 2，单击 确定 按钮，完成方程式的创建。

（4）单击重建模型按钮 🔘，再生结果如图 16.15 所示。

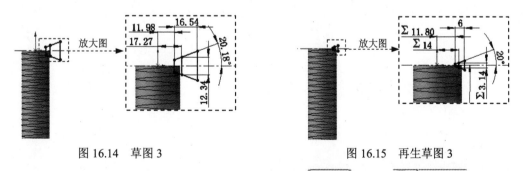

图 16.14   草图 3   图 16.15   再生草图 3

Step11. 创建图 16.16 所示的草图 4。选择下拉菜单 插入(I) ➡️ ✏️ 草图绘制 命令，选取上视基准面为草图基准面，在草绘环境中绘制图 16.16 所示的草图（使用转换实体引用命令），选择下拉菜单 插入(I) ➡️ ✏️ 退出草图 命令，退出草图设计环境。

Step12. 添加图 16.17 所示的零件特征——切除-扫描 1。

（1）选择下拉菜单 插入(I) ➡ 切除(C) ➡ 扫描(S) 命令，系统弹出"切除-扫描"对话框。

（2）定义扫描特征的轮廓。选取草图 4 为扫描 1 特征的轮廓。

（3）定义扫描特征的路径。选取螺旋线 1 为扫描 1 特征的路径。

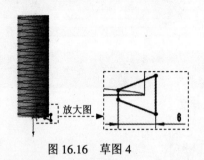

图 16.16　草图 4

图 16.17　切除-扫描 1

（4）单击对话框中的 ✔ 按钮，完成切除-扫描 1 的创建。

Step13. 至此，零件模型创建完毕。选择下拉菜单 文件(F) ➡ 保存(S) 命令，命名为 worm，即可保存零件模型。

实例 17　轴　　承

实例概述

　　本实例详细讲解了轴承的创建和装配过程：首先是创建轴承的内环、卡环及滚柱，它们分别生成一个模型文件，然后装配模型，并在装配体中创建零件模型。其中，在创建外环时运用到 "在装配体中创建零件模型" 的方法，是一种典型的 "自顶向下" 的设计方法。装配组件模型及设计树如图 17.1 所示。

图 17.1　轴承模型及设计树

Stage1. 创建零件模型——轴承内环

Step1. 新建一个零件模型文件，进入建模环境。

Step2. 创建图 17.2 所示的零件基础特征——旋转 1。

（1）选择下拉菜单 插入(I) ➞ 凸台/基体(B) ➞ 旋转(R)... 命令。

（2）定义特征的横断面草图。

① 定义草图基准面。选取右视基准面为草图基准面。

② 定义横断面草图。在草绘环境中绘制图 17.3 所示的横断面草图。

　　　　　　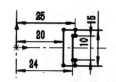

图 17.2　旋转 1　　　　　　　　　图 17.3　横断面草图

（3）定义旋转轴线。采用草图中绘制的竖直中心线为旋转轴线。

（4）定义旋转属性。

① 定义旋转方向。在"旋转"对话框 方向1 区域的下拉列表框中选择 给定深度 选项，采用系统默认的旋转方向。

② 定义旋转角度。在 方向1 区域的 文本框中输入 360.0。

（5）单击对话框中的 按钮，完成旋转 1 的创建。

Step3. 创建图 17.4b 所示的倒角 1。

（1）选择命令。选择下拉菜单 插入(I) ➡ 特征(F) ➡ 倒角(C)... 命令，弹出 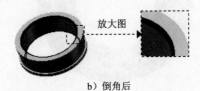 "倒角"对话框。

（2）定义倒角类型。采用系统默认的倒角类型。

（3）定义倒角对象。选取图 17.4a 所示的边线为要倒角的对象。

（4）定义倒角半径及角度。在"倒角"对话框的 文本框中输入数值 1.0，在 后的文本框中输入数值 45.0。

（5）单击 按钮，完成倒角 1 的创建。

a）倒角前　　　　　　　　　　　b）倒角后

图 17.4　倒角 1

Step4. 至此，轴承内环零件模型创建完毕。选择下拉菜单 文件(F) ➡ 保存(S) 命令，将模型命名为 column_bearing_in，保存零件模型。

Stage2. 创建实体模型——轴承卡环

轴承卡环零件模型及设计树如图 17.5 所示。

图 17.5　零件模型及设计树

Step1. 新建一个零件模型文件，进入建模环境。

Step2. 创建图 17.6 所示的零件基础特征——旋转-薄壁 1。

（1）选择下拉菜单 插入(I) ➡ 凸台/基体(B) ▶ ➡ 旋转(R)... 命令。

（2）定义特征的横断面草图。

① 定义草图基准面。选取右视基准面为草图基准面。

② 定义横断面草图。在草绘环境中绘制图 17.7 所示的横断面草图。

　　　　　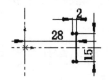

图 17.6　旋转-薄壁 1　　　　　　图 17.7　横断面草图

（3）定义旋转轴线。采用草图中绘制的竖直中心线为旋转轴线。

（4）定义旋转属性。

① 定义旋转方向。在"旋转"对话框 方向1 区域的下拉列表框中选择 给定深度 选项，采用系统默认的旋转方向。

② 定义旋转角度。在 方向1 区域的 🔼 文本框中输入数值 360.0。

（5）定义薄壁属性。

① 定义薄壁旋转方向。在 ☑薄壁特征(T) 区域的下拉列表框中选择 单向 选项，并单击 🡤 按钮。

② 定义厚度值。在 🡤T1 后输入厚度值 1.0。

（6）单击对话框中的 ✔ 按钮，完成旋转-薄壁 1 的创建。

Step3. 创建图 17.8 所示的零件特征——切除-拉伸 1。

（1）选择下拉菜单 插入(I) ➡ 切除(C) ➡ 拉伸(E)... 命令。

（2）定义特征的横断面草图。

① 定义草图基准面。选取前视基准面为草图基准面。

② 定义横断面草图。在草绘环境中绘制图 17.9 所示的横断面草图。

　　　　　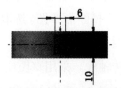

图 17.8　切除-拉伸 1　　　　　　图 17.9　横断面草图

（3）定义切除深度属性。

① 定义切除深度方向。采用系统默认的切除深度方向。

② 定义深度类型及深度值。在"切除-拉伸"对话框 方向1 区域的下拉列表框中选择 完全贯穿 选项。

（4）单击对话框中的 ✅ 按钮，完成切除-拉伸 1 的创建。

Step4. 创建图 17.10 所示的阵列（圆周）1。

（1）选择下拉菜单 插入(I) ➡ 阵列/镜向(E) ➡ 🎯 圆周阵列(C)...命令，系统弹出 "圆周阵列" 对话框。

（2）定义阵列源特征。选择切除-拉伸 1 为阵列的源特征。

（3）定义阵列参数。

① 定义阵列轴。选择下拉菜单 视图(V) ➡ 🔥 临时轴(X)命令，然后在图形区选取图 17.11 所示的临时轴作为阵列轴。

图 17.10　阵列（圆周）1

图 17.11　阵列轴

② 定义阵列间距。在 📐 按钮后的文本框中输入数值 22.5。

③ 定义阵列实例数。在 🎯 按钮后的文本框中输入数值 16。

（4）单击对话框中的 ✅ 按钮，完成阵列（圆周）1 的创建。

Step5. 至此，轴承卡环零件模型创建完毕。选择下拉菜单 文件(F) ➡ 💾 保存(S)命令，将模型命名为 column_bearing_ring，保存零件模型。

Stage3. 创建零件模型——轴承滚柱

Step1. 新建一个零件模型文件，进入建模环境。

Step2. 创建图 17.12 所示的零件基础特征——旋转 1。

（1）选择下拉菜单 插入(I) ➡ 凸台/基体(B) ➡ 🔩 旋转(R)...命令。

（2）定义特征的横断面草图。选取右视基准面为草图基准面，在草绘环境中绘制图 17.13 所示的横断面草图。

（3）定义旋转轴线。采用草图中绘制的竖直中心线为旋转轴线。

（4）定义旋转属性。在"旋转"对话框 方向1 区域的下拉列表框中选择 给定深度 选项，采用系统默认的旋转方向；在 方向1 区域的 📐 文本框中输入数值 360.0。

（5）单击对话框中的 ✅ 按钮，完成旋转 1 的创建。

图 17.12　旋转 1　　　　　　　　　　图 17.13　横断面草图

Step3. 至此，轴承滚柱零件模型创建完毕。选择下拉菜单 文件(F) ➡ 💾 保存(S) 命令，将模型命名为 column，保存零件模型。

Stage4. 装配模型并在装配体中创建零件

Step1. 新建一个装配文件。选择下拉菜单 文件(F) ➡ 📄 新建(N)... 命令，在弹出的"新建 SolidWorks 文件"对话框中选择"装配体"选项，单击 确定 按钮，进入装配环境。

Step2. 创建轴承内环零件模型。

（1）引入零件。进入装配环境后，系统会自动弹出"插入零部件"对话框，单击"插入零部件"对话框中的 浏览(B)... 按钮，在弹出的"打开"对话中选取 column_bearing_in，单击 打开(O) 按钮。

（2）单击对话框中的 ✔ 按钮，将零件固定在原点位置。

Step3. 创建图 17.14 所示的轴承卡环并定位。

（1）引入零件。

① 选择命令，选择下拉菜单 插入(I) ➡ 零部件(O) ➡ 👣 现有零件/装配体(E)... 命令，系统弹出"插入零部件"对话框。

② 单击"插入零部件"对话框中的 浏览(B)... 按钮，在弹出的"打开"对话中选取 column_bearing_ring，单击 打开(O) 按钮。

③ 将零件放置到图 17.15 所示的位置。

图 17.14　创建轴承卡环　　　　　　图 17.15　放置轴承卡环

（2）创建配合使零件完全定位。

① 选择命令。选择下拉菜单 插入(I) ➡ 🖉 配合(M)... 命令，系统弹出"配合"对话框。

② 创建"同轴心"配合。单击"配合"对话框中的  按钮，选取图 17.16 所示的两个边为同轴心边，单击快捷工具条中的 ✔ 按钮。

③ 创建"重合"配合。单击"配合"对话框中的 ✕ 按钮，选取图 17.17 所示的两个上视基准面作为重合面，单击快捷工具条中的 ✔ 按钮。

同轴心边

重合面

图 17.16　同轴心边

图 17.17　重合面 1

Step4. 创建图 17.18 所示的轴承滚柱并定位。

（1）引入零件。

① 选择命令，选择下拉菜单 插入(I) ➡ 零部件(O) ➡ 现有零件/装配体(E) 命令，系统弹出"插入零部件"对话框。

② 单击"插入零部件"对话框中的 浏览(B)... 按钮，在弹出的"打开"对话框中选取 column，单击 打开(O) 按钮。

③ 将零件放置到图 17.19 所示的位置。

（2）创建配合使零件完全定位。

图 17.18　创建轴承滚柱

图 17.19　放置轴承滚柱

注意： 在创建配合前，需显示所有零件的基准面。

① 选择命令。选择下拉菜单 插入(I) ➡ 配合(M)... 命令，系统弹出"配合"对话框。

② 创建"重合"配合。单击"配合"对话框中的 ✕ 按钮，选取图 17.20 所示的两零件的上视基准面为重合面，单击快捷工具条中的 ✔ 按钮。

③ 创建"重合"配合。单击"配合"对话框中的 ✕ 按钮，选取图 17.21 所示的两零件的右视基准面为重合面，单击快捷工具条中的 ✔ 按钮。

④ 将轴承滚柱拖移至图 17.22 所示的位置，然后创建"相切"配合。单击"配合"对

话框中的  按钮，选取图 17.22 所示的曲面为相切面，单击快捷工具条中的 按钮。

图 17.20　选取重合面 2　　　　　　　图 17.21　选取重合面 3

（3）对上一步装配的轴承滚柱进行阵列（如图 17.23 所示）。

① 选择下拉菜单 插入(I) ➡ 零部件阵列(E) ➡ 特征驱动(F) 命令，系统弹出"特征驱动"对话框。

② 定义要阵列的零部件。选择轴承滚柱为要阵列的零部件。

③ 定义驱动特征。选择特征阵列（圆周）1 为驱动特征。

④ 单击对话框中的 按钮，完成特征的阵列。

相切面

图 17.22　相切面　　　　　　　　图 17.23　阵列特征

Step5. 选择下拉菜单 文件(F) ➡ 保存(S) 命令，将装配模型命名为 column_bearing_asm，保存装配模型。

Step6. 在装配体中创建零件——轴承外环。

（1）选择下拉菜单 插入(I) ➡ 零部件(O) ➡ 新零件(N)... 命令，设计树中会多出一个新零件。选中此新零件右键编辑，系统进入建模环境。

（2）创建草图 1。

① 定义草图基准面。选取前视基准面为草图基准面，系统进入草绘环境。

② 绘制草图。进入草绘环境后，将模型调为线框状态，在草绘环境中绘制图 17.24 所示的草图。

（3）创建图 17.25 所示的基准轴 1。

① 选择命令。选择下拉菜单 插入(I) ➡ 参考几何体(G) ➡ 基准轴(A) 命令。

② 定义基准轴的创建类型。在"基准轴"对话框中单击 圆柱/圆锥面(C) 按钮。

③ 定义基准轴的参考实体。选取图 17.25 所示的圆柱面为参考实体。

④ 单击对话框中的 按钮，完成基准轴 1 的创建。

（4）创建图 17.26 所示的旋转特征。

① 选择下拉菜单 插入(I) ➡ 凸台/基体(B) ➡ 旋转(R)...命令。

② 定义特征的横断面草图。选取步骤（2）中绘制的草图 1 作为特征的横断面草图。

③ 定义旋转属性。在设计树中选取基准轴 1 为特征的旋转轴，其他参数采用系统默认的设置值。

④ 单击 ✅ 按钮，完成旋转特征的创建。

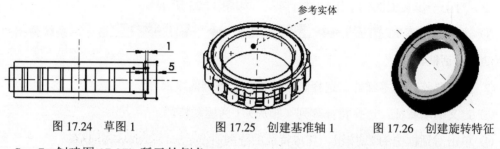

图 17.24　草图 1　　　　　图 17.25　创建基准轴 1　　　　　图 17.26　创建旋转特征

Step7. 创建图 17.27b 所示的倒角 2。

（1）选择命令。选择下拉菜单 插入(I) ➡ 特征(F) ➡ 倒角(C)...命令，弹出"倒角"对话框。

（2）定义倒角类型。采用系统默认的倒角类型。

（3）定义倒角对象。选取图 17.27a 所示的边线为要倒角的对象。

（4）定义倒角半径及角度。在"倒角"对话框的 文本框中输入数值 0.5，在 后的文本框中输入数值 45.0。

（5）单击 ✅ 按钮，完成倒角 2 的创建。

a）倒角前　　　　　　　　　　　b）倒角后

图 17.27　倒角 2

Step8. 在工具栏中单击编辑零件按钮 🐱，退出零件编辑环境。在设计树中选中新建的零件，右击，在弹出的快捷菜单中选择 重新命名零件(D) 命令，在零部件名称中输入column_bearing_out。单击确定按钮。然后再选中此零件后单击右键保存零件。

Step9. 至此，轴承总装配过程完毕。选择下拉菜单 文件(F) ➡ 保存(S)命令，保存装配模型。

实例 18 CPU 散热器

18.1 实 例 概 述

本实例是一个 CPU 的整体装配件，创建零件模型时首先创建出 CPU 风扇、底座和散热片的零件模型，然后再将各部件装配在一起。装配模型如图 18.1 所示。

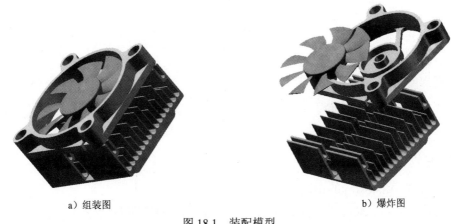

a）组装图　　　　　　　　　　　　　　　　　　b）爆炸图

图 18.1　装配模型

18.2 CPU　风　扇

CPU 风扇零件实体模型及相应的设计树如图 18.2 所示。

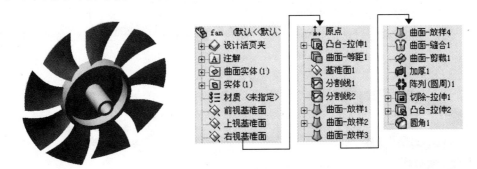

图 18.2　零件模型及设计树

Step1. 新建一个零件模型文件，进入建模环境。

Step2. 创建图 18.3a 所示的零件基础特征——凸台-拉伸 1。

（1）选择命令。选择下拉菜单 插入(I) ➡ 凸台/基体(B) ➡ 拉伸(E)... 命令。

（2）定义特征的草图 1。

① 定义草图基准面。选取前视基准面为草图基准面。

② 定义横断面草图。在草绘环境中绘制图 18.3b 所示的横断面草图。

a）凸台-拉伸 1　　　　　　　　　b）草图 1

图 18.3　创建拉伸 1

（3）定义拉伸深度属性。

① 定义深度方向。采用系统默认的深度方向。

② 定义深度类型和深度值。在"凸台-拉伸"对话框 方向1 区域的下拉列表框中选择 给定深度 选项，输入深度值 5.0。

（4）单击 ✔ 按钮，完成凸台-拉伸 1 的创建。

Step3. 创建图 18.4 所示的曲面-等距 1。

（1）选择下拉菜单 插入(I) ➡ 曲面(S) ➡ 等距曲面(O)... 命令，系统弹出"等距曲面"对话框。

（2）定义等距曲面。选取图 18.4 所示的实体表面为等距曲面。

（3）定义等距距离。在 ↗ 后的文本框中输入数值 14.5。

（4）单击 ✔ 按钮，完成曲面-等距 1 的创建。

Step4. 创建图 18.5 所示的基准面 1。

（1）选择下拉菜单 插入(I) ➡ 参考几何体(G) ➡ 基准面(P)... 命令，系统弹出"基准面"对话框。

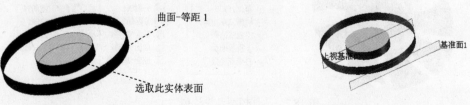

图 18.4　曲面-等距 1　　　　　　　　　图 18.5　基准面 1

（2）定义基准面的参考实体。选取上视基准面为参考实体。

（3）定义偏移方向及距离。采用系统默认的偏移方向，在 后的文本框中输入数值 30.0。

（4）单击对话框中的 ✔ 按钮，完成基准面 1 的创建。

Step5. 创建图 18.6 所示的分割线 1。

（1）选择命令。选择下拉菜单 插入(I) ➡ 曲线(U) ➡ 🖼 分割线(S)… 命令，系统弹出"分割线"对话框。

（2）定义分割类型。在 分割类型(T) 区域选中 ⊙ 轮廓(S) 单选项。

（3）定义特征的分割工具。在设计树中选取上视基准面为分割工具。

（4）定义要分割的面。选取图 18.6 所示的模型表面为要分割的面。

（5）单击 ✔ 按钮，完成分割线 1 的创建。

Step6. 创建图 18.7 所示的分割线 2。选择下拉菜单 插入(I) ➡ 曲线(U) ➡ 🖼 分割线(S)… 命令；采用系统默认的分割类型；选取上视基准面为分割工具；选取图 18.7 所示的模型表面为要分割的面。

图 18.6　分割线 1　　　　　　　　　　图 18.7　分割线 2

Step7. 创建图 18.8 所示的草图 2。

（1）选择命令。选择下拉菜单 插入(I) ➡ 🖉 草图绘制 命令。

（2）定义草图基准面。选取基准面 1 为草图基准面。

（3）绘制草图。在草绘环境中绘制图 18.8 所示的草图。此草图作为投影草图，以创建叶片的边界曲线。

（4）选择下拉菜单 插入(I) ➡ 🖉 退出草图 命令，退出草图设计环境。

Step8. 创建图 18.9 所示的草图 3。选择下拉菜单 插入(I) ➡ 🖉 草图绘制 命令；选取基准面 1 为草图基准面；在草绘环境中绘制图 18.9 所示的草图，此草图作为投影草图，以创建叶片的边界曲线。

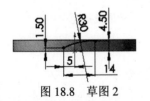

图 18.8　草图 2

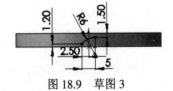

图 18.9　草图 3

Step9. 创建图 18.10 所示的草图 4。选择下拉菜单 插入(I) ➡ 草图绘制 命令。选取基准面 1 为草图基准面；　在草绘环境中绘制图 18.10 所示的草图（此草图两端点与草图 3 两端点重合），此草图作为投影草图，以创建叶片的边界曲线。

Step10. 创建图 18.11 所示的草图 5。选择下拉菜单 插入(I) ➡ 草图绘制 命令。选取基准面 1 为草图基准面；　在草绘环境中绘制图 18.11 所示的草图（此草图两端点与草图 2 两端点重合，此草图作为投影草图，以创建叶片的边界曲线）。

图 18.10　草图 4　　　　　　　　　　　　　　图 18.11　草图 5

Step11. 创建图 18.12 所示的曲线 1。

（1）选择命令。选择下拉菜单 插入(I) ➡ 曲线(U) ➡ 投影曲线(P)... 命令，系统弹出"投影曲线"对话框。

（2）选择投影类型。在"投影曲线"对话框的下拉列表框中选择 ⊙ 面上草图(K) 选项。

（3）定义要投影的草图。选择草图 2 为要投影的草图。

（4）定义要投影到的面。选取图 18.13 所示的模型表面为要投影到的面，选中 ☑ 反转投影(R) 复选框。

（5）单击对话框中的 ✔ 按钮，完成曲线 1 的创建。

图 18.12　曲线 1　　　　　　　　　　　　图 18.13　选取投影面

Step12. 创建图 18.14 所示的曲线 2。选择下拉菜单 插入(I) ➡ 曲线(U) ➡ 投影曲线(P)... 命令；在"投影曲线"对话框的下拉列表框中选择 ⊙ 面上草图(K) 选项；选择草图 3 为要投影的草图；选取图 18.15 所示的模型表面为要投影到的面，选中 ☑ 反转投影(R) 复选框。

图 18.14　曲线 2　　　　　　　　　　　　图 18.15　选取投影面

Step13. 创建图 18.16 所示的 3D 草图 1。

（1）选择命令。选择下拉菜单 插入(I) ➡ 3D 草图 命令。

（2）绘制草图。在草绘环境中绘制图 18.16 所示的草图（此草图的端点分别与曲线 1 和曲线 2 的端点重合)。此草图作为投影草图,以创建叶片的边界曲线。退出 3D 草图设计环境。

Step14. 创建图 18.17 所示的曲线 3;选择下拉菜单 [插入(I)] ➡ [曲线(U)] ➡ [投影曲线(P)...] 命令;在"投影曲线"对话框的下拉列表框中选择 ◉ [面上草图(K)] 选项;选择草图 4 为要投影的草图;选取图 18.18 所示的模型表面为要投影到的面,选中 ☑ [反转投影(R)] 复选框。

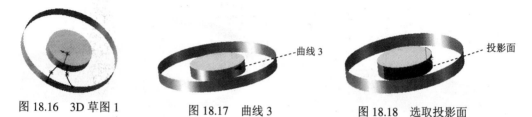

图 18.16 3D 草图 1   图 18.17 曲线 3   图 18.18 选取投影面

Step15. 创建图 18.19 所示的曲线 4;选择下拉菜单 [插入(I)] ➡ [曲线(U)] ➡ [投影曲线(P)...] 命令;在"投影曲线"对话框的下拉列表框中选择 ◉ [面上草图(K)] 选项;选择草图 5 为要投影的草图;选取图 18.20 所示的模型表面为要投影到的面,选中 ☑ [反转投影(R)] 复选框。

图 18.19 曲线 4   图 18.20 选取投影面

Step16. 创建图 18.21 所示的曲面-放样 1。

(1)选择命令。选择下拉菜单 [插入(I)] ➡ [曲面(S)] ➡ [放样曲面(L)...] 命令,系统弹出"曲面-放样"对话框。

(2)定义放样轮廓。选择曲线 1 和曲线 2 作为曲面-放样 1 的轮廓,3D 草图 1 作为引导线。其他参数采用系统默认设置值。

(3)在对话框中单击 ✔ 按钮,完成曲面-放样 1 的创建。

Step17. 创建图 18.22 所示的曲面-放样 2;选择下拉菜单 [插入(I)] ➡ [曲面(S)] ➡ [放样曲面(L)...] 命令;选择曲线 3 和曲线 4 作为曲面-放样 2 的轮廓,3D 草图 1 作为引导线,其他参数采用系统默认设置值。

   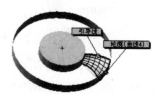

图 18.21 曲面-放样 1   图 18.22 曲面-放样 2

Step18. 创建图 18.23 所示的曲面-放样 3；选择下拉菜单 插入(I) ➡️ 曲面(S) ➡️
🔻 放样曲面(L)... 命令；选择曲线 1 和曲线 4 作为曲面-放样 3 的轮廓；其他参数采用系统默认设置值。

Step19. 创建图 18.24 所示的曲面-放样 4；选择下拉菜单 插入(I) ➡️ 曲面(S) ➡️
🔻 放样曲面(L)... 命令；选择曲线 2 和曲线 3 作为曲面-放样 4 的轮廓；其他参数采用系统默认设置值。

图 18.23　曲面-放样 3

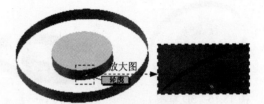

图 18.24　曲面-放样 4

Step20. 创建图 18.25 所示的曲面-缝合 1。

（1）选择下拉菜单 插入(I) ➡️ 曲面(S) ➡️ 👕 缝合曲面(K)... 命令，系统弹出"缝合曲面"对话框。

（2）定义要缝合的曲面。选择曲面-放样 1、曲面-放样 2、曲面-放样 3 和曲面-放样 4 作为要缝合的曲面。

（3）单击对话框中的 ✔ 按钮，完成曲面-缝合 1 的创建。

Step21. 创建图 18.26 所示的曲面-剪裁 1。

（1）选择下拉菜单 插入(I) ➡️ 曲面(S) ➡️ 🗡 剪裁曲面(T)... 命令，系统弹出"剪裁曲面"对话框。

（2）定义剪裁类型。在 剪裁类型(T) 区域选中 ⦿ 标准(D) 单选项。

（3）定义剪裁工具。选取曲面-缝合 1 为剪裁工具。

（4）定义移除选项。选中 ⦿ 移除选择(R) 单选项，并选取分割线 1 作为要移除的曲面。

（5）单击对话框中的 ✔ 按钮，完成曲面-剪裁 1 的创建。

图 18.25　曲面-缝合 1

图 18.26　曲面-剪裁 1

Step22. 创建图 18.27 所示的加厚 1。

（1）选择下拉菜单 插入(I) ➡ 凸台/基体(B) ➡ 加厚(T)... 命令，系统弹出"加厚"对话框。

（2）定义要加厚的曲面。在设计树中选择曲面-缝合 1 为要加厚的曲面。

（3）定义厚度参数。选中 ☑ 从闭合的体积生成实体(C) 复选框。

（4）定义加厚选项。采用系统默认的加厚选项。

（5）单击对话框中的 ✔ 按钮，完成加厚 1 的创建。

Step23. 创建图 18.28 所示的阵列（圆周）1。

图 18.27　加厚 1　　　　　图 18.28　阵列（圆周）1

（1）选择下拉菜单 插入(I) ➡ 阵列/镜向(E) ➡ 圆周阵列(C)... 命令，系统弹出"圆周阵列"对话框。

（2）定义阵列源特征。选择加厚 1 为阵列的源特征。

（3）定义阵列参数。

① 定义阵列轴。在 视图(V) 下拉列表框中单击基准轴按钮 临时轴(X)，打开临时轴显示，选取拉伸 1 的轴线作为圆周阵列轴。

② 定义阵列间距。在 按钮后的文本框中输入数值 40.0。

③ 定义阵列实例数。在 按钮后的文本框中输入数值 9。

④ 在 选项(O) 区域选中 ☑ 几何体阵列(G) 单选项。

（4）单击对话框中的 ✔ 按钮，完成阵列（圆周）1 的创建。

Step24. 创建图 18.29 所示的零件特征——切除-拉伸 1。

（1）选择命令。选择下拉菜单 插入(I) ➡ 切除(C) ➡ 拉伸(E)... 命令。

（2）定义特征的横断面草图。

① 定义草图基准面。选取图 18.30 所示的模型表面为草图基准面。

② 定义横断面草图。在草绘环境中绘制图 18.31 所示的横断面草图。

（3）定义切除深度属性。在"切除-拉伸"对话框 方向1 区域中单击 按钮，在下拉列表框中选择 给定深度 选项，输入深度值 4.0。

（4）单击对话框中的 ✔ 按钮，完成切除-拉伸 1 的创建。

图 18.29　切除-拉伸 1　　　　　图 18.30　草图基准面　　　　　图 18.31　横断面草图

Step25. 创建图 18.32a 所示的零件特征——凸台-拉伸 2。

（1）选择下拉菜单 插入(I) ➡ 凸台/基体(B) ➡ 拉伸(E)... 命令。

（2）选取前视基准面作为草图基准面，绘制图 18.32b 所示的横断面草图。

（3）在"凸台-拉伸"对话框的下拉列表框中选择 给定深度 选项，输入深度值 11.0。

（4）单击 ✔ 按钮，完成凸台-拉伸 2 的创建。

a）凸台-拉伸 2　　　　　　　　　　　　　b）横断面草图

图 18.32　拉伸 2

Step26. 创建图 18.33b 所示的圆角 1。

（1）选择下拉菜单 插入(I) ➡ 特征(F) ➡ 圆角(U)... 命令，系统弹出"圆角"对话框。

（2）定义圆角对象。选择图 18.33a 所示的边线为圆角对象。

（3）定义圆角半径。在 ⬈ 后的文本框中输入数值 0.5。

（4）单击对话框中的 ✔ 按钮，完成圆角 1 的创建。

a）圆角前　　　　　　　　　　　　　　　b）圆角后

图 18.33　圆角 1

Step27. 至此，零件模型创建完毕。选择下拉菜单 文件(F) ➡ 保存(S) 命令，命名为 fan，即可保存零件模型。

18.3　CPU 底　座

该零件模型及设计树如图 18.34 所示。

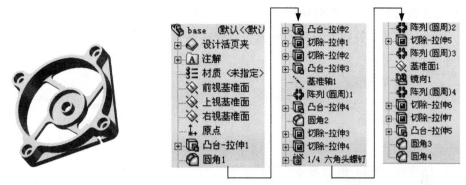

图 18.34　零件模型及设计树

Step1. 新建模型文件。选择下拉菜单 `文件(F)` ➡ `新建(N)...` 命令，在系统弹出的"新建 SolidWorks 文件"对话框中选择"零件"模块，单击 `确定` 按钮，进入建模环境。

Step2. 创建图 18.35 所示的零件基础特征——凸台-拉伸 1。

（1）选择命令。选择下拉菜单 `插入(I)` ➡ `凸台/基体(B)` ➡ `拉伸(E)...` 命令。

（2）定义特征的横断面草图。

① 定义草图基准面。选取前视基准面为草图基准面。

② 定义横断面草图。在草绘环境中绘制图 18.36 所示的横断面草图。

③ 选择下拉菜单 `插入(I)` ➡ `退出草图` 命令，退出草绘环境，此时系统弹出"凸台-拉伸"对话框。

（3）定义拉伸深度属性。在 `方向1` 区域的下拉列表框中选择 `给定深度` 选项，输入深度值 4.0。

（4）单击对话框中的 ✔ 按钮，完成凸台-拉伸 1 的创建。

图 18.35　凸台-拉伸 1　　　　　　图 18.36　横断面草图

Step3. 创建图 18.37b 所示的圆角 1。

（1）选择命令。选择下拉菜单 插入(I) ➡ 特征(F) ➡ 圆角(U)...命令，系统弹出"圆角"对话框。

（2）定义圆角类型。采用系统默认的圆角类型。

（3）定义圆角对象。选取图 18.37a 所示的四条边线为要圆角的对象。

（4）定义圆角的半径。在对话框中输入半径值 5。

（5）单击"圆角"对话框中的 ✔ 按钮，完成圆角 1 的创建。

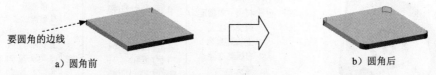

要圆角的边线

a）圆角前　　　　　　　　　　　　　　　　b）圆角后

图 18.37　圆角 1

Step4. 创建图 18.38 所示的零件特征——凸台-拉伸 2。选择下拉菜单 插入(I) ➡ 凸台/基体(B) ➡ 拉伸(E)...命令；选取图 18.39 所示的模型表面作为草绘基准面，绘制图 18.40 所示的横断面草图；在 方向1 区域的下拉列表框中选择 给定深度 选项，输入深度值 8.0；单击 ✔ 按钮，完成凸台-拉伸 2 的创建。

草绘基准面

图 18.38　凸台-拉伸 2　　　图 18.39　选取草绘基准面　　　图 18.40　横断面草图

Step5. 创建图 18.41 所示的零件特征——切除-拉伸 1。

（1）选择命令。选择下拉菜单 插入(I) ➡ 切除(C) ➡ 拉伸(E)...命令。

（2）定义特征的横断面草图。

① 定义草图基准面。选取图 18.42 所示的模型表面为草绘基准面。

② 定义横断面草图。在草绘环境中绘制图 18.43 所示的横断面草图。

③ 选择下拉菜单 插入(I) ➡ 退出草图 命令，完成横断面草图的创建。

（3）定义切除深度属性。

① 定义切除深度方向。采用系统默认的切除深度方向。

② 定义深度类型及深度值。在"切除-拉伸"对话框 方向1 区域的下拉列表框中选择 给定深度 选项，输入深度值 7.0。

（4）单击对话框中的 ✔ 按钮，完成切除-拉伸 1 的创建。

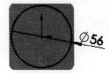

图 18.41　切除-拉伸 1　　　　　图 18.42　草图基准面　　　　　图 18.43　横断面草图

Step6. 创建图 18.44 所示的零件特征——切除-拉伸 2。选择下拉菜单 插入(I) ➡️
切除(C) ➡️ 拉伸(E)... 命令；选取图 18.45 所示的模型表面作为草绘基准面，绘制图
18.46 所示的横断面草图；采用系统默认的切除深度方向；在 方向1 区域的下拉列表框中选
择 成形到下一面 选项；单击的 ✔️ 按钮，完成切除-拉伸 2 的创建。

图 18.44　切除-拉伸 2　　　　图 18.45　草图基准面　　　　图 18.46　横断面草图

Step7. 创建图 18.47 所示的零件基础特征——凸台-拉伸 3。

（1）选择命令。选择下拉菜单 插入(I) ➡️ 凸台/基体(B) ➡️ 拉伸(E)... 命令。

（2）定义特征的横断面草图。

① 定义草图基准面。选取前视基准面为草图基准面。

② 定义横断面草图。在草绘环境中绘制图 18.48 所示的横断面草图。

③ 选择下拉菜单 插入(I) ➡️ 退出草图 命令，退出草绘环境，此时系统弹出"凸
台-拉伸"对话框。

（3）定义拉伸深度属性。在 方向1 区域的下拉列表框中选择 给定深度 选项，输入深度值
2.0。

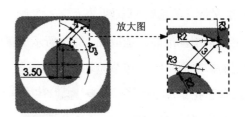

图 18.47　凸台-拉伸 3　　　　　　　图 18.48　横断面草图

说明：读者在绘制图 18.48 所示的横断面草图时，若方位与此图不同，可通过调整正视
于方位进行绘制。

Step8. 创建图 18.49 所示的基准轴 1。

（1）选择命令。选择下拉菜单 插入(I) ➡ 参考几何体(G) ➡ 基准轴(A) 命令，系统弹出"基准轴"对话框。

（2）定义基准轴的创建类型。在"基准轴"对话框的 选择(S) 区域中单击 圆柱/圆锥面(C) 按钮。

（3）定义基准轴的参考实体。选取图 18.49 所示的圆柱面为基准轴的参考实体。

（4）单击对话框中的 ✔ 按钮，完成基准轴 1 的创建。

Step9. 创建图 18.50b 所示的阵列（圆周）1。

（1）选择命令。选择下拉菜单 插入(I) ➡ 阵列/镜向(E) ➡ 圆周阵列(C)... 命令，系统弹出"圆周阵列"对话框。

（2）定义阵列源特征。在设计树中选取凸台-拉伸 3 作为阵列的源特征。

（3）定义阵列参数。

① 定义阵列轴。选取基准轴 1 为阵列轴。

② 定义阵列间距。在 参数(P) 区域的 按钮后的文本框中输入数值 90.0。

③ 定义阵列实例数。在 （实例数）文本框中输入数值 4。

（4）单击对话框中的 ✔ 按钮，完成阵列（圆周）1 的创建。

图 18.49　基准轴 1　　　　　　　　　　　图 18.50　阵列（圆周）1

Step10. 创建图 18.51 所示的零件特征——凸台-拉伸 4。

（1）选择命令。选择下拉菜单 插入(I) ➡ 凸台/基体(B) ➡ 拉伸(E)... 命令。

（2）定义特征的横断面草图。

① 定义草图基准面。选取图 18.52 所示的模型表面为草图基准面。

② 定义横断面草图。在草绘环境中绘制图 18.53 所示的横断面草图。

③ 选择下拉菜单 插入(I) ➡ 退出草图 命令，退出草绘环境。

（3）定义拉伸深度属性。在对话框 方向1 区域的下拉列表框中选择 成形到一面 选项，选择图 18.51 所示的面为拉伸终止面。

（4）单击 ✔ 按钮，完成凸台-拉伸 4 的创建。

图 18.51　凸台-拉伸 4

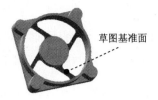

图 18.52　草图基准面

图 18.53　横断面草图

Step11. 创建图 18.54b 所示的圆角 2。

（1）选择命令。选择下拉菜单 插入(I) ➡ 特征(F) ➡ 圆角(F)... 命令，系统弹出"圆角"对话框。

（2）定义圆角类型。采用系统默认的圆角类型。

（3）定义圆角对象。选取图 18.54a 所示的边线为要圆角的对象，圆角半径为 3.0。

（4）单击"圆角"对话框中的 ✔ 按钮，完成圆角 2 的创建。

a）圆角前　　　　　　　　　　　　　　　　　　　　b）圆角后

图 18.54　圆角 2

Step12. 创建图 18.55 所示的零件特征——切除-拉伸 3。

（1）选择命令。选择下拉菜单 插入(I) ➡ 切除(C) ➡ 拉伸(E)... 命令。

（2）定义特征的横断面草图。

① 定义草图基准面。选取前视基准面为草图基准面。

② 定义横断面草图。在草绘环境中绘制图 18.56 所示的横断面草图。

图 18.55　切除-拉伸 3

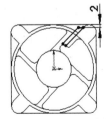

图 18.56　横断面草图

③ 选择下拉菜单 插入(I) ➡ 退出草图 命令，完成横断面草图的创建。

（3）定义切除深度属性。

① 定义切除深度方向。单击 方向1 区域中的 按钮，采用系统默认相反的切除深度方

向。

② 定义深度类型及深度值。在"切除-拉伸"对话框 方向1 区域的下拉列表框中选择 给定深度 选项，输入深度值 1.5。

（4）单击对话框中的 ✔ 按钮，完成切除-拉伸 3 的创建。

Step13. 创建图 18.57 所示的零件特征——切除-拉伸 4。

（1）选择命令。选择下拉菜单 插入(I) ➡ 切除(C) ➡ 🗔 拉伸(E)... 命令。

（2）定义特征的横断面草图。

① 定义草图基准面。选取前视基准面为草图基准面。

② 定义横断面草图。在草绘环境中绘制图 18.58 所示的横断面草图。

③ 选择下拉菜单 插入(I) ➡ 🗔 退出草图 命令，完成横断面草图的创建。

（3）定义切除深度属性。

① 定义切除深度方向。单击 方向1 区域中的 ↗ 按钮，采用系统默认相反的切除深度方向。

② 定义深度类型及深度值。在"切除-拉伸"对话框 方向1 区域的下拉列表框中选择 成形到下一面 选项。

（4）单击对话框中的 ✔ 按钮，完成切除-拉伸 4 的创建。

图 18.57　切除-拉伸 4

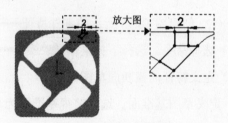

放大图

图 18.58　横断面草图

Step14. 创建图 18.59 所示的零件特征——异形孔向导 1。

（1）选择命令。选择下拉菜单 插入(I) ➡ 特征(F) ➡ 孔(H) ➡ 🔓 向导(W)... 命令，系统弹出"孔规格"对话框。

（2）定义孔的位置。

① 定义孔的放置面。在"孔规格"对话框中选择 🔓 位置 选项卡，系统弹出"孔位置"对话框，选择图 18.60 所示的表面为定位孔的中心，在鼠标点击处将出现孔的预览。

② 单击"类型"特征来定义孔的规格和大小。

（3）定义孔的参数。

① 定义孔的规格。在"孔位置"对话框中选择 🔓 类型 选项卡，选择孔"类型"为 🔓（柱

孔），标准为 <kbd>Ansi Inch</kbd>，类型为 <kbd>六角精致螺栓</kbd>，大小为 1/4，配合为 <kbd>正常</kbd>。

　　② 定义孔的终止条件。在"孔规格"对话框的 <kbd>终止条件(C)</kbd> 下拉列表框中选择 <kbd>完全贯穿</kbd> 选项。

　　③ 在 <kbd>☑ 显示自定义大小(Z)</kbd> 区域的 文本框中输入 0.15，在 文本框中输入 0.28，在 文本框中输入 0.15。

　　（4）单击"孔规格"对话框中的 ✔ 按钮。

　　（5）编辑孔的中心位置。在该特征节点下右击 <kbd>✐ (-) 草图10</kbd>，在弹出的快捷菜单中单击"编辑草图"按钮，建立图 18.61 所示的点约束，完成异形孔向导 1 的创建。

图 18.59　异形孔向导 1　　　图 18.60　孔的放置面　　　图 18.61　定义孔的位置

Step15. 创建图 18.62b 所示的阵列（圆周）2。

　　（1）选择命令。选择下拉菜单 <kbd>插入(I)</kbd> → <kbd>阵列/镜向 (E)</kbd> → <kbd>圆周阵列(C)...</kbd> 命令，系统弹出"圆周阵列"对话框。

　　（2）定义阵列源特征。在设计树中选取异形孔向导 1 作为阵列的源特征。

　　（3）定义阵列参数。

　　① 定义阵列轴。选取基准轴 1 为阵列轴。

　　② 定义阵列间距。在 <kbd>参数(P)</kbd> 区域的 按钮后的文本框中输入数值 90.0。

　　③ 定义阵列实例数。在 （实例数）文本框中输入数值 4。

　　（4）单击对话框中的 ✔ 按钮，完成阵列（圆周）2 的创建。

a）阵列前　　　　　　　　　　　　　　　　b）阵列后

图 18.62　阵列（圆周）2

Step16. 创建图 18.63 所示的零件特征——切除-拉伸 5。

　　（1）选择命令。选择下拉菜单 <kbd>插入(I)</kbd> → <kbd>切除(C)</kbd> → <kbd>拉伸(E)...</kbd> 命令。

　　（2）定义特征的横断面草图。

① 定义草图基准面。选取图 18.64 所示的表面为草图基准面。

② 定义横断面草图。在草绘环境中绘制图 18.65 所示的横断面草图。

③ 选择下拉菜单 插入(I) ➡ 退出草图 命令，完成横断面草图的创建。

（3）采用系统默认的切除深度方向；在"切除-拉伸"对话框 方向1 区域的下拉列表框中选择 给定深度 选项，输入深度值 1.0。

（4）单击对话框中的 ✅ 按钮，完成切除-拉伸 5 的创建。

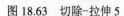
图 18.63　切除-拉伸 5

图 18.64　草图基准面

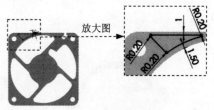
图 18.65　横断面草图

Step17. 创建图 18.66b 所示的阵列（圆周）3。

（1）选择命令。选择下拉菜单 插入(I) ➡ 阵列/镜向(E) ➡ 圆周阵列(C)... 命令，系统弹出"圆周阵列"对话框。

（2）定义阵列源特征。在设计树中选取切除-拉伸 5 作为阵列的源特征。

（3）定义阵列参数。

① 定义阵列轴。选取基准轴 1 为阵列轴。

② 定义阵列间距。在 参数(P) 区域的 ⬚ 按钮后的文本框中输入数值 90。

③ 定义阵列实例数。在 ❀ （实例数）文本框中输入数值 4。

（4）单击对话框中的 ✅ 按钮，完成阵列（圆周）3 的创建。

a）阵列前

b）阵列后

图 18.66　阵列（圆周）3

Step18. 创建图 18.67 所示的基准面 1。

（1）选择下拉菜单 插入(I) ➡ 参考几何体(G) ➡ 基准面(P)... 命令。

（2）定义偏移参数。

① 定义基准面 1 的参考实体。选取基准轴 1 和右视基准面为参考实体。

② 定义旋转距离。在"基准面"对话框中输入旋转值 45.0，并单击 ☑ 反转 按钮。

（3）单击 ✔ 按钮，完成基准面 1 的创建。

Step19. 创建图 18.68 所示的镜像 1。

（1）选择下拉菜单 [插入(I)] ➡ [阵列/镜向(E)] ➡ 🔲 [镜向(M)]...命令。

（2）定义镜像基准面。选取基准面 1 为镜像基准面。

（3）定义镜像对象。选择切除-拉伸 5 作为镜像 1 的对象。

（4）单击对话框中的 ✔ 按钮，完成镜像 1 的创建。

图 18.67　基准面 1

图 18.68　镜像 1

Step20. 创建图 18.69b 所示的阵列（圆周）4。

（1）选择命令。选择下拉菜单 [插入(I)] ➡ [阵列/镜向(E)] ➡ 🔩 [圆周阵列(C)]...命令，系统弹出"圆周阵列"对话框。

（2）定义阵列源特征。在设计树中选取镜像 1 为阵列的源特征。

（3）定义阵列参数。

① 定义阵列轴。选取基准轴 1 为阵列轴。

② 定义阵列间距。在 [参数(P)] 区域的 🔲 按钮后的文本框中输入数值 90.0。

③ 定义阵列实例数。在 ⚙ （实例数）文本框中输入数值 3，并单击反转方向 🔄 按钮。

（4）单击对话框中的 ✔ 按钮，完成阵列（圆周）4 的创建。

a）阵列前　　　　　　　　　　　　　　　　　　b）阵列后

图 18.69　阵列（圆周）4

Step21. 创建图 18.70 所示的零件特征——切除-拉伸 6。

（1）选择下拉菜单 [插入(I)] ➡ [切除(C)] ➡ 🔲 [拉伸(E)]...命令。

（2）定义特征的横断面草图。

① 定义草图基准面。选取图 18.71 所示的表面为草图基准面。

② 定义横断面草图。在草绘环境下绘制图 18.72 所示的横断面草图。

（3）定义切除深度属性。

① 定义切除方向。采取系统默认的切除方向。

② 定义深度方向。采用系统默认的深度方向。

③ 在"切除-拉伸"对话框的 方向1 区域的下拉列表框中选取 给定深度 选项，输入深度值 4.0。

（4）单击对话框中的 ✔ 按钮，完成切除-拉伸 6 的创建。

图 18.70 切除-拉伸 6

图 18.71 草图基准面

图 18.72 横断面草图

Step22. 创建图 18.73 所示的零件特征——切除-拉伸 7。

（1）选择下拉菜单 插入(I) ➡ 切除(C) ➡ 拉伸(E)... 命令。

（2）选取前视基准面作为草图基准面，绘制图 18.74 所示的横断面草图。

（3）单击"切除-拉伸"对话框中的 按钮；在 方向1 区域的下拉列表框中选择 完全贯穿 选项。

（4）单击对话框中的 ✔ 按钮，完成切除-拉伸 7 创建。

图 18.73 切除-拉伸 7

图 18.74 横断面草图

Step23. 创建图 18.75 所示的零件基础特征——凸台-拉伸 5。

（1）选择命令。选择下拉菜单 插入(I) ➡ 凸台/基体(B) ➡ 拉伸(E)... 命令。

（2）定义特征的横断面草图。

① 定义草图基准面。选取前视基准面为草图基准面。

② 定义横断面草图。在草绘环境中绘制图 18.76 所示的横断面草图。

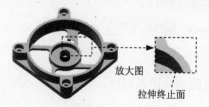
放大图
拉伸终止面
图 18.75 凸台-拉伸 5

图 18.76 横断面草图

（3）定义拉伸深度属性。

① 定义深度方向。采用系统默认的深度方向。

② 定义深度类型和深度值。在"凸台-拉伸"对话框 **方向1** 区域的下拉列表框中选择 **成形到一面** 选项，选取图 18.75 所示的表面为拉伸终止面。

（4）单击 ✔ 按钮，完成凸台-拉伸 5 的创建。

Step24. 创建图 18.77b 所示的圆角 3。

（1）选择下拉菜单 **插入(I)** ➡ **特征(F)** ➡ 🔵 **圆角(F)...** 命令。

（2）定义圆角类型。采用系统默认的圆角类型。

（3）定义要圆角的对象。选择图 18.77a 所示的边线为要圆角的对象。

（4）定义圆角半径。输入圆角半径值 0.50。

（5）单击对话框中的 ✔ 按钮，完成圆角 3 的创建。

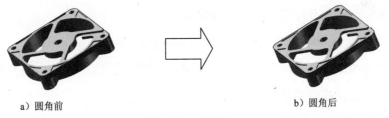

a）圆角前　　　　　　　　　　　　b）圆角后

图 18.77　圆角 3

Step25. 创建图 18.78b 所示的圆角 4。

（1）选择下拉菜单 **插入(I)** ➡ **特征(F)** ➡ 🔵 **圆角(F)...** 命令。

（2）定义圆角类型。采用系统默认的圆角类型。

（3）定义要圆角的对象。选择图 18.78a 所示的边线为要圆角的对象。

（4）定义圆角半径。输入圆角半径值 3.0。

（5）单击对话框中的 ✔ 按钮，完成圆角 4 的创建。

要圆角的六条边线

a）圆角前　　　　　　　　　　　　b）圆角后

图 18.78　圆角 4

Step26. 至此，零件模型创建完毕。选择下拉菜单 **文件(F)** ➡ 🖫 **保存(S)** 命令，将模型命名为 base，即可保存模型。

18.4　CPU 散 热 片

该零件模型及设计树如图 18.79 所示。

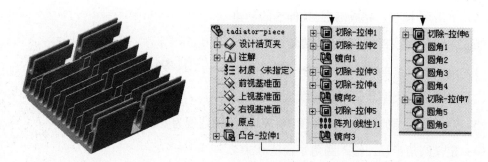

图 18.79　零件模型及设计树

Step1. 新建一个零件模型文件，进入建模环境。

Step2. 创建图 18.80 所示的零件基础特征——凸台-拉伸 1。

（1）选择命令。选择下拉菜单 插入(I) ➡ 凸台/基体 (B) ➡ 拉伸 (E)... 命令。

（2）定义特征的横断面草图。

① 定义草图基准面。选取前视基准面为草图基准面。

② 定义横断面草图。在草绘环境中绘制图 18.81 所示的横断面草图。

图 18.80　凸台-拉伸 1

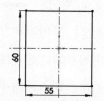

图 18.81　横断面草图

（3）定义拉伸深度属性。

① 定义深度方向。单击 按钮，采用系统默认相反的深度方向。

② 定义深度类型和深度值。在"凸台-拉伸"对话框 方向1 区域的下拉列表框中选择 给定深度 选项，输入深度值 25.0。

（4）单击 按钮，完成凸台-拉伸 1 的创建。

Step3. 创建图 18.82 所示的零件特征——切除-拉伸 1。

（1）选择下拉菜单 插入(I) ➡ 切除 (C) ➡ 拉伸 (E)... 命令。

（2）定义特征的横断面草图。选取上视基准面为草图基准面，绘制图 18.83 所示的横断面草图。

（3）定义切除深度属性。

① 采用系统默认的切除深度方向。

② 在"切除-拉伸"对话框的 方向1 区域和 方向2 区域的下拉列表框中均选择 完全贯穿 选项。

图 18.82   切除-拉伸 1

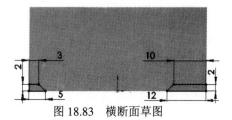

图 18.83   横断面草图

（4）单击对话框中的 ✔ 按钮，完成切除-拉伸 1 的创建。

Step4. 创建图 18.84 所示的零件特征——切除-拉伸 2。选择下拉菜单 插入(I) ➡ 切除(C) ➡ 拉伸(E)... 命令；选取上视基准面作为草图基准面，绘制图 18.85 所示的横断面草图；在"切除-拉伸"对话框的 方向1 区域和 方向2 区域的下拉列表框中均选择 完全贯穿 选项。

图 18.84   切除-拉伸 2

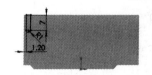

图 18.85   横断面草图

Step5. 创建图 18.86 所示的镜像 1。

（1）选择下拉菜单 插入(I) ➡ 阵列/镜向(E) ➡ 镜向(M)... 命令。

（2）定义镜像基准面。选取右视基准面为镜像基准面。

（3）定义镜像对象。选择切除-拉伸 2 为镜像 1 的对象。

（4）单击对话框中的 ✔ 按钮，完成镜像 1 的创建。

Step6. 创建图 18.87 所示的零件特征——切除-拉伸 3。选择下拉菜单 插入(I) ➡ 切除(C) ➡ 拉伸(E)... 命令；选取上视基准面作为草图基准面，绘制图 18.88 所示的横断面草图；在"切除-拉伸"对话框的 方向1 区域和 方向2 区域的下拉列表框中均选择 完全贯穿 选项。

图 18.86　镜像 1

图 18.87　切除-拉伸 3

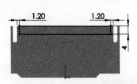

图 18.88　横断面草图

Step7. 创建图 18.89 所示的零件特征——切除-拉伸 4。选择下拉菜单 插入(I) ➡
切除(C) ➡ 拉伸(E)...命令；选取上视基准面为草图基准面，绘制图 18.90 所示的横
断面草图；在"切除-拉伸"对话框的 方向1 区域和 方向2 区域的下拉列表框中均选择
完全贯穿选项。

Step8. 创建图 18.91 所示的镜像 2；选择下拉菜单 插入(I) ➡ 阵列/镜向(E) ➡
镜向(M)...命令；选取右视基准面为镜像基准面；选择切除-拉伸 4 为镜像 2 的对象。

图 18.89　切除-拉伸 4

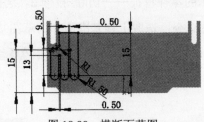

图 18.90　横断面草图

图 18.91　创建镜像 2

Step9. 创建图 18.92 所示的零件特征——切除-拉伸 5。选择下拉菜单 插入(I) ➡
切除(C) ➡ 拉伸(E)...命令；选取上视基准面为草图基准面，绘制图 18.93 所示的横
断面草图；在"切除-拉伸"对话框的 方向1 区域和 方向2 区域的下拉列表框中均选择
完全贯穿选项。

图 18.92　切除-拉伸 5

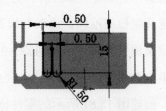

图 18.93　横断面草图

Step10. 创建图 18.94 所示的阵列（线性）1。

（1）选择下拉菜单 插入(I) ➡ 阵列/镜向(E) ➡ 线性阵列(L)...命令。

（2）定义阵列的对象。选择切除-拉伸 5 为要阵列的对象。

（3）定义阵列方向。在图形区选择图 18.95 所示的尺寸 0.5 指示阵列方向，采用系统默
认的阵列方向。

（4）定义阵列的参数。在对话框中输入间距值 7.0，输入实例数 2.0。

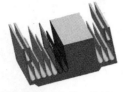

图 18.94　阵列（线性）1

图 18.95　定义阵列方向

（5）单击 按钮，完成阵列（线性）1 的创建。

Step11. 创建图 18.96 所示的镜像 3。选择下拉菜单 插入(I) ➡ 阵列/镜向(E) ➡ 镜向(M)... 命令；选取右视基准面作为镜像基准面；选择切除－拉伸 5 和阵列（线性）1 作为镜像 2 的对象。

Step12. 创建图 18.97 所示的零件特征——切除-拉伸 6。选择下拉菜单 插入(I) ➡ 切除(C) ➡ 拉伸(E)... 命令；选取上视基准面为草图基准面，绘制图 18.98 所示的横断面草图；在"切除-拉伸"对话框的 方向1 区域和 方向2 区域的下拉列表框中均选择 完全贯穿 选项。

图 18.96　创建镜像 3

图 18.97　切除-拉伸 6

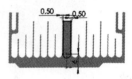

图 18.98　横断面草图

Step13. 创建图 18.99 所示的圆角 1。

（1）选择下拉菜单 插入(I) ➡ 特征(F) ➡ 圆角(F)... 命令。

（2）定义圆角类型。选中 圆角类型(Y) 区域中的 完整圆角(F) 单选按钮。

（3）定义要圆角的对象。

① 选取图 18.100 所示的面 1 为圆角 1 的边侧面组 1。

② 单击以激活 圆角项目(I) 区域中的"中央面组"文本框，选取图 18.100 所示的面 2 为圆角 1 的中央面组。

③ 激活"边侧面组 2"文本框，选取图 18.100 所示的面 3 为圆角 1 的边侧面组 2。

图 18.99　圆角 1

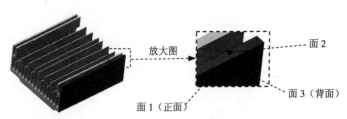

图 18.100　选取圆角对象

（4）单击对话框中的 ✅ 按钮，完成圆角 1 的创建。

Step14. 同理创建图 18.101~18.103 所示的圆角 2~圆角 4。

图 18.101 圆角 2

图 18.102 圆角 3

图 18.103 圆角 4

Step15. 创建图 18.104 所示的零件特征——切除-拉伸 7。选择下拉菜单 [插入(I)] ➡ [切除(C)] ➡ [🔲 拉伸(E)]... 命令；选取右视基准面为草图基准面，绘制图 18.105 所示的横断面草图；在"切除-拉伸"对话框的 [方向1] 区域和 [方向2] 区域的下拉列表框中均选择 [完全贯穿] 选项。

图 18.104 切除-拉伸 7

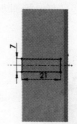

图 18.105 横断面草图

Step16. 创建图 18.106 所示的圆角 5。要圆角的对象为图 18.106 所示的模型内边线，圆角半径为 2.0。

Step17. 创建图 18.107 所示的圆角 6。要圆角的对象为图 18.107 所示的模型内边线，圆角半径为 1.0。

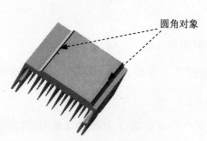

图 18.106 圆角 5

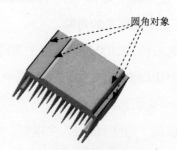

图 18.107 圆角 6

Step18. 至此，零件模型创建完毕。选择下拉菜单 [文件(F)] ➡ [💾 保存 (S)] 命令，命名为 tadiator_piece，即可保存零件模型。

18.5　装　配　设　计

Step1. 新建模型文件。选择下拉菜单 文件(F) ➡ ▢ 新建(N)... 命令，在系统弹出的"新建 SolidWorks 文件"对话框中选择"装配体"模块，单击 确定 按钮，进入装配环境。

Step2. 创建图 18.108 所示的底座零件模型。

（1）引入零件。进入装配环境后，系统会自动弹出"开始装配体"对话框，单击"开始装配体"对话框中的 浏览(B)... 按钮，在弹出的"打开"对话框中选取 D:\sw12.7\work\ch18\ch18.05\base.SLDPRT，单击 打开(O) 按钮。

（2）单击对话框中的 ✔ 按钮，将零件固定在原点位置。

Step3. 创建图 18.109 所示的散热片并定位。

（1）引入零件。

① 选择命令，选择下拉菜单 插入(I) ➡ 零部件 (O) ➡ 🖳 现有零件/装配体 (E)... 命令，系统弹出"插入零部件"对话框。

② 单击"插入零部件"对话框中的 浏览(B)... 按钮，在弹出的"打开"对话框中选取 D:\sw12.7\work\ch18\ch18.05\radiator-piece.SLDPRT，单击 打开(O) 按钮。

③ 将零件放置到图 18.109 所示的位置。

图 18.108　创建底座

图 18.109　创建散热片

（2）创建配合使零件完全定位。

① 选择命令。选择下拉菜单 插入(I) ➡ 🖉 配合 (M)... 命令，系统弹出"配合"对话框。

② 创建"平行"配合。单击"配合"对话框中的 ⬊ 平行(R) 按钮，选取图 18.110 所示的两个面为平行面，如果方向不与图 18.110 相同可单击快捷工具条的 🔧 按钮调整方向。单击快捷工具条中的 ✔ 按钮。

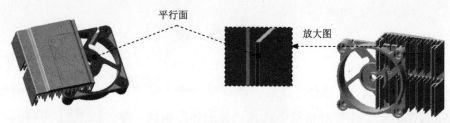

图 18.110　平行面

③ 创建"相切"配合。单击"配合"对话框中的 ⊙ 相切(T) 按钮，选取图 18.111 所示的两个为相切面，如果方向不与图 18.111 相同可单击快捷工具条的 🔀 按钮调整方向。单击快捷工具条中的 ✅ 按钮。

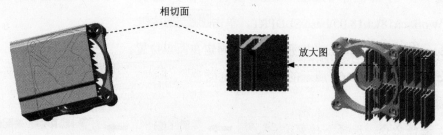

图 18.111　相切面

④ 创建"重合"配合。单击"配合"对话框中的 ⬈ 重合(C) 按钮，选取图 18.112 所示的两个面为重合面，单击快捷工具条中的 ✅ 按钮。

⑤ 创建"重合"配合。单击"配合"对话框中的 ⬈ 重合(C) 按钮，选取底座的右视基准面和散热片的右视基准面为重合面，如图 18.113 所示，单击快捷工具条中的 ✅ 按钮。

Step4. 创建图 18.114 所示的风扇并定位。

（1）选择命令，选择下拉菜单 插入(I) ➡ 零部件(O) ➡ 🖱 现有零件/装配体(E)... 命令，系统弹出"插入零部件"对话框。

（2）单击"插入零部件"对话框中的 浏览(B)... 按钮，在弹出的"打开"对话框中选取 D:\ sw12.7\work\ch18\ch18.05\ fan.SLDPRT，单击 打开(O) 按钮。

图 18.112　重合面

图 18.113　重合面

图 18.114　创建风扇

（3）选择命令。选择下拉菜单 插入(I) ➡ 配合(M)... 命令，系统弹出"配合"对话框。

（4）创建"重合"配合。单击"配合"对话框中的 重合(C) 按钮，选取图 18.115 所示的两个面为重合面，单击快捷工具条中的 ✔ 按钮。

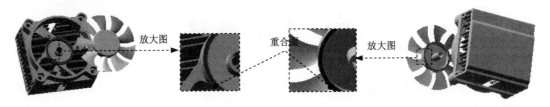

图 18.115　重合面

（5）创建"同轴心"配合。单击"配合"对话框中的 同轴心(N) 按钮，选取图 18.116 所示的两条边线为同轴心面，单击快捷工具条中的 ✔ 按钮。

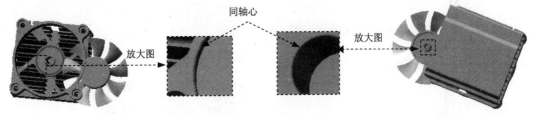

图 18.116　同轴心

（6）创建"重合"配合。单击"配合"对话框中的 重合(C) 按钮，选取图 18.117 所示的两个零件模型的上视基准面为重合面，单击快捷工具条中的 ✔ 按钮。

图 18.117　重合面

Step5. 至此，零件模型创建完毕。选择下拉菜单 文件(F) ➡ 保存(S) 命令，将模型命名为 cpu，即可保存零件模型。

实例 19 衣架的设计

19.1 实 例 概 述

该实例介绍了衣架挂钩的设计过程，运用了"扫描"和"圆顶"等命令，应注意扫描特征中轮廓和路径的选择，此外还应注意切除－拉伸特征中切除方向的选择。

19.2 挂钩的设计

该零件实体模型及相应的设计树如图 19.1 所示。

图 19.1 零件模型及设计树

Step1. 新建模型文件。选择下拉菜单 文件(F) ➡ 新建 (N)... 命令，在系统弹出的 "新建 SolidWorks 文件" 对话框中选择 "零件" 模块，单击 确定 按钮，进入建模环境。

Step2. 创建图 19.2 所示的零件基础特征-旋转 1。

（1）选择命令。选择下拉菜单 插入(I) ➡ 凸台/基体 (B) ➡ 旋转 (R)... 命令。

（2）定义特征的横断面草图，选取前视基准面为草图基准面，在草绘环境中绘制图 19.3 所示的草图 1。

（3）定义旋转轴线。采用草图中绘制的中心线为旋转轴线。

（4）定义旋转属性，在 "旋转" 对话框 方向1 区域的下拉列表框中选择 给定深度 选项，采用系统默认的旋转方向，在 方向1 区域的 文本框中输入数值 360.0。

（5）单击对话框中的 按钮，完成旋转 1 的创建。

Step3. 创建图 19.4 所示的零件特征——切除-拉伸 1。

（1）选择下拉菜单 插入(I) ➡ 切除(C) ➡ 拉伸(E)... 命令。

（2）定义特征的横断面草图。

图 19.2　旋转 1

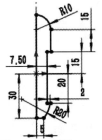

图 19.3　草图 1

① 定义草图基准面。选取图 19.5 所示的模型表面为草图基准面。

② 定义横断面草图。在草绘环境中绘制图 19.6 所示的草图 2。

（3）定义切除深度属性。

① 定义切除方向。采用系统默认的切除方向。

② 定义深度类型。在"切除-拉伸"对话框 方向1 区域的下拉列表框中选择 给定深度 选项，在 D1 文本框中输入深度值 15.0。

（4）单击对话框中的 ✔ 按钮，完成切除-拉伸 1 的创建。

图 19.4　切除-拉伸 1

图 19.5　草图基准面

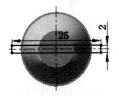

图 19.6　草图 2

Step4. 创建图 19.7 所示的草图 3。

（1）选择命令。选择下拉菜单 插入(I) ➡ 草图绘制 命令。

（2）定义草图基准面。选取右视基准面为草图基准面。

（3）在草绘环境中绘制图 19.7 所示的草图。

（4）选择下拉菜单 插入(I) ➡ 退出草图 命令，完成草图 3 的创建。

Step5. 创建图 19.8 所示的基准面 1。

（1）选择命令。选择下拉菜单 插入(I) ➡ 参考几何体(G) ➡ 基准面(P)... 命令，系统弹出"基准面"对话框。

（2）定义基准面的参考实体。选取草图 3 和草图 3 上的点为基准面的参考实体。

（3）单击对话框中的 ✅ 按钮，完成基准面 1 的创建。

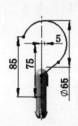

图 19.7　草图 3

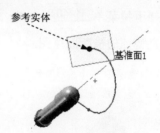

图 19.8　基准面 1

Step6. 创建图 19.9 所示的草图 4。选择下拉菜单 插入(I) ➡️ 🗒️ 草图绘制 命令，选取基准面 1 为草图基准面，在草绘环境中绘制图 19.8 所示的草图，选择下拉菜单 插入(I) ➡️ ✏️ 退出草图 命令，完成草图 4 的创建。

Step7. 创建图 19.10 所示的扫描 1。

（1）选择命令。选择下拉菜单 插入(I) ➡️ 凸台/基体(B) ➡️ 🌀 扫描(S)... 命令。

（2）定义扫描特征的轮廓。选取草图 4 为扫描的轮廓。

（3）定义扫描特征的路径。选取草图 3 为扫描的路径。

（4）单击对话框中的 ✅ 按钮，完成扫描 1 的创建。

图 19.9　草图 4　　　　　　　　图 19.10　扫描 1

Step8. 创建图 19.11b 所示的圆顶 1。

（1）选择命令。选择下拉菜单 插入(I) ➡️ 特征(F) ➡️ 🔘 圆顶(D)... 命令。

（2）定义圆顶类型。采用系统默认的圆顶类型。

（3）定义圆顶的对象。选择图 19.11 所示的模型表面为要圆顶的对象。

（4）定义圆顶的距离。在圆顶对话框中输入距离值 5.0。

（5）单击 ✅ 按钮，完成圆顶 1 的创建。

a）圆顶前　　　　　　　　　　b）圆顶后

图 19.11　圆顶 1

Step9. 创建图 19.12b 所示的圆角 1。

（1）选择下拉菜单 插入(I) ➡ 特征(F) ▸ ➡ 圆角(F)...命令。

（2）定义圆角类型。采用系统默认的圆角类型。

（3）定义圆角的对象。选择图 19.12a 所示的边线为要圆角的对象。

（4）定义圆角的半径。在"圆角"对话框中输入圆角半径值 2.0。

（5）单击 ✓ 按钮，完成圆角 1 的创建。

a）圆角前　　　　　　　　　　　　　　b）圆角后

图 19.12　圆角 1

Step10. 创建图 19.13b 所示的圆角 2。选择下拉菜单 插入(I) ➡ 特征(F) ▸ ➡

圆角(F)...命令，采用系统默认的圆角类型，选择图 19.13a 所示的边线为圆角对象，在

"圆角"对话框中输入圆角半径值 0.5，单击 ✓ 按钮，完成圆角 2 的创建。

a）圆角前　　　　　　　　　　　　　　（b)圆角后

图 19.13　圆角 2

Step11. 创建图 19.14b 所示的圆角 3。选择下拉菜单 插入(I) ➡ 特征(F) ▸ ➡

圆角(F)...命令，采用系统默认的圆角类型，选择图 19.14a 所示的边线为圆角对象，在

"圆角"对话框中输入圆角半径值 0.5，单击 ✓ 按钮，完成圆角 3 的创建。

a）圆角前　　　　　　　　　　　　　　b）圆角后

图 19.14　圆角 3

Step12. 创建图 19.15b 所示的圆角 4。选择下拉菜单 插入(I) ➡ 特征(F) ▸ ➡

⬡ 圆角 (F)...命令，采用系统默认的圆角类型，选择图 19.15a 所示的边线为圆角对象，在"圆角"对话框中输入圆角半径值 0.5，单击 ✓ 按钮，完成圆角 4 的创建。

　　a）圆角前　　　　　　　　　　　　　　　　　　　　　　b）圆角后

图 19.15　圆角 4

　　Step13. 至此，零件模型创建完毕。选择下拉菜单 文件(F) ➡ 🖫 保存(S) 命令，将模型命名为 rack_top_01，即可保存零件模型。

19.3　垫　片　01

实例概述

　　该实例介绍了衣架的设计过程，运用了"旋转-薄壁"和 "阵列"等命令，在线性阵列特征时应注意方向的选择，零件实体模型及相应的设计树如图 19.16 所示。

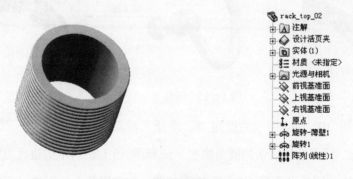

图 19.16　零件模型及设计树

　　Step1. 新建模型文件。选择下拉菜单 文件(F) ➡ 🗋 新建(N)... 命令，在系统弹出的"新建 SolidWorks 文件"对话框中选择"零件"模块，单击 确定 按钮，进入建模环境。

　　Step2. 创建图 19.17 所示的零件基础特征——旋转-薄壁 1。

　　（1）选择命令。选择下拉菜单 插入(I) ➡ 凸台/基体 (B) ➡ ⬡ 旋转 (R)... 命令。

　　（2）定义特征的横断面草图，选取前视基准面为草图基准面，在草绘环境中绘制图 19.18 所示的草图 1。

　　（3）定义旋转轴线。采用草图中绘制的中心线为旋转轴线。

（4）定义旋转属性，在"旋转"对话框 **方向1** 区域的下拉列表框中选择 **给定深度** 选项，采用系统默认的旋转方向，在 **方向1** 区域的 文本框中输入数值 360.0，选中 **☑ 薄壁特征(T)** 复选框，采用系统默认的薄壁类型，在 文本框中输入数值 0.1。

（5）单击对话框中的 按钮，完成旋转-薄壁 1 的创建。

图 19.17　旋转-薄壁 1

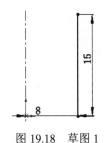

图 19.18　草图 1

Step3. 创建图 19.19 所示的旋转 1。

（1）选择命令。选择下拉菜单 插入(I) ➡ 凸台/基体(B) ➡ 旋转(R)... 命令。

（2）定义特征的横断面草图，选取前视基准面为草图基准面，在草绘环境中绘制图 19.20 所示的草图 2。

（3）定义旋转轴线。采用草图中绘制的中心线为旋转轴线。

（4）定义旋转属性，在"旋转"对话框 **方向1** 区域的下拉列表框中选择 **给定深度** 选项，采用系统默认的旋转方向，在 **方向1** 区域的 文本框中输入数值 360.0。

（5）单击对话框中的 按钮，完成旋转 1 的创建。

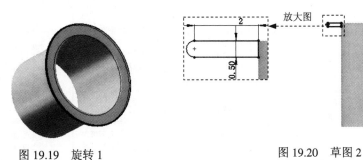

图 19.19　旋转 1　　　　　　　　　　　图 19.20　草图 2

Step4. 创建图 19.21b 所示的阵列（线性）1。

（1）选择命令。选择下拉菜单 插入(I) ➡ 阵列/镜向(E) ➡ 线性阵列(L)... 命令，系统弹出"线性阵列"对话框。

（2）定义阵列源特征。选取旋转 1 为阵列的源特征。

（3）定义阵列参数。

① 定义方向 1 的参考边线。选取横断面草图 2 的尺寸 0.5 为方向 1 的参考边线。

② 定义方向 1 的参数。在 方向1 区域的 文本框中输入间距值 1.0，在 文本框中输入实例数 15。

（4）单击对话框中的 按钮，完成阵列（线性）1 的创建。

a）阵列前　　　　　　　　　　　　　　　　b）阵列后

图 19.21　阵列（线性）1

Step5. 至此，零件模型创建完毕。选择下拉菜单 文件(F) ➡ 保存(S) 命令，将模型命名为 rack_top_02，即可保存零件模型。

19.4　衣　架　主　体

该实例介绍了衣架的设计过程，运用了"曲面-放样"、"镜像"、"加厚"等命令，其中曲面-放样特征是要掌握的重点，此外放样轮廓的选择顺序是值得注意的地方(由于创建模型使用了大量的样条曲线，所以创建的最终模型会有所不同)。该零件实体模型及相应的设计树如图 19.22 所示。

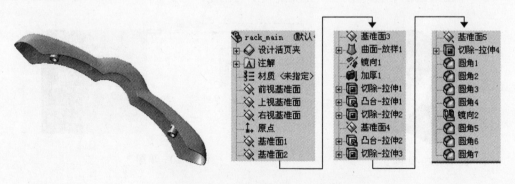

图 19.22　零件模型及设计树

Step1. 新建模型文件。选择下拉菜单 文件(F) ➡ 新建(N)... 命令，在系统弹出的"新建 SolidWorks 文件"对话框中选择"零件"模块，单击 确定 按钮，进入建模环境。

Step2. 创建图 19.23 所示的草图 1。

（1）选择命令。选择下拉菜单 插入(I) ➡ 草图绘制 命令。

（2）定义草图基准面。选取前视基准面为草图基准面。

（3）选择下拉菜单 插入(I) ➡ 草图绘制实体(K) ➡ ╲ 样条曲线(S) 命令，绘制图 19.23 所示的草图 1。

（4）选择下拉菜单 插入(I) ➡ 退出草图 命令，完成草图 1 的创建。

Step3. 创建图 19.24 所示的草图 2。选择下拉菜单 插入(I) ➡ 草图绘制 命令，选取右视基准面为草图基准面，绘制图 19.24 所示的草图 2。

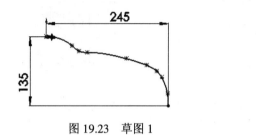

图 19.23　草图 1

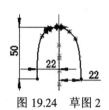

图 19.24　草图 2

Step4. 创建图 19.25 所示的基准面 1。

（1）选择命令。选择下拉菜单 插入(I) ➡ 参考几何体(G) ➡ ◈ 基准面(P)... 命令，系统弹出"基准面"对话框。

（2）定义基准面的参考实体。选取草图 1 和草图 1 上的点为基准面的参考实体（图 19.25 所示）。

（3）单击对话框中的 ✔ 按钮，完成基准面 1 的创建。

Step5. 创建图 19.26 所示的草图 3。选择下拉菜单 插入(I) ➡ 草图绘制 命令，选取基准面 1 为草图基准面，绘制图 19.26 所示的草图 3。

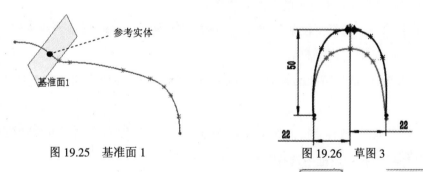

图 19.25　基准面 1

图 19.26　草图 3

Step6. 创建图 19.27 所示的基准面 2。选择下拉菜单 插入(I) ➡ 参考几何体(G) ➡ ◈ 基准面(P)... 命令；选取草图 1 和草图 1 上的点为基准面的参考实体（图 19.27 所示），单击对话框中的 ✔ 按钮，完成基准面 2 的创建。

Step7. 创建图 19.28 所示的草图 4。选择下拉菜单 插入(I) ➡ 草图绘制 命令，选取基准面 2 为草图基准面，绘制图 19.28 所示的草图 4。

Step8. 创建图 19.29 所示的基准面 3。选择下拉菜单 插入(I) ➞ 参考几何体(G) ➞ 📎 基准面(P)... 命令；选取草图 1 和草图 1 上的点为基准面的参考实体（图 19.29 所示），单击对话框中的 ✅ 按钮，完成基准面 3 的创建。

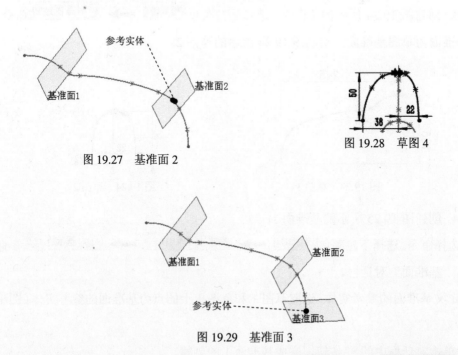

图 19.27 基准面 2

图 19.28 草图 4

图 19.29 基准面 3

Step9. 创建图 19.30 所示的草图 5。选择下拉菜单 插入(I) ➞ 🖋 草图绘制 命令，选取基准面 3 为草图基准面，绘制图 19.30 所示的草图 5。

Step10. 创建图 19.31 所示的曲面一放样 1。

（1）选择命令。选择下拉菜单 插入(I) ➞ 曲面(S) ➞ 👜 放样曲面(L)... 命令，系统弹出"曲面-放样"对话框。

（2）定义曲面-放样特征的轮廓。选取草图 2、草图 3、草图 4 和草图 5 为曲面一放样 1 的轮廓。

（3）定义曲面-放样特征的起始结束约束。在"曲面-放样"对话框 起始/结束约束(C) 区域的 开始约束(S): 下拉列表框中选择 垂直于轮廓 选项。

图 19.30 草图 5

图 19.31 曲面一放样 1

（4）定义曲面-放样特征的引导线。在"曲面-放样"对话框 引导线(G) 区域 引导线感应类型(V): 的下拉列表框中选择 到下一引线 选项，然后选取草图 1 为放样引导线。

（5）单击对话框中的 ✔ 按钮，完成曲面-放样 1 的创建。

Step11. 创建图 19.32b 所示的镜像 1。

（1）选择命令。选择下拉菜单 插入(I) ➡ 阵列/镜向(E) ➡ 镜向(M)...命令。

（2）定义镜像基准面。选取右视基准面为镜像基准面。

（3）定义镜像对象。选取曲面-放样 1 为镜像的实体，在对话框 选项(O) 区域中选中 ☑ 缝合曲面(K) 复选框。

（4）单击对话框中的 ✔ 按钮，完成镜像 1 的创建。

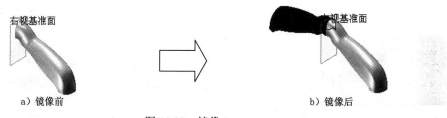

a）镜像前　　　　　　　　　　　　　　b）镜像后

图 19.32　镜像 1

Step12. 创建图 19.33 所示的加厚 1。

（1）选择命令。选择下拉菜单 插入(I) ➡ 凸台/基体(B) ➡ 加厚(T)...命令，系统弹出"加厚"对话框。

（2）定义加厚曲面。选取镜像 1 为要加厚的曲面。

（3）定义加厚方向。在"加厚"对话框 加厚参数(T) 区域中单击 ▤ 按钮。

（4）定义厚度。在"加厚"对话框 加厚参数(T) 区域的 ⬙ 后的文本框中输入 2.0。

（5）单击 ✔ 按钮，完成加厚 1 的创建。

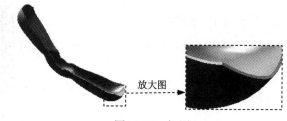

放大图

图 19.33　加厚 1

Step13. 创建图 19.34 所示的零件特征——切除-拉伸 1。

（1）选择命令。选择下拉菜单 插入(I) ➡ 切除(C) ➡ 拉伸(E)...命令。

（2）定义特征的横断面草图。

① 定义草图基准面。选取前视基准面作为草图基准面。

② 定义横断面草图。在草绘环境中绘制图 19.35 所示的横断面草图（在绘制草图时要注意标注尺寸的顺序，可以从视频文件中查看）。

③ 选择下拉菜单 插入(I) ➡ 退出草图命令，完成横断面草图的创建。

（3）定义切除深度属性。

① 定义切除深度方向。采用系统默认的切除深度方向。

② 定义切除深度属性。在"切除-拉伸"对话框 方向1 和 方向2 区域的下拉列表框中均选择 完全贯穿 选项。

（4）单击对话框中的 ✔ 按钮，完成切除-拉伸 1 的创建。

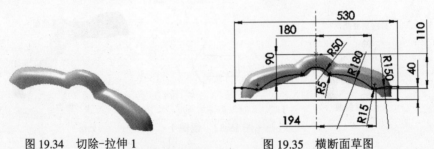

图 19.34　切除-拉伸 1　　　　　图 19.35　横断面草图

Step14. 创建图 19.36 所示的零件基础特征——凸台-拉伸 1。

（1）选择命令。选择下拉菜单 插入(I) ➡ 凸台/基体(B) ➡ 拉伸(E)... 命令。

（2）定义特征的横断面草图。

① 定义草图基准面。选取上视基准面为草图基准面。

② 定义横断面草图。在草绘环境中绘制图 19.37 所示的横断面草图。

③ 选择下拉菜单 插入(I) ➡ 退出草图命令，退出草绘环境。

（3）定义拉伸深度属性。

① 定义深度方向。单击 按钮改变深度方向。

② 定义深度类型和深度值。在对话框中 方向1 区域的下拉列表框中选择 给定深度 选项，输入深度值 10.0。

（4）单击 ✔ 按钮，完成凸台-拉伸 1 的创建。

图 19.36　凸台-拉伸 1　　　　　图 19.37　横断面草图

Step15. 创建图 19.38 所示的零件特征——切除-拉伸 2。选择下拉菜单 插入(I) ➡ 切除(C) ➡ 拉伸(E)... 命令，选取上视基准面为草图基准面，绘制图 19.39 所示的横断面草图，在对话框 方向1 区域的下拉列表框中均选择 完全贯穿 选项，单击对话框中的 ✔ 按钮，完成切除-拉伸 2 的创建。

Step16. 创建图 19.40 所示的基准面 4。选择下拉菜单 插入(I) ➡ 参考几何体(G) ➡ 基准面(P)... 命令，系统弹出"基准面"对话框，选取上视基准面为参考实体，在 ⊟ 后的文本框中输入值 85.00，并选中 ☑ 反转 复选框，单击对话框中的 ✔ 按钮，完成基准面 4 的创建。

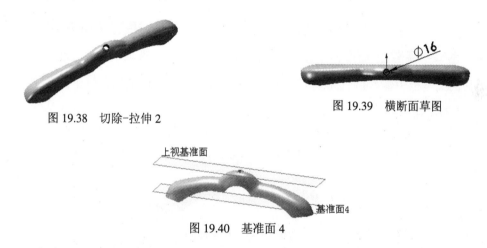

图 19.38　切除-拉伸 2

图 19.39　横断面草图

图 19.40　基准面 4

Step17. 创建图 19.41 所示的零件特征——凸台-拉伸 2。

（1）选择下拉菜单 插入(I) ➡ 凸台/基体(B) ➡ 拉伸(E)... 命令。

（2）选取基准面 4 为草图基准面，在草绘环境中绘制图 19.42 所示的横断面草图。

（3）在 方向1 区域的下拉列表框中选择 成形到下一面 选项，采用系统默认的深度方向。

（4）单击 ✔ 按钮，完成凸台-拉伸 2 的创建。

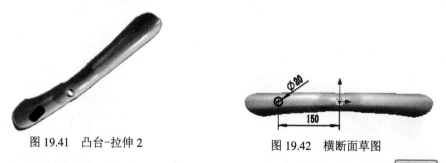

图 19.41　凸台-拉伸 2

图 19.42　横断面草图

Step18. 创建图 19.43 所示的零件特征——切除-拉伸 3。选择下拉菜单 插入(I) ➡ 切除(C) ➡ 拉伸(E)... 命令，选取基准面 4 为草图基准面，在草绘环境中绘制图 19.44

所示的横断面草图，选择下拉菜单 插入(I) ➡️ 退出草图 命令，完成横断面草图的创建，在"切除-拉伸"对话框 方向1 区域的下拉列表框中选择 给定深度 选项，并单击 按钮，输入深度值 30.00，单击对话框中的 按钮，完成切除-拉伸 3 的创建。

图 19.43　切除-拉伸 3

放大图
图 19.44　横断面草图

Step19. 创建图 19.45 所示的基准面 5。选择下拉菜单 插入(I) ➡️ 参考几何体(G) ➡️ 基准面(P)... 命令，系统弹出"基准面"对话框，选取右视基准面为参考实体，在 后的文本框中输入值 150.00，并选中 反转 复选框，单击对话框中的 按钮，完成基准面 5 的创建。

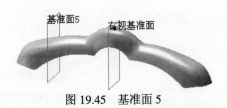
基准面5　　右视基准面
图 19.45　基准面 5

Step20. 创建图 19.46 所示的零件特征——切除-拉伸 4。选择下拉菜单 插入(I) ➡️ 切除(C) ➡️ 拉伸(E)... 命令，选取基准面 5 为草图基准面，在草绘环境中绘制图 19.47 所示的横断面草图，选择下拉菜单 插入(I) ➡️ 退出草图 命令，完成横断面草图的创建，在"切除-拉伸"对话框 方向1 区域的下拉列表框中选择 给定深度 选项，并单击 按钮，输入深度值 12.00，单击对话框中的 按钮，完成切除-拉伸 4 的创建。

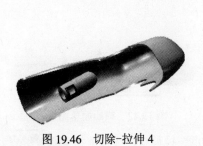
图 19.46　切除-拉伸 4

图 19.47　横断面草图

Step21. 创建图 19.48b 所示的圆角 1。

（1）选择下拉菜单 插入(I) ➡ 特征(F) ➡ 圆角(F)...命令。

（2）定义圆角类型。采用系统默认的圆角类型。

（3）定义圆角的对象。选择图 19.48a 所示的边线为要圆角的对象。

（4）定义圆角的半径。在"圆角"对话框中输入圆角半径值 0.5。

（5）单击 ✔ 按钮，完成圆角 1 的创建。

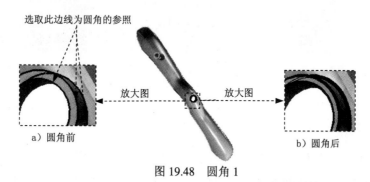

选取此边线为圆角的参照

放大图　　　　放大图

a）圆角前　　　　b）圆角后

图 19.48　圆角 1

Step22. 创建图 19.49b 所示的圆角 2。选择下拉菜单 插入(I) ➡ 特征(F) ➡ 圆角(F)...命令，采用系统默认的圆角类型，选择图 19.49a 所示的两条边线为要圆角的对象，在"圆角"对话框中输入圆角半径值 0.5，单击 ✔ 按钮，完成圆角 2 的创建。

Step23. 创建图 19.50b 所示的圆角 3。选择下拉菜单 插入(I) ➡ 特征(F) ➡ 圆角(F)...命令，采用系统默认的圆角类型，在"圆角"对话框中输入圆角半径值 0.5，单击 ✔ 按钮，完成圆角 3 的创建。

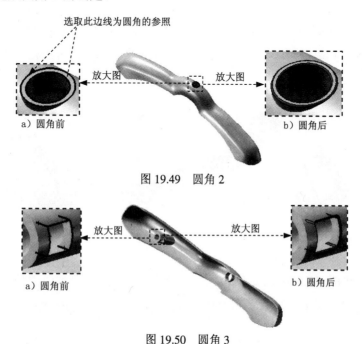

选取此边线为圆角的参照

放大图　　　　放大图

a）圆角前　　　　b）圆角后

图 19.49　圆角 2

放大图　　　　放大图

a）圆角前　　　　b）圆角后

图 19.50　圆角 3

Step24. 创建图 19.51b 所示的圆角 4。选择下拉菜单 插入(I) ➡ 特征(F) ➡ 🔵 圆角(F)... 命令，采用系统默认的圆角类型，选择图 19.51a 所示的边线为要圆角的对象，在"圆角"对话框中输入圆角半径值 0.5，单击 ✔ 按钮，完成圆角 4 的创建。

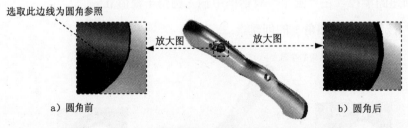

选取此边线为圆角参照
放大图　放大图
a）圆角前　　　　b）圆角后

图 19.51　圆角 4

Step25. 创建图 19.52b 所示的镜像 2。选择下拉菜单 插入(I) ➡ 阵列/镜向(E) ➡ 🔵 镜向(M)... 命令，选取右视基准面为镜像基准面，在设计树中选择凸台-拉伸 2、切除-拉伸 3 和切除-拉伸 4 作为镜像 2 的对象，单击对话框中的 ✔ 按钮，完成镜像 2 的创建。

右视基准　　　　　　右视基准
a）镜像前　　　　　b）镜像后

图 19.52　镜像 2

Step26. 创建图 19.53b 所示的圆角 5。选择下拉菜单 插入(I) ➡ 特征(F) ➡ 🔵 圆角(F)... 命令，采用系统默认的圆角类型，在"圆角"对话框中输入圆角半径值 0.5，单击 ✔ 按钮，完成圆角 5 的创建。

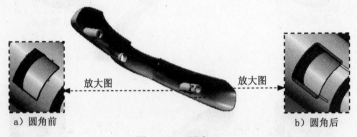

放大图　　　　　放大图
a）圆角前　　　　　　b）圆角后

图 19.53　圆角 5

Step27. 创建图 19.54b 所示的圆角 6。选择下拉菜单 插入(I) ➡ 特征(F) ➡ 🔵 圆角(F)... 命令，采用系统默认的圆角类型，选择图 19.54a 所示的边线为要圆角的对象，在"圆角"对话框中输入圆角半径值 0.5，单击 ✅ 按钮，完成圆角 6 的创建。

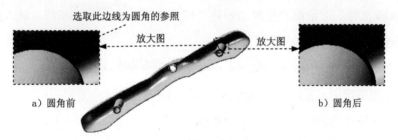

图 19.54　圆角 6

Step28. 创建图 19.55b 所示的圆角 7。选择下拉菜单 插入(I) ➡ 特征(F) ▶ ➡

🍥 圆角(F)… 命令，采用系统默认的圆角类型，选择切除-拉伸 1 的面为要圆角的对象，在"圆角"对话框中输入圆角半径值 1.0，单击 ✅ 按钮，完成圆角 7 的创建。

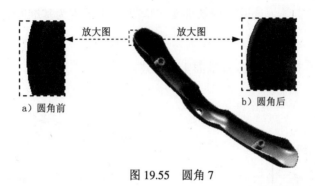

图 19.55　圆角 7

Step29. 至此，零件模型创建完毕。选择下拉菜单 文件(F) ➡ 💾 保存 (S) 命令，将模型命名为 rack_main，即可保存零件模型。

19.5　衣　架　杆

该范例介绍了衣架的设计过程，运用了"扫描"、"镜像"、"切除—拉伸"等命令，其中扫描特征命令是要掌握的重点，要正确选择扫描的轮廓和路径。该零件实体模型及相应的设计树如图 19.56 所示。

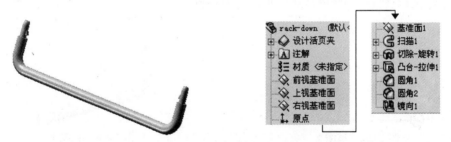

图 19.56　零件模型及设计树

Step1. 新建模型文件。选择下拉菜单 文件(F) ➡ 新建(N)... 命令，在系统弹出的 "新建 SolidWorks 文件" 对话框中选择 "零件" 模块，单击 确定 按钮，进入建模环境。

Step2. 创建图 19.57 所示的草图 1。

（1）选择命令。选择下拉菜单 插入(I) ➡ 草图绘制 命令。

（2）定义草图基准面。选取前视基准面为草图基准面。

（3）在草绘环境中绘制图 19.57 所示的草图 1。

（4）选择下拉菜单 插入(I) ➡ 退出草图 命令，完成草图 1 的创建。

Step3. 创建图 19.58 所示的基准面 1。

（1）选择命令。选择下拉菜单 插入(I) ➡ 参考几何体(G) ▶ 基准面(P)... 命令，系统弹出 "基准面" 对话框。

（2）定义基准面的参考实体。选取上视基准面和草图 1 上的点为基准面的参考实体，如图 19.58 所示。

（3）单击对话框中的 ✔ 按钮，完成基准面 1 的创建。

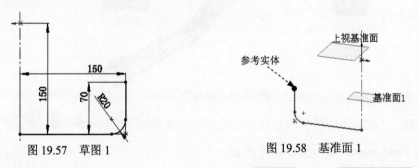

图 19.57　草图 1　　　　　　　　图 19.58　基准面 1

Step4. 创建图 19.59 所示的草图 2。选择下拉菜单 插入(I) ➡ 草图绘制 命令，选取基准面 1 为草图基准面，在草绘环境中绘制图 19.59 所示的草图 2，选择下拉菜单 插入(I) ➡ 退出草图 命令，完成草图 2 的创建。

Step5. 创建图 19.60 所示的零件特征——扫描 1。

（1）选择命令。选择下拉菜单 插入(I) ➡ 凸台/基体(B) ➡ 扫描(S)... 命令。

（2）定义扫描特征的轮廓。选取草图 2 为扫描的轮廓。

图 19.59　草图 2　　　　　　　　图 19.60　扫描 1

（3）定义扫描特征的路径。选取草图 1 为扫描的路径。

（4）单击对话框中的 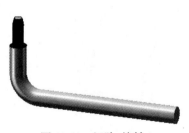 按钮，完成扫描 1 的创建。

Step6. 创建图 19.61 所示的零件特征——切除-旋转 1。

（1）选择命令。选择下拉菜单 插入(I) ➡ 切除(C) ➡ 旋转(R)... 命令。

（2）定义特征的横断面草图。

① 定义草图基准面。选取前视基准面为草图基准面。

② 绘制图 19.62 所示的横断面草图（包括旋转中心线）。

③ 完成草图绘制后，选择下拉菜单 插入(I) ➡ 退出草图 命令，退出草绘环境。

（3）定义旋转轴线。采用草图中绘制的中心线为旋转轴线。

（4）定义旋转属性。

① 定义旋转方向。在"切除-旋转"对话框中 方向1 区域的下拉列表框中选择 给定深度 选项。

② 定义旋转角度。在 方向1 区域的 $\overset{A1}{\wedge}$ 文本框中输入数值 360.0。

（5）单击对话框中的 按钮，完成切除-旋转 1 的创建。

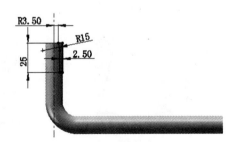

图 19.61　切除-旋转 1　　　　　　　　图 19.62　横断面草图

Step7. 创建图 19.63 所示的零件特征——凸台-拉伸 1。

（1）选择命令。选择下拉菜单 插入(I) ➡ 凸台/基体(B) ➡ 拉伸(E)... 命令。

（2）定义特征的横断面草图。

① 定义草图基准面。选取前视基准面为草图基准面。

② 定义横断面草图。在草绘环境中绘制图 19.64 所示的横断面草图。

③ 选择下拉菜单 插入(I) ➡ 退出草图 命令，退出草绘环境，此时系统弹出"凸台-拉伸"对话框。

（3）定义拉伸深度属性。

① 定义深度方向。采用系统默认的拉伸深度方向。

② 定义深度类型和深度值。在对话框中 方向1 区域的下拉列表框中选择 两侧对称 选项，

输入深度值 5.0。

（4）单击 ✓ 按钮，完成凸台-拉伸 1 的创建。

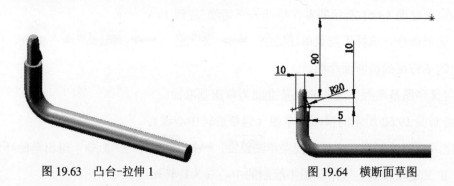

图 19.63　凸台-拉伸 1　　　　　　　图 19.64　横断面草图

Step8. 创建图 19.65b 所示的圆角 1。

（1）选择下拉菜单 插入(I) → 特征(F) → 🍏 圆角(F)...命令。

（2）定义圆角类型。采用系统默认的圆角类型。

（3）定义圆角的对象。选择图 19.65a 所示的边线为要圆角的对象。

（4）定义圆角的半径。在"圆角"对话框中输入圆角半径值 0.5。

（5）单击 ✓ 按钮，完成圆角 1 的创建。

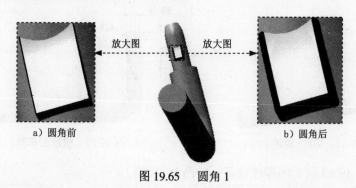

　　　　a）圆角前　　　　　　　　　　　　b）圆角后

图 19.65　　圆角 1

Step9. 创建图 19.66b 所示的圆角 2。选择下拉菜单 插入(I) → 特征(F) →
🍏 圆角(F)...命令，采用系统默认的圆角类型，选择图 19.66a 所示的边线为要圆角的对象，
在"圆角"对话框中输入圆角半径值 0.5，单击 ✓ 按钮，完成圆角 2 的创建。

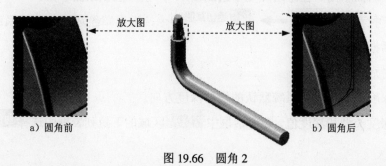

　　　a）圆角前　　　　　　　　　　　　b）圆角后

图 19.66　圆角 2

Step10. 创建图 19.67b 所示的镜像 1。

（1）选择命令。选择下拉菜单 [插入(I)] ➡ [阵列/镜向(E)] ➡ [镜向(M)]... 命令。

（2）定义镜像基准面。选取右视基准面为镜像基准面。

（3）定义镜像对象。在设计树中选择扫描 1、切除-旋转 1、凸台-拉伸 1、圆角 1 和圆角 2 为要镜像的对象。

（4）单击对话框中的 按钮，完成镜像 1 的创建。

a）镜像前　　　　　　　　　　　　　　　　　b）镜像后

图 19.67　镜像 1

Step11. 至此，零件模型创建完毕。选择下拉菜单 [文件(F)] ➡ [保存(S)] 命令，命名为 rack_down，即可保存零件模型。

19.6　夹　　子

该零件实体模型及相应的设计树如图 19.68 所示。

Step1. 新建模型文件。选择下拉菜单 [文件(F)] ➡ [新建(N)]... 命令，在系统弹出的"新建 SolidWorks 文件"对话框中选择"零件"模块，单击 [确定] 按钮，进入建模环境。

Step2. 创建图 19.69 所示的草图 1。

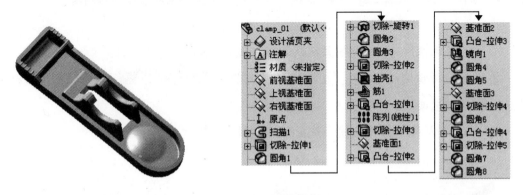

图 19.68　零件模型及设计树

（1）选择命令。选择下拉菜单 [插入(I)] ➡ [草图绘制] 命令。

（2）定义草图基准面。选取前视基准面为草图基准面。

（3）在草绘环境中绘制图 19.69 所示的草图。

（4）选择下拉菜单 插入(I) ➡️ 退出草图 命令，完成草图 1 的创建。

Step3. 创建图 19.70 所示的草图 2，选择下拉菜单 插入(I) ➡️ 草图绘制 命令，选取右视基准面为草图基准面，绘制图 19.70 所示的草图，选择下拉菜单 插入(I) ➡️ 退出草图 命令，完成草图 2 的创建。

图 19.69　草图 1　　　　　　　图 19.70　草图 2

Step4. 创建图 19.71 所示的扫描 1。

（1）选择命令。选择下拉菜单 插入(I) ➡️ 凸台/基体(B) ➡️ 扫描(S)... 命令。

（2）定义扫描特征的轮廓。选取草图 2 为扫描的轮廓。

（3）定义扫描特征的路径。选取草图 1 为扫描的路径。

（4）单击对话框中的 ✔ 按钮，完成扫描 1 的创建。

Step5. 创建图 19.72 所示的零件特征——切除-拉伸 1。

（1）选择命令。选择下拉菜单 插入(I) ➡️ 切除(C) ➡️ 拉伸(E)... 命令。

（2）定义特征的横断面草图。

① 定义草图基准面。选取上视基准面为草图基准面。

② 定义横断面草图。在草绘环境中绘制图 19.73 所示的横断面草图。

③ 选择下拉菜单 插入(I) ➡️ 退出草图 命令，完成横断面草图的创建。

（3）定义切除深度属性。

① 定义切除深度方向。采用系统默认的切除深度方向。

② 定义切除深度属性。在"切除-拉伸"对话框 方向1 和 方向2 区域的下拉列表框中均选择 完全贯穿 选项。

（4）单击对话框中的 ✔ 按钮，完成切除-拉伸 1 的创建。

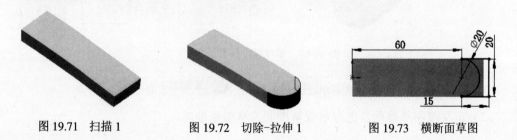

图 19.71　扫描 1　　　　　　图 19.72　切除-拉伸 1　　　　图 19.73　横断面草图

Step6. 创建图 19.74b 所示的圆角 1。

（1）选择命令。选择下拉菜单 插入(I) ➡ 特征(F) ➡ 圆角(F)...命令，系统弹出"圆角"对话框。

（2）定义圆角类型。采用系统默认的圆角类型。

（3）定义圆角对象。选取图 19.74a 所示的边线为要圆角的对象。

（4）定义圆角的半径。在对话框中输入圆角半径值 5.0。

（5）单击"圆角"对话框中的 ✔ 按钮，完成圆角 1 的创建。

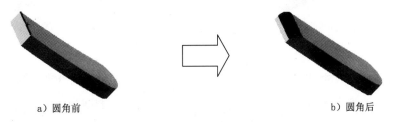

a）圆角前   b）圆角后

图 19.74 圆角 1

Step7. 创建图 19.75 所示的零件特征——切除-旋转 1。

（1）选择命令。选择下拉菜单 插入(I) ➡ 切除(C) ➡ 旋转(R)...命令。

（2）定义特征的横断面草图。

① 定义草图基准面。选取前视基准面为草图基准面，进入草绘环境。

② 绘制图 19.76 所示的横断面草图（包括旋转中心线）。

③ 完成草图绘制后，选择下拉菜单 插入(I) ➡ 退出草图命令，退出草绘环境，系统弹出"切除－旋转"对话框。

（3）定义旋转轴线。采用草图中绘制的中心线为旋转轴线。

（4）定义旋转属性。

① 定义旋转方向。在"切除-旋转"对话框 方向1 区域的下拉列表框中选择 给定深度 选项，采用系统默认的旋转方向。

② 定义旋转角度。在 方向1 区域的 文本框中输入数值 360.0。

（5）单击对话框中的 ✔ 按钮，完成切除-旋转 1 的创建。

图 19.75 切除-旋转 1

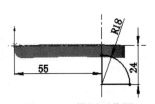

图 19.76 横断面草图

Step8. 创建图 19.77b 所示的圆角 2。选择下拉菜单 插入(I) ➡ 特征(F) ➡
🔵 圆角(F)...命令，系统弹出"圆角"对话框，采用系统默认的圆角类型，选取图 19.77a
所示的边线为要圆角的对象，在对话框中输入圆角半径值 5.0，单击"圆角"对话框中的 ✅
按钮，完成圆角 2 的创建。

a）圆角前　　　　　　　　　　　b）圆角后

图 19.77　圆角 2

Step9. 创建图 19.78b 所示的圆角 3。选择下拉菜单 插入(I) ➡ 特征(F) ➡
🔵 圆角(F)...命令，系统弹出"圆角"对话框，采用系统默认的圆角类型，选取图 19.78a
所示的边线为要圆角的对象，在对话框中输入圆角半径值 2.0，单击"圆角"对话框中的 ✅
按钮，完成圆角 3 的创建。

a）圆角前　　　　　　　　　　　b）圆角后

图 19.78　圆角 3

Step10. 创建图 19.79 所示的零件特征——切除-拉伸 2。

（1）选择命令。选择下拉菜单 插入(I) ➡ 切除(C) ➡ 📦 拉伸(E)...命令。

（2）定义特征的横断面草图，选取前视基准面为草图基准面，绘制图 19.80 所示的横断
面草图，选择下拉菜单 插入(I) ➡ 📝 退出草图命令，完成横断面草图的创建。

（3）定义切除深度属性，采用系统默认的切除深度方向，在"切除-拉伸"对话框 方向1
和 方向2 区域的下拉列表框中均选择 完全贯穿 选项。

（4）单击对话框中的 ✅ 按钮，完成切除-拉伸 2 的创建。

图 19.79　切除-拉伸 2　　　　　　　　　　　图 19.80　横断面草图

Step11. 创建图 19.81b 所示的抽壳 1。

（1）选择下拉菜单 插入(I) ➡ 特征(F) ➡ ⬚ 抽壳(S)... 命令，系统弹出"抽壳 1"对话框。

（2）定义要移除的面。选取图 19.81a 所示的模型表面为要移除的面。

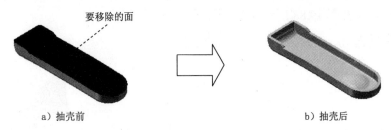

a）抽壳前　　　　　　　　　　　　　　b）抽壳后

图 19.81　抽壳 1

（3）定义厚度值。在 ⬚ 后的文本框中输入数值 1.5。

（4）单击对话框中的 ✔ 按钮，完成抽壳 1 的创建。

Step12. 创建图 19.82 所示的零件特征——筋 1。

（1）选择命令。选择下拉菜单 插入(I) ➡ 特征(F) ➡ ⬚ 筋(R)... 命令。

（2）定义筋特征的横断面草图，选取图 19.83 所示的平面为草图基准面，绘制截面的几何图形，如图 19.84 所示。

图 19.82　筋 1　　　　　图 19.83　草图基准面　　　　　图 19.84　横截面草图

（3）定义筋的属性。在"筋"对话框的 参数(P) 区域中单击 ☰（两侧）按钮，输入筋厚度值 1.0，在 拉伸方向: 下单击 ⬚ 按钮，采用系统默认的生成方向。

（4）单击 ✔ 按钮，完成筋 1 的创建。

Step13. 创建图 19.85 所示的特征——凸台-拉伸 1。

（1）选择命令。选择下拉菜单 插入(I) ➡ 凸台/基体(B) ➡ ⬚ 拉伸(E)... 命令。

（2）定义特征的横断面草图。

① 定义草图基准面。选取图 19.86 所示的模型表面为草图基准面。

② 定义横断面草图。在草绘环境中绘制图 19.87 所示的横断面草图。

图 19.85　凸台-拉伸 1　　　　　　　　图 19.86　草图基准面

（3）定义拉伸深度属性。

① 定义深度方向。单击 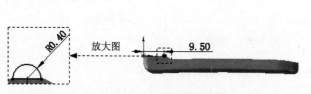 按钮使拉伸深度方向反向，采用系统默认的拉伸方向。

② 定义深度类型和深度值。在"凸台-拉伸"对话框 **方向1** 区域的下拉列表框中选择 **成形到一面** 选项，选择图 19.88 所示的模型表面为拉伸终止面。

（4）单击 ✔ 按钮，完成凸台-拉伸 1 的创建。

图 19.87 横断面草图

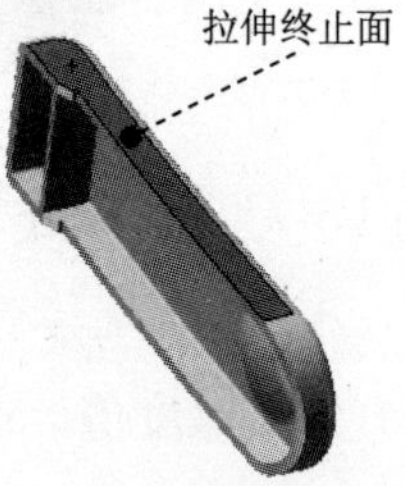

图 19.88 拉伸终止面

Step14. 创建图 19.89b 所示的阵列（线性）1。

（1）选择命令。选择下拉菜单 **插入(I)** → **阵列/镜向(E)** → **线性阵列(L)...** 命令，系统弹出"线性阵列"对话框。

（2）定义阵列源特征。选取凸台-拉伸 1 为阵列的源特征。

（3）定义阵列参数。

① 定义方向 1 的参考边线。选取凸台-拉伸 1 的横断面草图的尺寸 9.5 为方向 1 的参考边线。

② 定义方向 1 的参数。在 **方向1** 区域的 文本框中输入间距值 1.7，在 文本框中输入实例数 5。

（4）单击对话框中的 ✔ 按钮，完成阵列（线性）1 的创建。

a）阵列前   b）阵列后

图 19.89 阵列（线性）1

Step15. 创建图 19.90 所示的零件特征——切除-拉伸 3。选择下拉菜单 **插入(I)** → **切除(C)** → **拉伸(E)...** 命令，选取图 19.91 所示的模型表面平面为草图基准面，绘制图 19.92 所示的横断面草图，选择下拉菜单 **插入(I)** → **退出草图** 命令，完成横断面草图的创建，单击 按钮，在"切除-拉伸"对话框 **方向1** 区域的下拉列表框中选择 **完全贯穿** 选项，单击对话框中的  按钮，完成切除-拉伸 3 的创建。

图 19.90   切除-拉伸 3   图 19.91   草图基准面   图 19.92   横断面草图

Step16. 创建图 19.93 所示的基准面 1。

（1）选择命令。选择下拉菜单 插入(I) ➡ 参考几何体(G) ▶ ➡ ◇ 基准面(P)... 命令，系统弹出"基准面"对话框。

（2）选取上视基准面为参考实体，在 ⊞ 后的文本框中输入值 3.00，并选中 ☑ 反转 复选框。

（3）单击 ✔ 按钮，完成基准面 1 的创建。

Step17. 创建图 19.94 所示的零件特征——凸台-拉伸 2。

（1）选择命令。选择下拉菜单 插入(I) ➡ 凸台/基体(B) ▶ ➡ 🔲 拉伸(E)... 命令。

（2）定义特征的横断面草图。选取基准面 1 为草图基准面，在草绘环境中绘制图 19.95 所示的横断面草图。

（3）单击 ↗ 按钮使拉伸深度方向反向，采用系统默认的深度方向，在 方向1 区域的下拉列表框中选择 成形到下一面 选项。

（4）单击 ✔ 按钮，完成凸台-拉伸 2 的创建。

图 19.93   基准面 1   图 19.94   凸台-拉伸 2

Step18. 创建图 19.96 所示的基准面 2。选择下拉菜单 插入(I) ➡ 参考几何体(G) ▶ ➡ ◇ 基准面(P)... 命令，系统弹出"基准面"对话框，选取前视基准面为参考实体，在 ⊞ 后的文本框中输入值 6.00，单击 ✔ 按钮，完成基准面 2 的创建。

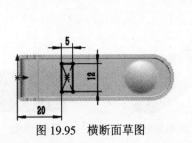

图 19.95　横断面草图

图 19.96　基准面 2

Step19. 创建图 19.97 所示的零件特征——凸台-拉伸 3，选择下拉菜单 插入(I) ➡️ 凸台/基体(B) ➡️ 拉伸(E)... 命令，选取基准面 2 为草图基准面，绘制图 19.98 所示的横断面草图，采用系统默认的深度方向；在 方向1 区域的下拉列表框中选择 给定深度 选项，并单击 按钮，采用与系统默认方向相反的深度方向，在 文本框中输入数值 2.0，单击 按钮，完成凸台-拉伸 3 的创建。

图 19.97　凸台-拉伸 3

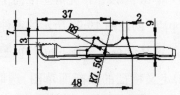

图 19.98　横断面草图

Step20. 创建图 19.99b 所示的镜像 1。

（1）选择下拉菜单 插入(I) ➡️ 阵列/镜向(E) ➡️ 镜向(M)... 命令。

（2）定义镜像基准面。选取前视基准面为镜像基准面。

（3）定义要镜像的对象。选取使用凸台-拉伸 3 为要镜像的对象。

（4）单击对话框中的 按钮，完成镜像 1 的创建。

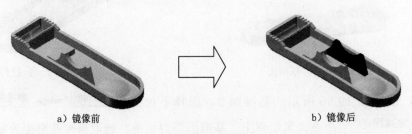

a）镜像前　　　　　　　　　　　　　　b）镜像后

图 19.99　镜像 1

Step21. 创建图 19.100b 所示的圆角 4。选择下拉菜单 插入(I) ➡️ 特征(F) ➡️ 圆角(F)... 命令，系统弹出"圆角"对话框，采用系统默认的圆角类型，选取图 19.100a 所示的边线为要圆角的对象，在对话框中输入圆角半径值 1.0，单击"圆角"对话框中的按钮，完成圆角 4 的创建。

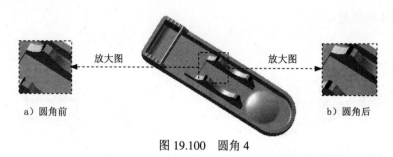

图 19.100　圆角 4

Step22. 创建图 19.101b 所示的圆角 5。选择下拉菜单 插入(I) ➡ 特征(F) ➡ 圆角(F)... 命令，系统弹出"圆角"对话框，采用系统默认的圆角类型，选取图 19.101a 所示的边线为要圆角的对象，在对话框中输入圆角半径值 0.5，单击"圆角"对话框中的 ✔ 按钮，完成圆角 5 的创建。

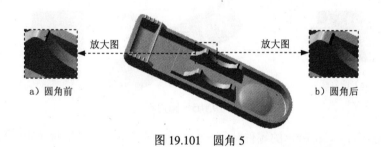

a）圆角前　　　　　　　　b）圆角后

图 19.101　圆角 5

Step23. 创建图 19.102 所示的基准面 3。选择下拉菜单 插入(I) ➡ 参考几何体(G) ➡ 基准面(F)... 命令，系统弹出"基准面"对话框，选取上视基准面为参考实体，在 ⊟ 后的文本框中输入值 10.00，并选中 ☑ 反转 复选框，选单击 ✔ 按钮，完成基准面 3 的创建。

图 19.102　基准面 3

Step24. 创建图 19.103 所示的零件特征——切除-拉伸 4。选择下拉菜单 插入(I) ➡ 切除(C) ➡ 拉伸(E)... 命令，选取基准面 3 为草图基准面，绘制图 19.104 所示的横断面草图，选择下拉菜单 插入(I) ➡ 退出草图 命令，完成横断面草图的创建，采用系统默认的切除深度方向，在"切除-拉伸"对话框 方向1 区域的下拉列表框中选择 给定深度 选项，并单击 🔧 按钮使切除方向反向，在 ✍D₁ 文本框中输入数值 5.0，单击对话框中的 ✔ 按钮，完成切除-拉伸 4 的创建。

图 19.103　切除-拉伸 4

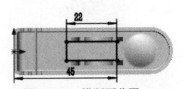

图 19.104　横断面草图

Step25. 创建图 19.105b 所示的圆角 6。选择下拉菜单 插入(I) ➡️ 特征(F) ▶️
🔘 圆角(F)… 命令，系统弹出"圆角"对话框，采用系统默认的圆角类型，在对话框中输入圆角半径值 1.0，单击"圆角"对话框中的 ✔ 按钮，完成圆角 6 的创建。

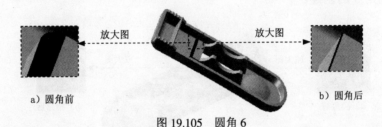

a）圆角前　　　　　　　　　　　　　　　　　　　　　　b）圆角后

图 19.105　圆角 6

Step26. 创建图 19.106 所示的零件特征——凸台-拉伸 4，选择下拉菜单 插入(I) ➡️
凸台/基体(B) ➡️ 🔲 拉伸(E)… 命令，选取图 19.107 所示的模型表面为草图基准面，绘制图 19.108 所示的横断面草图（利用转换实体 🔲 命令来绘制草图），采用系统默认的深度方向；在 方向1 区域的下拉列表框中选择 成形到下一面 选项，单击 ✔ 按钮，完成凸台-拉伸 4 的创建。

图 19.106　凸台-拉伸 4

草图基准面

图 19.107　草图基准面

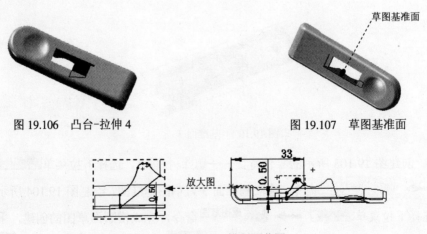

图 19.108　横断面草图

Step27. 创建图 19.109 所示的零件特征——切除-拉伸 5。选择下拉菜单 插入(I) ➡️

切除(C) ➡️ 拉伸(E)...命令，选择图 19.110 所示的模型表面为草图基准面，绘制图

19.111 所示的横断面草图，选择下拉菜单 插入(I) ➡️ 退出草图命令，完成横断面草图

的创建，采用系统默认的切除深度方向，在"切除-拉伸"对话框 方向1 区域的下拉列表框

中选择 完全贯穿 选项，单击对话框中的 ✔ 按钮，完成切除-拉伸 5 的创建。

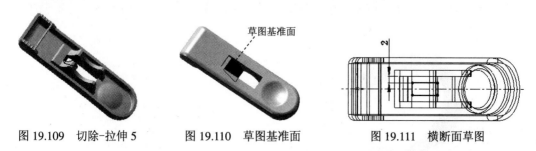

图 19.109 切除-拉伸 5   图 19.110 草图基准面   图 19.111 横断面草图

Step28. 创建图 19.112b 所示的圆角 7。选择下拉菜单 插入(I) ➡️ 特征(F) ➡️

圆角(F)...命令，采用系统默认的圆角类型，在"圆角"对话框中输入圆角半径值 0.5，

单击 ✔ 按钮，完成圆角 7 的创建。

a）圆角前   b）圆角后

图 19.112 圆角 7

Step29. 创建图 19.113b 所示的圆角 8。选择下拉菜单 插入(I) ➡️ 特征(F) ➡️

圆角(F)...命令，采用系统默认的圆角类型，在"圆角"对话框中输入圆角半径值 0.5，

单击 ✔ 按钮，完成圆角 8 的创建。

a）圆角前   b）圆角后

图 19.113 圆角 8

Step30. 至此，零件模型创建完毕。选择下拉菜单 文件(F) ➡️ 保存(S)命令，将模

型命名为 clamp_01，即可保存零件模型。

19.7 弹 簧 片

实例概述

本实例介绍了衣架的设计过程，运用了基本的拉伸命令，在绘制横断面草图时应注意各尺寸是否被完全定义。该零件实体模型及相应的设计树如图 19.114 所示。

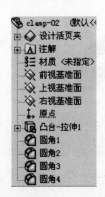

图 19.114　零件模型及设计树

Step1. 新建模型文件。选择下拉菜单 文件(F) ➡ 新建(N)... 命令，在系统弹出的"新建 SolidWorks 文件"对话框中选择"零件"模块，单击 确定 按钮，进入建模环境。

Step2. 创建图 19.115 所示的零件基础特征——凸台-拉伸 1。

（1）选择命令。选择下拉菜单 插入(I) ➡ 凸台/基体(B) ➡ 拉伸(E)... 命令。

（2）定义特征的横断面草图。

① 定义草图基准面。选取前视基准面为草图基准面。

② 定义横断面草图。在草绘环境中绘制图 19.116 所示的横断面草图。

③ 选择下拉菜单 插入(I) ➡ 退出草图 命令，退出草绘环境，此时系统弹出"拉伸"对话框。

（3）定义拉伸深度属性。

① 定义深度方向。采用系统默认的深度方向。

② 定义深度类型和深度值。在"凸台-拉伸"对话框中 方向1 区域的下拉列表框中选择 两侧对称 选项，输入深度值 8.0。

（4）单击 ✔ 按钮，完成凸台-拉伸 1 的创建。

图 19.115　凸台-拉伸 1

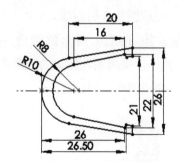

图 19.116　横断面草图

Step3. 创建图 19.117b 所示的圆角 1。

（1）选择下拉菜单 插入(I) ➡ 特征(F) ➡ 圆角(F)... 命令。

（2）定义圆角类型。采用系统默认的圆角类型。

（3）定义圆角的对象。选择拉伸 1 的边线为要圆角的对象。

（4）定义圆角的半径。在"圆角"对话框中输入圆角半径值 0.5。

（5）单击 ✔ 按钮，完成圆角 1 的创建。

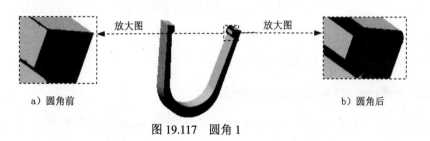

a）圆角前　　　　　　　　　　　　　　b）圆角后

图 19.117　圆角 1

Step4. 创建图 19.118b 所示的圆角 2。选择下拉菜单 插入(I) ➡ 特征(F) ➡ 圆角(F)... 命令，采用系统默认的圆角类型，选择图 19.118a 所示的边线为要圆角的对象，在"圆角"对话框中输入圆角半径值 0.5，单击 ✔ 按钮，完成圆角 2 的创建。

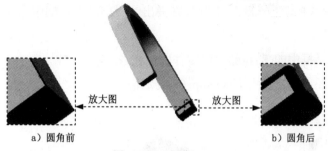

a）圆角前　　　　　　　　　　　　　　b）圆角后

图 19.118　圆角 2

Step5. 创建图 19.119 所示的圆角 3。选择下拉菜单 插入(I) ➡ 特征(F) ➡ 圆角(F)... 命令，采用系统默认的圆角类型，在"圆角"对话框中输入圆角半径值 0.5，

单击 按钮，完成圆角 3 的创建。

Step6. 创建图 19.120 所示的圆角 4。选择下拉菜单 插入(I) ➡ 特征(F) ➡ 圆角(F)... 命令，采用系统默认的圆角类型，在"圆角"对话框中输入圆角半径值 0.5，单击 按钮，完成圆角 4 的创建。

图 19.119　圆角 3　　　　　　　　　　　图 19.120　圆角 4

Step7. 至此，零件模型创建完毕。选择下拉菜单 文件(F) ➡ 保存(S) 命令，将模型命名为 clamp_02，即可保存零件模型。

19.8　衣架的装配

衣架的最终模型如图 19.121 所示。

Stage1. clamp_01 和 clamp_02 的子装配

Step1. 新建一个装配文件。选择下拉菜单 文件(F) ➡ 新建(N)... 命令，在弹出的"新建 SolidWorks 文件"对话框中选择"装配体"选项，单击 确定 按钮，进入装配环境。

Step2. 创建图 19.122 所示的 clamp_01。

（1）引入零件。进入装配环境后，系统会自动弹出"开始装配体"对话框，单击"开始装配体"对话框中的 浏览(B)... 按钮，在弹出的"打开"对话框中选取 clamp_01.SLDPRT，单击 打开(O) 按钮。

（2）单击对话框中的 按钮，将零件固定在系统默认位置。

Step3. 创建图 19.123 所示的 clamp_02 并定位。

图 19.121　衣架　　　　　图 19.122　创建 clamp_01　　　图 19.123　创建 clamp_02

（1）引入零件。

① 选择命令，选择下拉菜单 插入(I) ➡ 零部件(O) ➡ 现有零件/装配体(E)... 命令，系统弹出"插入零部件"对话框。

② 单击"插入零部件"对话框中的 浏览(B)... 按钮，在弹出的"打开"对话框中选取 clamp_02.SLDPRT，单击 打开(O) 按钮。

（2）创建配合使零件完全定位。

① 选择命令。选择下拉菜单 插入(I) ➡ 配合(M)... 命令，系统弹出"配合"对话框。

② 创建"重合"配合。单击"配合"对话框中的 重合(C) 按钮，图 19.124 所示的面为重合面，单击快捷工具条中的 ✔ 按钮。创建"重合"配合。单击"配合"对话框中的 重合(C) 按钮，使装配体的前视基准面和 clamp_02 的前视基准面重合，单击快捷工具条中的 ✔ 按钮。

③ 创建"重合"配合。单击"配合"对话框中的 重合(C) 按钮，使装配体的前视基准面和 clamp_02 的前视基准面重合，单击快捷工具条中的 ✔ 按钮。

④ 创建"距离"配合。单击"配合"对话框中 的按钮，并在文本框中输入数值 6.0，要配合的实体为上视基准面与 clamp_02 的上视基准面，单击快捷工具条中的 ✔ 按钮。

（3）单击"配合"对话框中的 ✔ 按钮，完成 clamp_02 的定位。

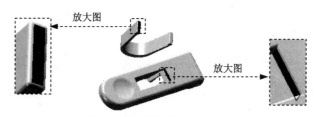

图 19.124　选取重合面

Step4. 创建图 19.125 所示的 clamp_01（2）并定位。

（1）引入零件。选择下拉菜单 插入(I) ➡ 零部件(O) ➡ 现有零件/装配体(E)... 命令，单击"插入零部件"对话框中的 浏览(B)... 按钮，在弹出的"打开"对话框中选取 clamp_01.SLDPRT，单击 打开(O) 按钮。

（2）创建配合使零件完全定位。选择下拉菜单 插入(I) ➡ 配合(M)... 命令，单击"配合"对话框中的 重合(C) 按钮，使装配体的右视基准面和 clamp_01(2)的右视基准面重合，单击快捷工具条中的 ✔ 按钮，单击"配合"对话框中的 重合(C) 按钮，使装配体的前视基准面和 clamp_01 的前视基准面重合，单击快捷工具条中的 ✔ 按钮；单击"配合"对

话框中  的按钮，并在文本框中输入数值 12.0，要配合的实体为上视基准面与 clamp_01（1）的上视基准面，单击快捷工具条中的 ✔ 按钮。

（3）单击"配合"对话框中的 ✔ 按钮，完成 clamp_01 的定位。

Step5. 选择下拉菜单 文件(F) ➡ 💾 保存(S) 命令，将装配模型命名为 clamp。

Stage2. 衣架的总装配过程

衣架的相应装配模型如图 19.126 所示。

图 19.125　创建 clamp_01（2）

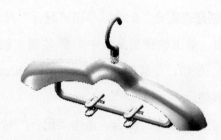

图 19.126　衣架的装配模型

Step1. 新建一个装配文件。选择下拉菜单 文件(F) ➡ 🗋 新建(N)... 命令，在弹出的"新建 SolidWorks 文件"对话框中选择"装配体"选项，单击 确定 按钮，进入装配环境。

Step2. 创建图 19.127 所示的衣架主体模型。

（1）引入零件。进入装配环境后，系统会自动弹出"开始装配体"对话框，单击"开始装配体"对话框中的 浏览(B)... 按钮，在弹出的"打开"对话框中选取 rack-main.SLDPRT，单击 打开(O) 按钮。

（2）单击对话框中的 ✔ 按钮，将零件固定在原点位置。

Step3. 创建图 19.128 所示的垫片 1。

（1）引入零件。

① 选择命令，选择下拉菜单 插入(I) ➡ 零部件(O) ▶ ➡ 🖱 现有零件/装配体(E)... 命令，系统弹出"插入零部件"对话框。

② 单击"插入零部件"对话框中的 浏览(B)... 按钮，在弹出的"打开"对话框中选取 rack_top_02.SLDPRT，单击 打开(O) 按钮。

（2）创建配合使装配体完全定位。

① 选择命令。选择下拉菜单 插入(I) → 配合(M)... 命令，系统弹出"配合"对话框。

② 创建"同轴心"配合。单击"配合"对话框中的 同轴心(N) 按钮，选取图 19.129 所示的面为同轴心面，单击快捷工具条中的 ✔ 按钮。

③ 创建"重合"配合。单击"配合"对话框中的 重合(C) 按钮，选取图 19.130 所示的面为重合面，单击快捷工具条中的 ✔ 按钮。

（3）单击"配合"对话框中的 ✔ 按钮，完成垫片的定位。

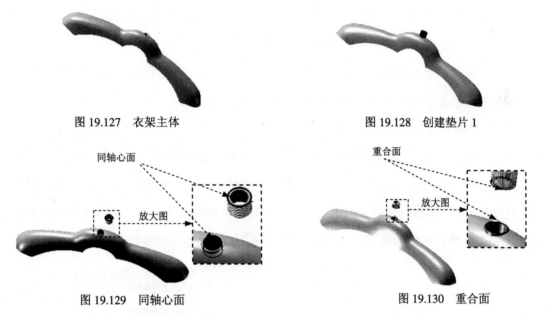

图 19.127　衣架主体　　　　　　　　图 19.128　创建垫片 1

图 19.129　同轴心面　　　　　　　　图 19.130　重合面

Step4. 创建图 19.131 所示的挂钩并定位。

（1）引入零件。选择下拉菜单 插入(I) → 零部件(O) → 现有零件/装配体(E)... 命令，系统弹出"插入 零部件"对话框，单击"插入零部件"对话框中的 浏览(B)... 按钮，在弹出的"打开"对话框中选取 rack_top01.SLDPRT，单击 打开(O) 按钮

图 19.131　创建挂钩

（2）创建配合使装配体完全定位。选择下拉菜单 插入(I) → 配合(M)... 命令，系统弹出"配合"对话框，单击"配合"对话框中的 重合(C) 按钮，选取图 19.132 所示的面

为重合面，单击快捷工具条中的 ✓ 按钮；单击"配合"对话框中的 ◎同轴心(N) 按钮，选取图 19.133 所示的面为同轴心面，单击快捷工具条中的 ✓ 按钮。

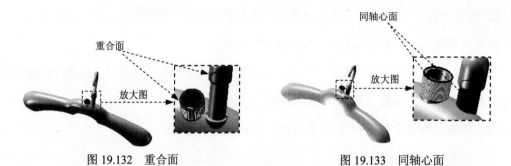

图 19.132　重合面   图 19.133　同轴心面

（3）单击"配合"对话框中的 ✓ 按钮，完成挂钩的定位。

Step5. 完成衣架主体与挂钩的装配过程后，选择下拉菜单 文件(F) ➡ 💾 保存(S) 命令，将装配模型命名为 rack.SLDASM，即可保存装配模型。

Step6. 创建图 19.134 所示的垫片 2。

（1）选择下拉菜单 插入(I) ➡ 零部件(O) ➡ 🐣 新零件(N)... 命令，设计树中会多出一个新零件，如图 19.135 所示。选中此新零件单击右键编辑，系统进入建模环境。选择前视基准面为放置新零件的基准面。在草绘环境中绘制图 19.136 所示的草图 1，并绘制中心线，选择下拉菜单 插入(I) ➡ 💠 退出草图 命令，退出草绘环境。

图 19.134　创建垫片 2   图 19.135　设计树

（2）创建图 19.137 所示的旋转 1。选取图 19.136 所示的草图为横断面草图，草图的中心线作为旋转轴线，其他参数采用系统默认设置值，单击 ✓ 按钮，完成旋转 1 的创建。在设计树中选中此零件单击鼠标右键，选择重命名零件，命名为 spacer。单击鼠标右键，选择保存到零件，在工具栏中单击编辑零部件按钮 🐣，退出零件编辑环境。

Step7. 创建图 19.138 所示的 rack_down 并定位。

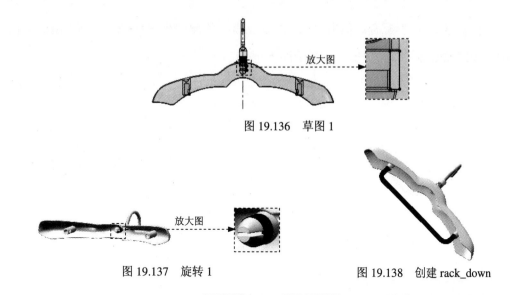

图 19.136 草图 1

图 19.137 旋转 1　　　　　　　　　图 19.138 创建 rack_down

（1）引入零件。选择下拉菜单 插入(I) ➡ 零部件(O) ▸ ➡ 现有零件/装配体(E)... 命令，系统弹出"插入零部件"对话框，单击"插入零部件"对话框中的 浏览(B)... 按钮，在弹出的"打开"对话框中选取 rack_down.SLDPRT，单击 打开(O) 按钮，打开装配模型。

（2）创建配合使装配体完全定位。

① 选择命令。选择下拉菜单 插入(I) ➡ 配合(M)... 命令，系统弹出"配合"对话框。

② 创建"同轴心"配合。单击"配合"对话框中的 同轴心(N) 按钮，选取图 19.139 所示的面为同轴心面，单击快捷工具条中的 按钮。

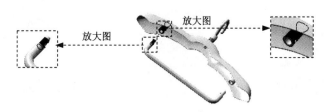

图 19.139 同轴心面

③ 创建"重合"配合。单击"配合"对话框中的 重合(C) 按钮，选取图 19.140 所示的面为重合面，单击快捷工具条中的 按钮。

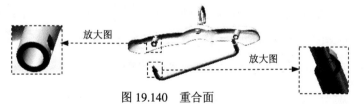

图 19.140 重合面

④ 创建"同轴心"配合。单击"配合"对话框中的 <kbd>◎ 同轴心(N)</kbd> 按钮，选取图 19.141 所示的面为同轴心面，单击快捷工具条中的 ✔ 按钮。

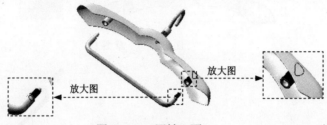

图 19.141　同轴心面

（3）单击"配合"对话框中的 ✔ 按钮，完成 rack_down 的定位。

Step8. 创建图 19.142 所示的子装配 1 并定位。

（1）引入零件，选择下拉菜单 <kbd>插入(I)</kbd> ➡ <kbd>零部件(Q)</kbd> ➡ <kbd>现有零件/装配体 (E)...</kbd> 命令，系统弹出"插入零部件"对话框，单击"插入零部件"对话框中的 <kbd>浏览(B)...</kbd> 按钮，在弹出的"打开"对话框中选取 clamp.SLDASM，单击 <kbd>打开(Q)</kbd> 按钮，打开装配模型。

（2）创建配合使装配体完全定位，选择下拉菜单 <kbd>插入(I)</kbd> ➡ <kbd>配合(M)...</kbd> 命令，系统弹出"配合"对话框，单击"配合"对话框中的 <kbd>◎ 同轴心(N)</kbd> 按钮，选取图 19.143 所示的面为同轴心面，单击快捷工具条中的 ✔ 按钮。

（3）单击"配合"对话框中的 ✔ 按钮，完成子装配 1 的定位。

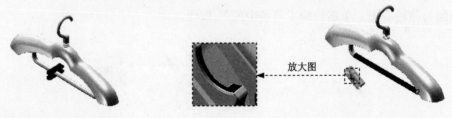

图 19.142　创建子装配 1　　　　　　　　　　图 19.143　同轴心面

Step9. 创建图 19.144 所示的子装配 2 并定位。

（1）引入零件，选择下拉菜单 <kbd>插入(I)</kbd> ➡ <kbd>零部件(Q)</kbd> ➡ <kbd>现有零件/装配体 (E)...</kbd> 命令，系统弹出"插入零部件"对话框，单击"插入零部件"对话框中的 <kbd>浏览(B)...</kbd> 按钮，在弹出的"打开"对话框中选取 clamp.SLDASM，单击 <kbd>打开(Q)</kbd> 按钮，打开装配模型。

（2）创建配合使装配体完全定位，选择下拉菜单 <kbd>插入(I)</kbd> ➡ <kbd>配合(M)...</kbd> 命令，系统弹出"配合"对话框，单击"配合"对话框中的 <kbd>◎ 同轴心(N)</kbd> 按钮，选取图 19.145 所示的面为同轴心面，单击快捷工具条中的 ✔ 按钮。

（3）单击"配合"对话框中的 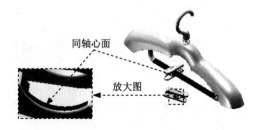 按钮，完成子装配 2 的定位。

Step10. 至此，衣架的总装配过程完毕。选择下拉菜单 文件(F) ➡ 保存(S) 命令，保存装配模型。

图 19.144　创建子装配 2　　　　　　　　图 19.145　同轴心面

实例20 飞 盘 玩 具

20.1 实 例 概 述

本实例主要运用了整体式设计的基本方法，即首先设计出整体零件。然后用分型面分离整体零件得到各部分装配件，最后将得到的装配件装配在一起形成完整的装配体，这种方法创建的装配体能很好地保证装配精度。

20.2 整 体 部 分

该零件整体部分模型及设计树如图20.1所示。

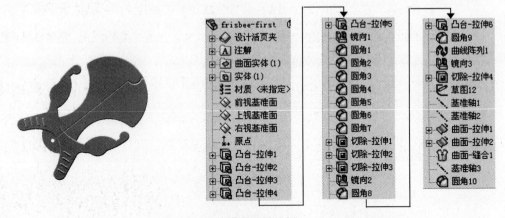

图20.1 零件模型及设计树

Step1. 新建模型文件。选择下拉菜单 文件(F) ➜ 新建(N)... 命令，在系统弹出的 "新建 SolidWorks 文件" 对话框中选择 "零件" 模块，单击 确定 按钮，进入建模环境。

Step2. 创建图20.2所示的零件基础特征——凸台-拉伸1。

（1）选择命令。选择下拉菜单 插入(I) ➜ 凸台/基体(B) ➜ 拉伸(E)... 命令。

（2）定义特征的横断面草图。

① 定义草图基准面。选取前视基准面为草图基准面。

② 定义横断面草图。在草绘环境中绘制图20.3所示的横断面草图。

③ 选择下拉菜单 插入(I) ➡ 退出草图 命令，退出草绘环境，此时系统弹出"凸台-拉伸"对话框。

（3）定义拉伸深度属性。

① 定义深度方向。在"凸台-拉伸"对话框 方向1 区域中单击反向按钮，

② 定义深度类型和深度值。在 方向1 区域的下拉列表框中选择 给定深度 选项，输入深度值 30.0。

图 20.2　凸台-拉伸 1

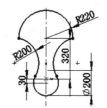

图 20.3　横断面草图

（4）单击 按钮，完成凸台-拉伸 1 的创建。

Step3. 创建图 20.4 所示的凸台-拉伸 2。选择下拉菜单 插入(I) ➡ 凸台/基体(B) ➡ 拉伸(E)... 命令；选取前视基准面为草图基准面，绘制图 20.5 所示的横断面草图；在 方向1 区域的下拉列表框中选择 给定深度 选项，输入深度值 70.0；单击 按钮，完成凸台-拉伸 2 的创建。

图 20.4　凸台－拉伸 2

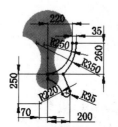

图 20.5　横断面草图

Step4. 创建图 20.6 所示的凸台-拉伸 3。选择下拉菜单 插入(I) ➡ 凸台/基体(B) ➡ 拉伸(E)... 命令；选取前视基准面为草图基准面，绘制图 20.7 所示的横断面草图；在 方向1 区域的下拉列表框中选择 给定深度 选项，输入深度值 70.0；单击 按钮，完成凸台-拉伸 3 的创建。

图 20.6　凸台-拉伸 3

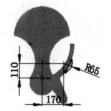

图 20.7　横断面草图

Step5. 创建图 20.8 所示的凸台-拉伸 4。选择下拉菜单 插入(I) ➡️ 凸台/基体(B) ➡️ 拉伸(E)... 命令；选取前视基准面为草图基准面,绘制图 20.9 所示的横断面草图；采用系统默认的深度方向，在 方向1 区域的下拉列表框中选择 给定深度 选项，输入深度值 70.0；单击 ✔ 按钮，完成凸台-拉伸 4 的创建。

图 20.8　凸台-拉伸 4　　　　　　　　　图 20.9　横断面草图

Step6. 创建图 20.10 所示的凸台-拉伸 5。选择下拉菜单 插入(I) ➡️ 凸台/基体(B) ➡️ 拉伸(E)... 命令；选取图 20.11 所示的模型表面为草图基准面，绘制图 20.12 所示的横断面草图；单击反向按钮 ↗️，在 方向1 区域的下拉列表框中选择 给定深度 选项，输入深度值 10.0；单击 ✔ 按钮，完成凸台-拉伸 5 的创建。

图 20.10　凸台-拉伸 5　　　　图 20.11　草图基准面　　　图 20.12　横断面草图

Step7. 创建图 20.13b 所示的镜像 1。

（1）选择下拉菜单 插入(I) ➡️ 阵列/镜向(E) ➡️ 镜向(M)... 命令。

（2）定义镜像基准面。选取右视基准面为镜像基准面。

（3）定义镜像对象。选择凸台-拉伸 2、3、4、5 为镜像对象。

（4）单击"镜像"对话框中的 ✔ 按钮，完成镜像 1 的创建。

a）镜像前　　　　　　　　　　　　　　b）镜像后

图 20.13　镜像 1

Step8. 创建图 20.14b 所示的圆角 1。

（1）选择命令。选择下拉菜单 插入(I) ➡ 特征(F) ▸ 🔵 圆角(F)... 命令。

（2）定义圆角类型。采用系统默认的圆角类型。

（3）定义圆角对象。选取图 20.14a 所示的边线为要圆角的对象。

（4）定义圆角的半径。在对话框中输入半径值 10.0。

（5）单击"圆角"对话框中的 ✅ 按钮，完成圆角 1 的创建。

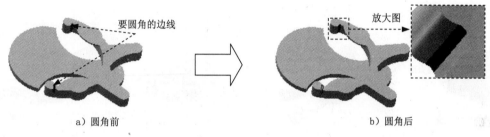

a）圆角前　　　　　　　　　　　　　　　b）圆角后

图 20.14　圆角 1

Step9. 创建图 20.15b 所示的圆角 2。要圆角的对象为图 20.15a 所示的四条边线，圆角半径为 30.0。

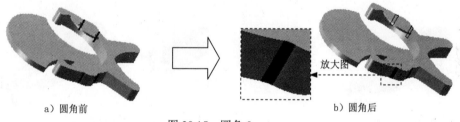

a）圆角前　　　　　　　　　　　　　　　b）圆角后

图 20.15　圆角 2

Step10. 创建图 20.16b 所示的圆角 3。要圆角的对象为图 20.16a 所示的两条边线，圆角半径为 100.0。

a）圆角前　　　　　　　　　　　　　　　b）圆角后

图 20.16　圆角 3

Step11. 创建图 20.17b 所示的圆角 4。要圆角的对象为图 20.17a 所示的边线，圆角半径为 30.0。

a）圆角前　　　　　b）圆角后

图 20.17　圆角 4

Step12. 创建图 20.18b 所示的圆角 5。要圆角的对象为图 20.18a 所示的边线，圆角半径为 20.0。

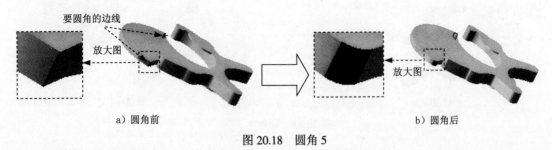

a）圆角前　　　　　b）圆角后

图 20.18　圆角 5

Step13. 创建图 20.19b 所示的圆角 6。要圆角的对象为图 20.19a 所示的边线，圆角半径为 5.0。

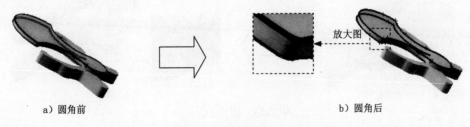

a）圆角前　　　　　b）圆角后

图 20.19　圆角 6

Step14. 创建图 20.20b 所示的圆角 7。要圆角的对象为图 20.20a 所示的边线，圆角半径为 5.0

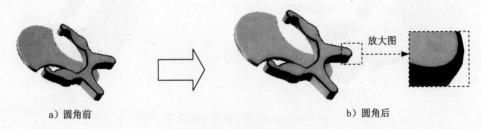

a）圆角前　　　　　b）圆角后

图 20.20　圆角 7

Step15. 创建图 20.21 所示的零件特征——切除-拉伸 1。

（1）选择下拉菜单 插入(I) ➡ 切除(C) ▶ ➡ 拉伸(E)... 命令。

（2）定义特征的横断面草图。

① 选取前视基准面为草图基准面。

② 在草绘环境中绘制图 20.22 所示的横断面草图。

（3）定义切除深度属性。

① 定义切除深度方向。采用系统默认的切除-拉伸方向。

② 定义深度类型和深度值。在"切除-拉伸"对话框 方向1 区域的下拉列表框中选择 给定深度 选项，深度值为 20.00。

（4）单击对话框中的 ✔ 按钮，完成切除-拉伸 1 的创建。

图 20.21　切除-拉伸 1

图 20.22　横断面草图

Step16. 创建图 20.23 所示的切除-拉伸 2。选择下拉菜单 插入(I) ➡ 切除(C) ▶ ➡ 拉伸(E)... 命令；选取图 20.24 所示的面为草绘基准面，绘制图 20.25 所示的横断面草图；在 方向1 区域的下拉列表框中选择 完全贯穿 选项，单击 ✔ 按钮，完成切除-拉伸 2 的创建。

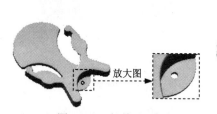

图 20.23　拉伸-切除 2

图 20.24　草绘基准面

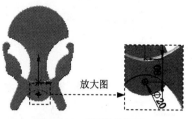

图 20.25　横断面草图

Step17. 创建图 20.26 所示的切除-拉伸 3。选择下拉菜单 插入(I) ➡ 切除(C) ▶ ➡ 拉伸(E)... 命令；选取前视基准面为草绘基准面，绘制图 20.27 所示的横断面草图（其中的两条边线采用等距实体命令绘制），单击"反向"按钮 ↗，在 方向1 区域的下拉列表框中选择 给定深度 选项，输入深度值 50.0，在 ☑ 方向2 区域的下拉列表框中选择 完全贯穿 选项；单击对话框中的 ✔ 按钮，完成切除-拉伸 3 的创建。

 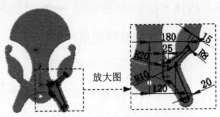

图 20.26 切除-拉伸 3　　　　　　　图 20.27 横断面草图

Step18. 创建图 20.28b 所示的零件特征——镜像 2。选取右视基准面为镜像基准面。定义镜像对象。选择切除-拉伸 3 镜像对象。单击对话框中的 ✔ 按钮，完成镜像 2 的创建。

a）镜像前　　　　　　　　　　　b）镜像后

图 20.28 镜像 2

Step19. 创建图 20.29b 所示的圆角 8。要圆角的对象为图 20.29a 所示的边线，圆角半径为 3.0。

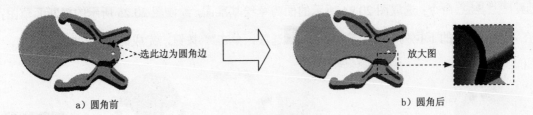

a）圆角前　　　　　　　　　　　b）圆角后

图 20.29 圆角 8

Step20. 创建图 20.30 所示的凸台-拉伸 6。选择下拉菜单 插入(I) ➡ 凸台/基体 (B) ➡ 拉伸 (E)... 命令。选取图 20.31 所示的平面为草绘基准平面，绘制图 20.32 所示的横断面草图，在 方向1 下拉列表框中选择 给定深度 选项，输入深度值 3.0，拔模角度为 45°，单击 ✔ 按钮，完成凸台-拉伸 6 的创建。

图 20.30 凸台-拉伸 6　　　图 20.31 草绘基准面　　　图 20.32 横断面草图

Step21. 创建图 20.33b 所示的圆角 9。要圆角的对象为图 20.33a 所示的两条边线，圆角半径为 4.0。

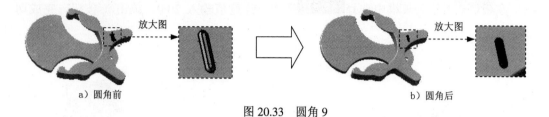

a）圆角前   b）圆角后

图 20.33 圆角 9

Step22. 创建图 20.34 所示的曲线驱动的阵列 1。

（1）选择命令。选择下拉菜单 插入(I) ➡ 阵列/镜向(E) ➡ 曲线驱动的阵列(R)... 命令，系统弹出"曲线驱动的阵列"对话框。

（2）定义阵列源特征。单击 要阵列的特征(F) 区域中的文本框，选取特征凸台-拉伸 6 和圆角 9 作为阵列的源特征。

（3）定义阵列参数。

① 定义方向 1 的参考边线。选取图 20.35 所示的边线 1 为 方向1 的参考边线。

② 定义方向 1 的参数。在 方向1 区域的 文本框中输入数值 4，选中 ☑ 等间距(E) 复选框，在 曲线方法: 选项中选中 ⊙ 转换曲线(R) 和 ⊙ 对齐到源(A) 单选项。

（4）单击对话框中的 ✔ 按钮，完成曲线阵列 1 的创建。

图 20.34 曲线阵列 1   图 20.35 边线 1

Step23. 创建图 20.36b 所示的零件特征——镜像 3。选取右视基准面为镜像基准面。定义镜像对象。选择曲线阵列 1 为镜像对象。单击 ✔ 按钮，完成镜像 3 的创建。

a）镜像前   b）镜像后

图 20.36 镜像 3

Step24. 创建图 20.37 所示的切除-拉伸 4。选择下拉菜单 插入(I) ➡ 切除(C) ➡ 拉伸(E)... 命令；选取图 20.38 所示的平面为草绘基准平面，绘制图 20.39 所示的横断面草图；在 方向1 下拉列表框中选择 给定深度 选项，深度值输入 20.0，单击 ✅ 按钮，完成切除－拉伸 4 的创建。

图 20.37　切除-拉伸 4

图 20.38　草绘基准面

图 20.39　横断面草图

Step25. 创建图 20.40 所示的草图 11。选取图 20.41 所示的模型表面为草图基准面。

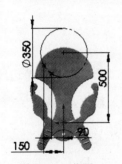

图 20.40　草图 11

图 20.41　草绘基准面

Step26. 创建图 20.42 所示的基准轴 1。

（1）选择命令。选择下拉菜单 插入(I) ➡ 参考几何体(G) ➡ 基准轴(A) 命令，系统弹出"基准轴"对话框。

（2）定义基准轴的参考实体。选取草图 11 中的一点和前视基准面为基准轴的参考实体。

（3）单击对话框中的 ✅ 按钮，完成基准轴 1 的创建。

Step27. 创建图 20.43 所示的基准轴 2。

（1）选择下拉菜单 插入(I) ➡ 参考几何体(G) ➡ 基准轴(A) 命令。

（2）选取草图 11 中的另一点和前视基准面为基准轴的参考实体。

图 20.42　基准轴 1

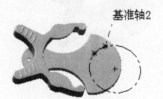

图 20.43　基准轴 2

（3）单击对话框中的 按钮，完成基准轴 2 的创建。

Step28. 创建图 20.44 所示的零件特征——曲面-拉伸 1。选取右视基准面为基准面，绘制图 20.45 所示的横断面草图；单击 按钮，反转拉伸方向，在对话框的 **方向1** 区域的下拉列表框中选择 给定深度 选项，输入深度值 300.0。单击对话框中的 按钮，完成曲面-拉伸 1 的创建。

图 20.44　曲面-拉伸 1

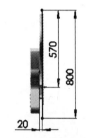

图 20.45　横断面草图

Step29. 创建图 20.46 所示的零件特征——曲面-拉伸 2。选取前视基准面为基准面，绘制图 20.47 所示的横断面草图；采用系统默认的方向，在对话框 **方向1** 区域的"拉伸"的下拉列表框中选择 给定深度 选项，输入深度值 130.0，在 **☑ 方向2** 区域的"拉伸"的下拉列表框中选择 给定深度 选项，输入深度值 20.0。单击对话框中的 按钮，完成曲面-拉伸 2 的创建。

图 20.46　曲面-拉伸 2

图 20.47　横断面草图

Step30. 创建图 20.48 所示的零件特征——曲面-缝合 1。

（1）选择下拉菜单 **插入(I)** ➡ **曲面(S)** ➡ **缝合曲面(K)...** 命令。

（2）选择曲面-拉伸 1、曲面-拉伸 2 为缝合对象。

（3）单击对话框中的 按钮，完成曲面-缝合 1 的创建。

Step31. 创建图 20.49 所示的基准轴 3。

（1）选择下拉菜单 **插入(I)** ➡ **参考几何体(G)** ➡ **基准轴(A)** 命令。

（2）选取草图 11 中的构造圆的圆心和前视基准面为基准轴的参考实体。

（3）单击对话框中的  按钮，完成基准轴 3 的创建。

图 20.48 曲面-缝合 1　　　　　　　　　图 20.49 基准轴 3

Step32. 创建图 20.50b 所示的圆角 10。要圆角的对象为图 20.50a 所示的边线，圆角半径为 3.0。

a）圆角前　　　　　　　　　　　b）圆角后

图 20.50 圆角 10

Step33. 至此，整体零件模型创建完毕。选择下拉菜单 文件(F) ➞ 保存(S) 命令，将模型命名为 frisbee_first，即可保存零件模型。

20.3　左 半 部 分

该零件模型及设计树如图 20.51 所示。

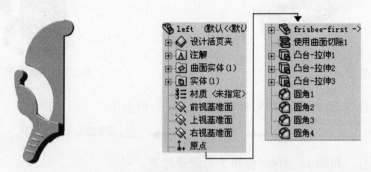

图 20.51 零件模型及设计树

Step1. 新建模型文件。选择下拉菜单 文件(F) ➞ 新建(N)... 命令，在系统弹出的 "新建 SolidWorks 文件" 对话框中选择 "零件" 模块，单击 确定 按钮，进入建模环境。

Step2. 引入参照零件，如图 20.52 所示。

（1）选择下拉菜单 插入(I) ➡ 🦴 零件(A)··· 命令。在系统弹出的对话框中选择 frisbee_first 文件，单击 打开(O) 按钮。

（2）在对话框中 转移(T) 区域选中 ☑ 基准轴(A)、 ☑ 基准面(P)、 ☑ 曲面实体(S) 和 ☑ 实体(D) 复选框。

（3）单击"插入零件"对话框中的 ✔ 按钮，完成参照零件 frisbee_first 的引入。

Step3. 创建图 20.53 所示的零件特征——使用曲面切除 1。

（1）选择命令。选择下拉菜单 插入(I) ➡ 切除(C) ▸ ➡ 🥣 使用曲面(W) 命令。

（2）定义曲面切除参数。选择图 20.54 所示的曲面为曲面切除面。

（3）在 曲面切除参数(P) 区域，采用与系统默认方向相同的方向。单击"使用曲面切除"对话框中的 ✔ 按钮，完成特征——使用曲面切除 1。

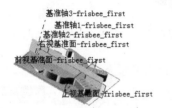

图 20.52　引入参照零件　　　　图 20.53　使用曲面切除 1　　　　图 20.54　切除曲面

Step4. 创建图 20.55 所示的零件基础特征——凸台-拉伸 1。

（1）选择命令。选择下拉菜单 插入(I) ➡ 凸台/基体(B) ➡ 🗔 拉伸(E)··· 命令。

（2）定义特征的横断面草图。

① 定义草图基准面。选取前视基准面为草图基准面。

② 定义横断面草图。以基准轴 3 为圆心，绘制图 20.56 所示的横断面草图。

③ 选择下拉菜单 插入(I) ➡ 🖉 退出草图 命令，退出草绘环境，此时系统弹出"凸台-拉伸"对话框。

（3）定义深度类型和深度值。在"凸台-拉伸"对话框 方向1 区域的下拉列表框中选择 成形到一面 选项。选取图 20.57 所示的面为拉伸终止面。

（4）选择图 20.57 所示的面，单击 ✔ 按钮，完成凸台-拉伸 1 的创建。

Step5. 创建图 20.58 所示的凸台-拉伸 2。选取图 20.59 所示的模型表面为草图基准面；以基准轴 3 为圆心，绘制图 20.60 所示的横断面草图，在 方向1 区域的下拉列表框中选择 给定深度 选项，输入深度值 10.0。

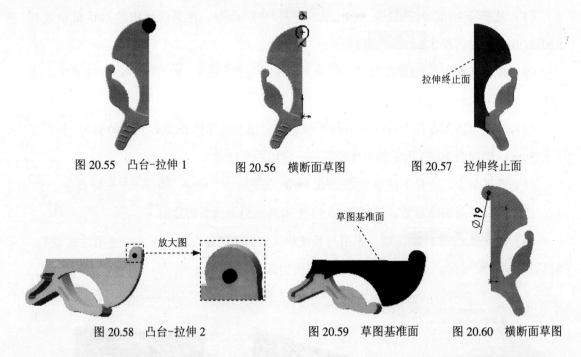

图 20.55　凸台-拉伸 1　　　　图 20.56　横断面草图　　　　图 20.57　拉伸终止面

图 20.58　凸台-拉伸 2　　　　图 20.59　草图基准面　　　　图 20.60　横断面草图

Step6. 创建图 20.61 所示的凸台-拉伸 3。选取图 20.59 所示的平面为草图基准面；以基准轴 1 为圆心，绘制图 20.62 所示的横断面草图，在 方向1 区域的下拉列表框中选择 给定深度 选项，输入深度值 10.0。

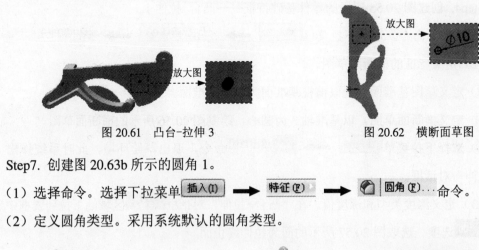

图 20.61　凸台-拉伸 3　　　　　　　　图 20.62　横断面草图

Step7. 创建图 20.63b 所示的圆角 1。

（1）选择命令。选择下拉菜单 插入(I) ➤ 特征(F) ➤ 圆角(F)...命令。

（2）定义圆角类型。采用系统默认的圆角类型。

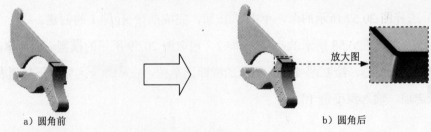

a）圆角前　　　　　　　　　　　　　b）圆角后

图 20.63　圆角 1

（3）定义圆角对象。选取图 20.63a 所示的边线为要圆角的对象。

（4）定义圆角的半径。在对话框中输入半径值 3.0。

（5）单击"圆角"对话框中的 ✔ 按钮，完成圆角 1 的创建。

Step8. 创建图 20.64b 所示的圆角 2。要圆角的对象为图 20.64a 所示的四条边线，圆角半径为 3.0。

a）圆角前　　　　　　　　　　　　　　　　　　b）圆角后

图 20.64　圆角 2

Step9. 创建图 20.65b 所示的圆角 3。要圆角的对象为图 20.65a 所示的边线，圆角半径为 3.0。

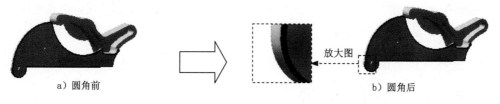

a）圆角前　　　　　　　　　　　　　　　　　b）圆角后

图 20.65　圆角 3

Step10. 创建图 20.66b 所示的圆角 4。要圆角的对象为图 20.66a 所示的边线，圆角半径为 3.0。

a）圆角前　　　　　　　　　　　　　　　　b）圆角后

图 20.66　圆角 4

Step11. 至此，零件模型创建完毕。选择下拉菜单 文件(F) ➡ 📄 保存(S) 命令，将模型命名为 left，即可保存零件模型。

20.4　右半部分

该零件模型及设计树如图 20.67 所示。

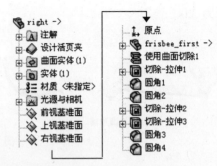

图 20.67　零件模型及设计树

Step1. 新建模型文件。选择下拉菜单 文件(F) ➡ 新建(N)... 命令，在系统弹出的
"新建 SolidWorks 文件" 对话框中选择 "零件" 模块，单击 确定 按钮，进入建模环境。

Step2. 引入参照零件，如图 20.68 所示。

（1）选择下拉菜单 插入(I) ➡ 零件(A)... 命令。在系统弹出的对话框中选择
frisbee_first 文件，单击 打开(O) 按钮。

（2）在对话框中 转移(T) 区域选中 ☑ 基准轴(A) 、 ☑ 基准面(P) 、 ☑ 曲面实体(S) 和 ☑ 实体(D) 复
选框。

（3）单击 "插入零件" 对话框中的 ✔ 按钮，完成参照零件 frisbee_first 的引入。

Step3. 创建图 20.70 所示的零件特征——使用曲面切除 1。

（1）选择命令。选择下拉菜单 插入(I) ➡ 切除(C) ▸ ➡ 使用曲面(U) 命令。

（2）定义曲面切除参数。选择图 20.69 所示的曲面为曲面切除面，采用与系统默认的
相反切除方向。

（3）单击 "使用曲面切除" 对话框中的 ✔ 按钮，完成特征——使用曲面切除 1。

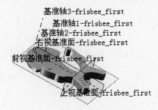

图 20.68　引入参照零件

图 20.69　切除曲面

图 20.70　使用曲面切除 1

Step4. 创建图 20.71 所示的零件特征——切除-拉伸 1。

（1）选择下拉菜单 插入(I) ➡ 切除(C) ▸ ➡ ▣ 拉伸(E)... 命令。

（2）定义特征的横断面草图。

① 定义草图基准面。选取图 20.72 中所示的基准面为草图基准面。

② 定义横断面草图。在草绘环境中过基准轴 3 绘制图 20.73 所示的横断面草图。

（3）定义切除深度属性。在 方向 1 选项区单击 ↗ 按钮。在下拉列表框中选择 完全贯穿 选项。单击 ✔ 按钮，完成切除-拉伸 1 的创建。

图 20.71 切除-拉伸 1   图 20.72 草图基准面   图 20.73 横断面草图

Step5. 创建图 20.74b 所示的圆角 1。

（1）选择命令。选择下拉菜单 插入(I) ➡ 特征(F) ▸ ➡ ◔ 圆角(F)... 命令。

（2）定义圆角类型。取消选中 ☐ 切线延伸(G) 复选框，其他参数采用系统默认的类型。

（3）定义圆角对象。选取图 20.74a 所示的边线为要圆角的对象。

（4）定义圆角的半径。在对话框中输入半径值 10.0。

（5）单击"圆角"对话框中的 ✔ 按钮，完成圆角 1 的创建。

a）圆角前   b）圆角后

图 20.74 圆角 1

Step6. 创建图 20.75b 所示的圆角 2。要圆角的对象为图 20.75a 所示的边线，圆角半径为 3.0。

a）圆角前   b）圆角后

图 20.75 圆角 2

Step7. 创建图 20.76 所示的切除-拉伸 2。选择前视基准面为草绘基准面，过基准轴 1、基准轴 2 及基准轴 3，绘制图 20.77 所示的横断面草图；在 **方向1** 区域的下拉列表框中选择 **完全贯穿** 选项；单击 ✔ 按钮，完成切除-拉伸 2 的创建。

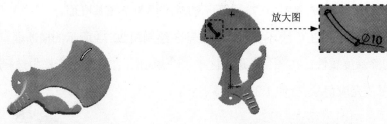

图 20.76 切除-拉伸 2　　　　　　　　图 20.77 横断面草图

Step8. 创建图 20.78 所示的切除-拉伸 3。选择前视基准面为草绘基准面，以基准轴 3 为圆心，绘制图 20.79 所示的横断面草图。在 **方向1** 区域的下拉列表框中选择 **完全贯穿** 选项；单击 ✔ 按钮，完成切除-拉伸 3 的创建。

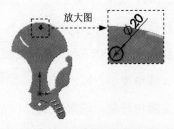

图 20.78 切除-拉伸 3　　　　　　　　图 20.79 横断面草图

Step9. 创建图 20.80b 所示的圆角 3。要圆角的对象为图 20.80a 所示的边线，圆角半径为 3.0。

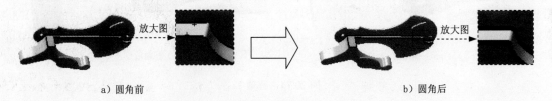

a）圆角前　　　　　　　　　　　　　　b）圆角后

图 20.80 圆角 3

Step10. 创建图 20.81b 所示的圆角 4。要圆角的对象为图 20.81a 所示的边线，圆角半径为 3.0。

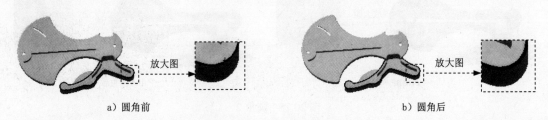

a）圆角前　　　　　　　　　　　　　　b）圆角后

图 20.81 圆角 4

Step11. 至此，零件模型创建完毕。选择下拉菜单 文件(F) ➡ 💾 保存(S) 命令，将模型命名为 right，即可保存零件模型。

20.5　零部件装配

该装配模型及设计树如图 20.82 所示，装配的具体步骤如下：

Step1. 新建一个装配模型文件，进入装配环境。

Step2. 创建右半部分零件模型。

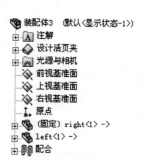

图 20.82　飞盘玩具装配模型及设计树

（1）引入第一个零件。进入装配环境后，系统弹出"开始装配体"对话框，单击"开始装配体"对话框中的 浏览(B)... 按钮，在系统弹出的"打开"对话框中选择保存路径下的零部件模型 right，单击 打开(0) 按钮。

（2）单击对话框中的 ✔ 按钮，将零件固定在原点位置。

Step3. 创建图 20.83 所示的玩具左半部分并定位。

（1）引入第二个零件。

① 选择命令，选择下拉菜单 插入(I) ➡ 零部件(0) ➡ 🐾 现有零件/装配体(E)... 命令，系统弹出"插入零部件"对话框。

② 单击"插入零部件"对话框中的 浏览(B)... 按钮，在系统弹出的"打开"对话框中选取 left.SLDPRT，单击 打开(0) 按钮。

③ 将零件放置到图 20.83 所示的位置。

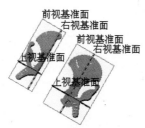

图 20.83　引入第二个零件

（2）创建配合使零件完全定位。

① 选择命令。选择下拉菜单 插入(I) ➡ 配合(M)... 命令，系统弹出"配合"对话框。

② 创建"重合"配合。单击"配合"对话框中的 重合(C) 按钮，选取 left 的右视基准面和 right 的右视基准面为重合面，单击快捷工具条中的 ✔ 按钮。（注：此处基准平面均为 frisbee-first 中各自零件的基准平面图 20.84 和图 20.85 所示的基准面）

③ 创建"重合"配合。单击"配合"对话框中的 重合(C) 按钮，选取 left 的前视基准面和 right 的前视基准面为重合面，单击快捷工具条中的 ✔ 按钮。（注：此处基准平面均为 frisbee-first 中各自零件的基准平面图 20.84 和图 20.85 所示的基准面）

④ 创建"重合"配合。单击"配合"对话框中的 重合(C) 按钮，选取 left 的上视基准面和 right 的上视基准面为重合面，单击快捷工具条中的 ✔ 按钮。（注：此处基准平面均为 frisbee-first 中各自零件的基准平面图 20.84 和图 20.85 所示的基准面）

⑤ 单击"配合"对话框的 ✔ 按钮，完成零件的定位。

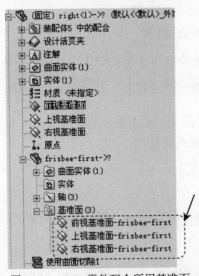

图 20.84　right 零件配合所用基准面

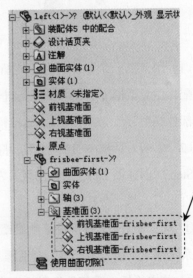

图 20.85　left 零件配合所用基准面

Step4. 至此，零件模型创建完毕。选择下拉菜单 文件(F) ➡ 保存(S) 命令，将模型命名为 frisbee，即可保存零件模型。

实例 21　存　钱　罐

21.1　实　例　概　述

本实例详细讲解了存钱罐的一体化设计过程：首先是创建存钱罐的整体结构，然后从一级结构中创建出存钱罐的前盖和后盖结构，最后将前盖和后盖装配起来形成装配整体结构。本例中应用到了 top-down 设计的主体思想。模型的装配结果如图 21.1 所示。

图 21.1　模型的装配结果

21.2　存钱罐整体结构

存钱罐模型及设计树如图 21.2 所示。

Step1. 新建一个零件模型文件，进入建模环境。

Step2. 创建图 21.3 所示的曲面-旋转 1。

（1）选择命令。选择下拉菜单 插入(I) ➡ 曲面(S) ➡ 旋转曲面(R)... 命令，系统弹出"曲面-旋转"对话框。

（2）定义特征的横断面草图。

① 定义草图基准面。选取前视基准面为草图基准面。

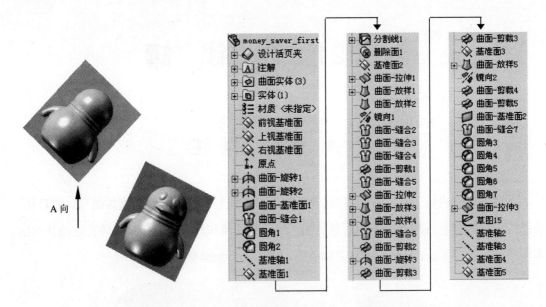

图 21.2　模型及设计树

② 定义横断面草图。在草绘环境中绘制图 21.4 所示的草图 1。

（3）定义旋转属性。

① 定义旋转轴。采用草图中绘制的中心线为旋转轴。

② 定义旋转参数。在 方向1 区域中 🔄 后的下拉列表框中选择 给定深度 选项，在 ↥A1 后的文本框中输入角度值 360.0。

（4）单击 ✔ 按钮，完成曲面-旋转 1 的创建。

图 21.3　曲面－旋转 1

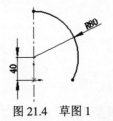

图 21.4　草图 1

Step3. 创建图 21.5 所示的曲面-旋转 2。选择下拉菜单 插入(I) ➡ 曲面(S) ▸ ➡ 旋转曲面(R)... 命令；选取前视基准面作为草图基准面，绘制图 21.6 所示的草图 2（及中心线）；在 方向1 区域中 🔄 后的下拉列表中选择 给定深度 选项；在 ↥A1 后的文本框中输入角度值 360.0，单击 ✔ 按钮，完成曲面-旋转 2 的创建。

Step4. 创建图 21.7 所示的曲面-基准面 1。

（1）选择下拉菜单 插入(I) ➡ 曲面(S) ▸ ➡ 平面区域(P)... 命令，系统弹出"平面"对话框，选取图 21.8 所示的边线为要填充的平面区域。

图 21.5　曲面-旋转 2

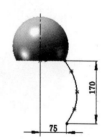

图 21.6　草图 2

图 21.7　曲面-基准面 1

图 21.8　选取边线

（2）在"平面"对话框中单击 ✔ 按钮 ，完成曲面-基准面 1 的创建。

Step5. 创建图 21.9 所示的曲面-缝合 1。

（1）选择命令。选择下拉菜单 插入(I) ➡ 曲面(S) ➡ ⬚ 缝合曲面(K)... 命令，系统弹出"缝合曲面"对话框。

（2）定义缝合对象。在设计树中选取曲面-旋转 1、曲面-旋转 2 和曲面-基准面 1 为缝合对象。

（3）单击对话框中的 ✔ 按钮，完成曲面-缝合 1 的创建。

Step6. 创建图 21.10b 所示的圆角 1。

（1）选择下拉菜单 插入(I) ➡ 特征(F) ➡ ⬚ 圆角(F)... 命令，系统弹出"圆角"对话框。

（2）定义圆角对象。选择图 21.10a 所示的边线为圆角对象。

图 21.9　曲面-缝合 1

a）圆角前　　　　　　　　　　　b）圆角后

图 21.10　圆角 1

（3）定义圆角半径。在 ⬚ 后的文本框中输入数值 35.0。

（4）单击对话框中的 ✔ 按钮，完成圆角 1 的创建。

Step7. 创建图 21.11b 所示的圆角 2。要圆角的对象为图 21.11a 所示的边线，圆角半径为 20。

a）圆角前   b）圆角后

图 21.11   圆角 2

Step8. 创建图 21.12 所示的基准轴 1。

（1）选择命令。选择下拉菜单 插入(I) ➡ 参考几何体(G) ➡ 基准轴(A). 命令，系统弹出"基准轴"对话框。

（2）定义基准轴的参考实体。选取前视基准面和右视基准面为基准轴的参考实体。

（3）单击对话框中的 ✔ 按钮，完成基准轴 1 的创建。

Step9. 创建图 21.13 所示的基准面 1。

（1）选择下拉菜单 插入(I) ➡ 参考几何体(G) ➡ 基准面(P)... 命令，系统弹出"基准面"对话框。

（2）定义基准面的参考实体。选取前视基准面和基准轴 1 为参考实体。

（3）定义基准面的创建类型。在 ⬒ 文本框中输入 25.0。选中 ☑ 反转 复选框。

（4）单击对话框中的 ✔ 按钮，完成基准面 1 的创建。

图 21.12   基准轴 1

图 21.13   基准面 1

Step10. 创建图 21.14 所示的草图 3。

（1）选择命令。选择下拉菜单 插入(I) ➡ 草图绘制 命令。

（2）定义草图基准面。选取基准面 1 为草图基准面。

（3）在草绘环境中绘制图 21.14 所示的草图 3（使用分割实体命令在草图中创建两个分割点）。

（4）选择下拉菜单 插入(I) ➡ 退出草图 命令，完成草图 3 的创建。

Step11. 创建图 21.15 所示的分割线 1。

（1）选择命令。选择下拉菜单 插入(I) ➡ 曲线(U) ▸ ➡ 分割线(S)... 命令，系统弹出"分割线"对话框。

（2）在"分割线"对话框的 分割类型(T) 区域中选中 ⊙ 投影(P) 单选项。

（3）定义特征的分割工具。在设计树中选取草图 3 为分割工具。

（4）定义要分割的面。选取图 21.16 所示的模型表面为要分割的面。

（5）选中 ☑ 单向(D) 和 ☑ 反向(R) 复选框。

（6）单击 ✔ 按钮，完成分割线 1 的创建。

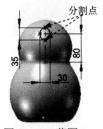
图 21.14　草图 3

图 21.15　分割线 1

图 21.16　要分割的面

Step12. 创建图 21.17 所示的删除面 1。

（1）选择下拉菜单 插入(I) ➡ 面(F) ▸ ➡ 删除(D)... 命令，系统弹出"删除面"对话框。

（2）定义要删除的面。选取图 21.18 所示的面为要删除的面。

（3）定义删除类型。在删除面对话框的 选项(O) 区域中选中 ⊙ 删除 单选项。

（4）单击对话框中的 ✔ 按钮，完成删除面 1 的创建。

图 21.17　删除面 1

图 21.18　定义要删除的面

Step13. 创建图 21.19 所示的基准面 2。

（1）选择下拉菜单 插入(I) ➡ 参考几何体(G) ▸ ➡ 基准面(P)... 命令，系统弹出"基准面"对话框。

（2）定义基准面的参考实体。选取基准面 1 和基准轴 1 为参考实体。

（3）定义基准面的创建类型。在 🔲 文本框中输入 90。

（4）单击对话框中的 ✔ 按钮，完成基准面 2 的创建。

Step14. 创建图 21.20 所示的草图 4。

（1）选择命令。选择下拉菜单 `插入(I)` ➡ `✎ 草图绘制` 命令。

（2）定义草图基准面。选取基准面 2 为草图基准面。

（3）在草绘环境中绘制图 21.20 所示的草图。

（4）选择下拉菜单 `插入(I)` ➡ `✎ 退出草图` 命令，完成草图 4 的创建。

图 21.19　基准面 2　　　　　　　　　　图 21.20　草图 4

Step15. 创建图 21.21 所示的曲面-放样 1。

（1）选择命令。选择下拉菜单 `插入(I)` ➡ `曲面(S)` ➡ `⚐ 放样曲面(L)...` 命令，系统弹出"曲面-放样"对话框。

（2）定义放样轮廓。依次选取图 21.20 所示的草图 4 和图 21.22 所示的边线 1 为曲面-放样 1 的轮廓。

（3）定义起始和结束约束。在 `开始约束(S):` 下拉列表框中选择 `垂直于轮廓` 选项，调整切线长度为 2，其他参数采用系统默认设置值。

（4）单击对话框中的 ✔ 按钮，完成曲面-放样 1 的创建。

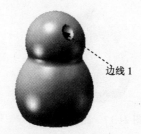

图 21.21　曲面-放样 1　　　　　　　　　图 21.22　边线 1

Step16. 创建图 21.23 所示的曲面-放样 2。

（1）选择命令。选择下拉菜单 `插入(I)` ➡ `曲面(S)` ➡ `⚐ 放样曲面(L)...` 命令，系统弹出"曲面-放样"对话框。

（2）定义放样轮廓。依次选取图 21.20 所示的草图 4 和图 21.24 所示的边线 2 作为曲面-放样 2 的轮廓。

（3）定义起始和结束约束。在 开始约束(S): 下拉列表框中选择 垂直于轮廓 选项，调整切线长度为 2，其他参数采用系统默认设置值。

（4）单击对话框中的 ✅ 按钮，完成曲面-放样 2 的创建。

　　图 21.23　曲面-放样 2　　　　　　　　　　　　图 21.24　边线 2

Step17. 创建图 21.25b 所示的镜像 1。

（1）选择命令。选择下拉菜单 插入(I) ➡ 阵列/镜向(E) ➡ 镜向(M)... 命令。

（2）定义镜像基准面。选取右视基准面为镜像基准面。

（3）定义镜像对象。在设计树中选择曲面-放样 1 和曲面-放样 2 作为镜像 1 的对象。

（4）单击对话框中的 ✅ 按钮，完成镜像 1 的创建。

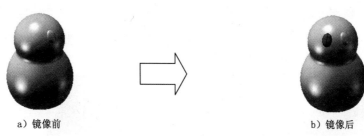

　　　a）镜像前　　　　　　　　　　　　　　　　　b）镜像后

　　　　　　　　　　图 21.25　镜像 1

Step18. 创建图 21.26 所示的曲面-缝合 2。

（1）选择命令。选择下拉菜单 插入(I) ➡ 曲面(S) ➡ 缝合曲面(K)... 命令，系统弹出"缝合曲面"对话框。

（2）定义缝合对象。在设计树中选取曲面-放样 1 和曲面-放样 2 为缝合对象。

（3）单击 ✅ 按钮，完成曲面-缝合 2 的创建。

Step19. 创建图 21.27 所示的曲面-缝合 3。

（1）选择命令。选择下拉菜单 插入(I) ➡ 曲面(S) ➡ 缝合曲面(K)... 命令，系统弹出"缝合曲面"对话框。

　　图 21.26　曲面-缝合 2　　　　　　　　　　　图 21.27　曲面-缝合 3

（2）定义缝合对象。在设计树中选取删除面 1 和曲面-缝合 2 为缝合对象。

（3）单击 ✅ 按钮，完成曲面-缝合 3 的创建。

Step20. 创建图 21.28 所示的曲面-缝合 4。

（1）选择命令。选择下拉菜单 插入(I) ➡ 曲面(S) ➡ 🎽 缝合曲面(K)... 命令，系统弹出"缝合曲面"对话框。

（2）定义缝合对象。选取镜像 1 中的两个曲面为缝合对象。

（3）单击 ✅ 按钮，完成曲面-缝合 4 的创建。

Step21. 创建曲面-剪裁 1。

（1）选择下拉菜单 插入(I) ➡ 曲面(S) ➡ ✦ 剪裁曲面(T)... 命令，系统弹出"剪裁曲面"对话框。

（2）采用系统默认的剪裁类型。

（3）选择剪裁工具。选取曲面-缝合 4 为剪裁工具。

（4）选择保留部分。选取图 21.29 所示的曲面为保留部分。

（5）其他参数采用系统默认的设置值，单击 ✅ 按钮，完成曲面-剪裁 1 的创建。

图 21.28　曲面-缝合 4　　　　　　　　　　图 21.29　保留部分

Step22. 创建图 21.30 所示的曲面-缝合 5。

（1）选择命令。选择下拉菜单 插入(I) ➡ 曲面(S) ➡ 🎽 缝合曲面(K)... 命令，系统弹出"缝合曲面"对话框。

（2）定义缝合对象。在设计树中选取曲面-缝合 4 和曲面-剪裁 1 为缝合对象。

（3）单击 ✅ 按钮，完成曲面-缝合 5 的创建。

Step23. 创建图 21.31 所示的草图 5。

（1）选择命令。选择下拉菜单 插入(I) ➡ 🄴 草图绘制 命令。

（2）定义草图基准面。选取前视基准面为草图基准面。

（3）在草绘环境中绘制图 21.31 所示的草图 5。

（4）选择下拉菜单 [插入(I)] ➡ [退出草图]命令，完成草图 5 的创建。

Step24. 创建图 21.32 所示的投影曲线 1。

（1）选择命令。选择下拉菜单 [插入(I)] ➡ [曲线(U)] ➡ [投影曲线(P)...]命令。

（2）定义投影类型。选取投影类型为 ⊙ 面上草图(K)。

　　　　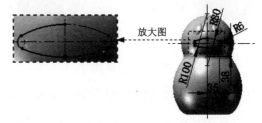

图 21.30　曲面-缝合 5　　　　　　　　　　　图 21.31　草图 5

（3）选择草图 5 作为要投影的草图，选择图 21.33 所示的面作为投影面，采用系统默认投影方向。

（4）单击对话框中的 ✔ 按钮，完成投影曲线 1 的创建。

图 21.32　投影曲线 1　　　　　　　　　　　图 21.33　投影面

Step25. 创建图 21.34 所示的草图 6。

（1）选择命令。选择下拉菜单 [插入(I)] ➡ [草图绘制]命令。

（2）定义草图基准面。选取前视基准面为草图基准面。

（3）在草绘环境中绘制图 21.34 所示的草图（草绘时使用转换实体引用命令引用草绘 5 中椭圆的构造线部分）。

（4）选择下拉菜单 [插入(I)] ➡ [退出草图]命令，完成草图 6 的创建。

Step26. 创建图 21.35 所示的投影曲线 2。

（1）选择命令。选择下拉菜单 [插入(I)] ➡ [曲线(U)] ➡ [投影曲线(P)...]命令。

（2）定义投影类型。选取投影类型为 ⊙ 面上草图(K)。

（3）选择草图 6 作为要投影的草图，选择图 21.36 所示的面作为投影面，采用系统默认投影方向。

（4）单击对话框中的 按钮，完成投影曲线 2 的创建。

图 21.34　草图 6

图 21.35　投影曲线 2

图 21.36　投影面

Step27. 创建图 21.37 所示的草图 7。

（1）选择命令。选择下拉菜单 插入(I) ➡ 草图绘制 命令。

（2）定义草图基准面。选取右视基准面为草图基准面。

（3）在草绘环境中绘制图 21.37 所示的草图 7。

（4）选择下拉菜单 插入(I) ➡ 退出草图 命令，完成草图 7 的创建。

图 21.37　草图 7

Step28. 创建图 21.38 所示的曲面-放样 3。

（1）选择命令。选择下拉菜单 插入(I) ➡ 曲面(S) ➡ 放样曲面(L)... 命令，系统弹出"曲面-放样"对话框。

（2）定义放样轮廓。依次选取草图 7 和投影曲线 1 为曲面-放样 3 的轮廓。

（3）定义起始和结束约束。在 开始约束(S): 下拉列表框中选择 垂直于轮廓 选项，调整切线长度为 1，其他参数采用系统默认设置值。

（4）单击对话框中的 按钮，完成曲面-放样 3 的创建。

Step29. 创建图 21.39 所示的曲面-放样 4。选择下拉菜单 插入(I) ➡ 曲面(S) ➡ 放样曲面(L)... 命令，系统弹出"曲面-放样"对话框，依次选取草图 7 和投影曲线 2 作为曲面-放样 4 的轮廓，在 开始约束(S): 下拉列表框中选择 垂直于轮廓 选项，调整切线长度为 1，其他参数采用系统默认设置值，单击对话框中的 按钮，完成曲面-放样 4 的创建。

Step30. 创建图 21.40 所示的曲面-缝合 6。

（1）选择命令。选择下拉菜单 插入(I) ➡ 曲面(S) ➡ 缝合曲面(K)... 命令，系统弹出"缝合曲面"对话框。

图 21.38　曲面-放样 3

图 21.39　曲面-放样 4

（2）定义缝合对象。在设计树中选取曲面-放样 3、曲面-放样 4 为缝合对象。

（3）单击 ✔ 按钮，完成曲面-缝合 6 的创建。

Step31. 创建曲面-剪裁 2。

（1）选择下拉菜单 插入(I) ➡ 曲面(S) ➡ 🔶 剪裁曲面(T)... 命令，系统弹出"剪裁曲面"对话框。

（2）在"剪裁曲面"对话框的 剪裁类型(T) 区域中选中 ⊙ 相互(M) 单选项。

（3）定义剪裁工具。选取曲面缝合 6 和曲面缝合 5 为要剪裁的曲面特征。

（4）定义选择方式。选中 ⊙ 保留选择(K) 单选项，然后选取图 21.41 所示的两个曲面为要保留部分。

（5）其他参数采用系统默认的设置值，单击对话框中的 ✔ 按钮，完成曲面—剪裁 2 的创建。

图 21.40　曲面-缝合 6

图 21.41　保留部分

Step32. 创建图 21.42 所示的曲面-旋转 3。选择下拉菜单 插入(I) ➡ 曲面(S) ➡ 🔵 旋转曲面(R)... 命令，选取前视基准面为草图基准面，绘制图 21.43 所示的草图 8（及中心线）；在 方向1 区域中 🔄 后的下拉列表框中选 给定深度 选项；在 ↕-A↑ 后的文本框中输入角度值 360.0，单击 ✔ 按钮，完成曲面-旋转 3 的创建。

Step33. 创建曲面-剪裁 3。

（1）选择下拉菜单 插入(I) ➡ 曲面(S) ➡ 🔶 剪裁曲面(T)... 命令，系统弹出"剪裁曲面"对话框。

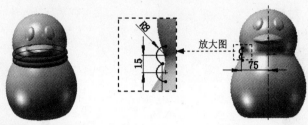

图 21.42　曲面-旋转 3　　　　　　　图 21.43　草图 8

（2）选择剪裁类型。在 剪裁类型(T) 区域中选中 ⊙ 相互(M) 单选按钮。

（3）选择剪裁曲面。选取曲面-旋转 3 和曲面-剪裁 2 为剪裁曲面。

（4）选择保留部分。选取图 21.44 所示的曲面为保留部分。

（5）其他参数采用系统默认的设置值，单击对话框中的 ✔ 按钮，完成曲面-剪裁 3 的创建。

Step34. 创建图 21.45 所示的草图 9。选择下拉菜单 插入(I) ➡ 🖊 草图绘制 命令，选取右视基准面为草图基准面，在草绘环境中绘制图 21.45 所示的草图 9，选择下拉菜单 插入(I) ➡ 🖊 退出草图 命令，完成草图 9 的创建。

图 21.44　保留部分

图 21.45　草图 9

Step35. 创建图 21.46 所示的投影曲线 3。

（1）选择命令。选择下拉菜单 插入(I) ➡ 曲线(U) ➡ 🗍 投影曲线 (P)... 命令。

（2）定义投影类型。选取投影类型为 ⊙ 面上草图(K)。

（3）选择草图 9 作为要投影的草图，选择图 21.47 所示的面作为投影面，采用系统默认投影方向。

（4）单击对话框中的 ✔ 按钮，完成投影曲线 3 的创建。

图 21.46　投影曲线 3

图 21.47　投影面

Step36. 创建图 21.48 所示的草图 10。选择下拉菜单 插入(I) ➡ ✏ 草图绘制 命令，选取前视基准面为草图基准面，绘制图 21.49 所示的草图。

Step37. 创建图 21.49 所示的草图 11。选择下拉菜单 插入(I) ➡ ✏ 草图绘制 命令，选取前视基准面为草图基准面，绘制图 21.49 所示的草图 11。

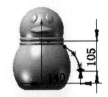　　　　　　　

图 21.48　草图 10　　　　　　　　　　图 21.49　草图 11

Step38. 创建图 21.50 所示的基准面 3。

（1）选择下拉菜单 插入(I) ➡ 参考几何体(G) ➡ ◇ 基准面(P)... 命令，系统弹出"基准面"对话框。

（2）定义基准面的参考实体。选取上视基准面和草图 10 的端点作为参考实体。

（3）单击对话框中的 ✔ 按钮，完成基准面 3 的创建。

Step39. 创建图 21.51 所示的草图 12。选择下拉菜单 插入(I) ➡ ✏ 草图绘制 命令，选取基准面 3 为草图基准面，绘制图 21.51 所示的草图 12（约束绘制的圆重合于草绘 10、11 的端点）。

图 21.50　基准面 3　　　　　　　　　图 21.51　草图 12

Step40. 创建图 21.52 所示的曲面-放样 5。

（1）选择命令。选择下拉菜单 插入(I) ➡ 曲面(S) ➡ 🔽 放样曲面(L)... 命令，系统弹出"曲面-放样"对话框。

（2）定义放样轮廓。依次选取草图 12 和投影曲线 3 作为曲面-放样 5 的轮廓。

（3）定义放样引导线。选取草图 10 和草图 11 为引导线，其他参数采用系统默认设置值。

（4）单击对话框中的 ✔ 按钮，完成曲面-放样 5 的创建。

Step41. 创建图 21.53 所示的镜像 2。

（1）选择命令。选择下拉菜单 插入(I) ➡ 阵列/镜向(E) ➡ 镜向(M)...命令。

（2）定义镜像基准面。选取右视基准面为镜像基准面。

（3）定义镜像对象。选择曲面-放样 5 作为镜像 2 的实体。

（4）单击对话框中的 ✔ 按钮，完成镜像 2 的创建。

图 21.52　曲面-放样 5

图 21.53　镜像 2

Step42. 创建曲面-剪裁 4。

（1）选择下拉菜单 插入(I) ➡ 曲面(S) ➡ 剪裁曲面(T)...命令，系统弹出"剪裁曲面"对话框。

（2）采用的剪裁类型为"标准"。

（3）选择剪裁工具。选取曲面－放样 5 为剪裁工具。

（4）选择保留部分。选取图 21.54 所示的曲面为保留部分。

（5）其他参数采用系统默认的设置值，单击对话框中的 ✔ 按钮，完成曲面-剪裁 4 的创建。

Step43. 创建曲面-剪裁 5。

（1）选择下拉菜单 插入(I) ➡ 曲面(S) ➡ 剪裁曲面(T)...命令，系统弹出"剪裁曲面"对话框。

（2）采用系统默认的剪裁类型。

（3）选择剪裁工具。选取镜像 2 为剪裁工具。

（4）选择保留部分。选取图 21.55 所示的曲面为保留部分。

（5）其他参数采用系统默认的设置值，单击对话框中的 ✔ 按钮，完成曲面-剪裁 5 的创建。

图 21.54　保留部分

图 21.55　保留部分

Step44. 创建图 21.56 所示的曲面-基准面 2。选择下拉菜单 [插入(I)] ➡️ [曲面(S)] ➡️ [平面区域(P)...] 命令；选取图 21.57 所示的边线作为要填充的平面区域；单击 ✔️ 按钮，完成曲面-基准面 2 的创建。

Step45. 创建图 21.58 所示的曲面-缝合 7。选择下拉菜单 [插入(I)] ➡️ [曲面(S)] ➡️ [缝合曲面(K)...] 命令；选取所有曲面为缝合对象，并选中 ☑️尝试形成实体(T) 复选框，单击 ✔️ 按钮，完成曲面-缝合 7 的创建。

图 21.56   曲面-基准面 2

要填充的边线

图 21.57   选取边线

图 21.58   曲面-缝合 7

Step46. 创建图 21.59b 所示的圆角 3。要圆角的对象为图 21.59a 所示的边线，圆角半径为 10.0。

a）圆角前

放大图

b）圆角后

图 21.59   圆角 3

Step47. 创建图 21.60b 所示的圆角 4。要圆角的对象为图 21.60a 所示的边线，圆角半径为 15.0。

a）圆角前

b）圆角后

图 21.60 圆角 4

Step48. 创建图 21.61b 所示的圆角 5。要圆角的对象为图 21.61a 所示的边线，圆角半径为 4.0。

a）圆角前   b）圆角后   放大图

图 21.61 圆角 5

Step49. 创建图 21.62b 所示的圆角 6。要圆角的对象为图 21.62a 所示的边线，圆角半径为 5.0。

a）圆角前   b）圆角后

图 21.62 圆角 6

Step50. 创建图 21.63b 所示的圆角 7。要圆角的对象为图 21.63a 所示的边线，圆角半径为 10.0。

a）圆角前   b）圆角后

图 21.63 圆角 7

Step51. 创建图 21.64 所示的曲面-拉伸 1。

（1）选择下拉菜单 插入(I) —→ 曲面(S) —→ 拉伸曲面(E)... 命令。

（2）定义特征的横断面草图。

① 定义草图基准面。选取右视基准面作为草图基准面。

② 定义横断面草图。在草绘环境中绘制图 21.65 所示的草图 13。

（3）定义拉伸深度属性。

① 定义深度方向。采用系统默认的深度方向。

② 定义深度类型和深度值。在 方向 1 区域的下拉列表框中选择 两侧对称 选项，输入深度值 300.0。

图 21.64　曲面-拉伸 1

图 21.65 草图 13

（4）单击对话框中的 ✅ 按钮，完成曲面-拉伸 2 的创建。

Step52. 创建图 21.66 所示的草图 14。选择下拉菜单 插入(I) ➡ 🖉 草图绘制 命令；选取前视基准面作为草图基准面，绘制图 21.67 所示的草图（两个点）。

Step53. 创建图 21.67 所示的基准轴 2。

（1）选择命令。选择下拉菜单 插入(I) ➡ 参考几何体(G) ➡ ┈ 基准轴(A) 命令，系统弹出"基准轴"对话框。

（2）定义基准轴的参考实体。选取前视基准面和草图 14 中的点 1 为基准轴的参考实体。

（3）单击对话框中的 ✅ 按钮，完成基准轴 2 的创建。

Step54. 创建图 21.68 所示的基准轴 3。

（1）选择命令。选择下拉菜单 插入(I) ➡ 参考几何体(G) ➡ ┈ 基准轴(A) 命令，系统弹出"基准轴"对话框。

（2）定义基准轴的参考实体。选取前视基准面和草图 14 中的点 2 为基准轴的参考实体。

（3）单击对话框中的 ✅ 按钮，完成基准轴 3 的创建。

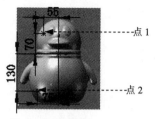

图 21.66　草图 14

图 21.67　基准轴 2

图 21.68　基准轴 3

Step55. 创建图 21.69 所示的基准面 4。

（1）选择下拉菜单 插入(I) ➡ 参考几何体(G) ➡ ◇ 基准面(P)... 命令，系统弹出"基准面"对话框。

（2）定义基准面的参考实体。选取前视基准面作为参考实体。

（3）定义偏移方向及距离。采用系统默认的偏移方向，在 [□] 后的文本框中输入数值 10.0。

（4）单击对话框中的 [✔] 按钮，完成基准面 4 的创建。

Step56. 创建图 21.70 所示的基准面 5。

（1）选择下拉菜单 [插入(I)] ➡ [参考几何体(G)] ➡ [基准面(P)...] 命令，系统弹出"基准面"对话框。

（2）定义基准面的参考实体。选取前视基准面作为参考实体。

（3）定义偏移方向及距离。在 [□] 后的文本框中输入数值 10.0，选中 [☑ 反转] 复选框，设置与系统默认方向相反的偏移方向。

（4）单击对话框中的 [✔] 按钮，完成基准面 5 的创建。

图 21.69　基准面 4

图 21.70　基准面 5

Step57. 至此，零件模型创建完毕。选择下拉菜单 [文件(F)] ➡ [保存(S)] 命令，将模型命名为 money_saver_first，即可保存零件模型。

21.3　存钱罐上盖

存钱罐上盖的零件模型及设计树如图 21.71 所示。

图 21.71　零件模型及设计树

Step1. 新建模型文件。选择下拉菜单 文件(F) ➡️ 新建(N)... 命令，在系统弹出的 "新建 SolidWorks 文件" 对话框中选择 "零件" 模块，单击 确定 按钮，进入建模环境。

Step2. 引入零件，如图 21.72 所示。

（1）选择下拉菜单 插入(I) ➡️ 零件(A)... 命令。在系统弹出的对话框中选择 money _saver_first 文件，单击 打开(O) 按钮。

（2）在对话框中 转移(T) 区域选中 ☑ 基准轴(A) 、 ☑ 基准面(P) 、 ☑ 曲面实体(S) 和 ☑ 实体(D) 复选框。

（3）单击 "插入零件" 对话框中的 ✔ 按钮，完成 money _saver_first 的引入。

Step3. 创建图 21.74 所示的零件特征——使用曲面切除 1。

（1）选择命令。选择下拉菜单 插入(I) ➡️ 切除(C) ▶ ➡️ 使用曲面(W) 命令。

（2）定义曲面切除参数。选取图 21.73 所示的拉伸曲面为曲面切除面。

（3）单击 "使用曲面切除" 对话框中的 ✔ 按钮，完成特征——使用曲面切除 1。

图 21.72　引入零件

曲面切除面
图 21.73　切除曲面

图 21.74　使用曲面切除 1

Step4. 创建图 21.75b 所示的零件特征——抽壳 1。

（1）选择下拉菜单 插入(I) ➡️ 特征(F) ▶ ➡️ 抽壳(S)... 命令。

（2）定义要移除的面。选取图 21. 75a 所示模型表面为要移除的面。

要移除的面
a）抽壳前　　　　　　　　b）抽壳后
图 21.75　抽壳 1

（3）定义抽壳 1 的参数。在对话框的 参数(P) 区域输入壁厚值 3。

（4）单击对话框中的 ✔ 按钮，完成抽壳 1 的创建。

Step5. 绘制图 21.76 所示的草图 15。

（1）选择命令。选择下拉菜单 插入(I) ➞ ▷ 草图绘制 命令。

（2）定义草图基准面。选取右视基准面为草图基准面。

（3）绘制草图。在草绘环境中绘制图 21.76 所示的草图。

（4）选择下拉菜单 插入(I) ➞ ▷ 退出草图 命令，退出草图设计环境。

Step6. 创建图 21.77 所示的组合曲线 1。选择下拉菜单 插入(I) ➞ 曲线(U)▸ ➞
⟍ 组合曲线(C)... 命令；选择图 21.77 所示的曲线。

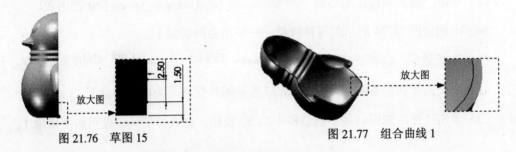

图 21.76　草图 15　　　　　　　　　　图 21.77　组合曲线 1

Step7. 创建图 21.78 所示的切除-扫描 1。

（1）选择命令。选择下拉菜单 插入(I) ➞ 切除(C)▸ ➞ 扫描(S). 命令，系统弹出"切除-扫描"对话框。

（2）定义扫描特征的轮廓。选择草图 15 为扫描特征的轮廓。

（3）定义扫描特征的路径。选择组合曲线 1 为扫描特征的路径。

（4）单击对话框中的 ✔ 按钮，完成切除-扫描 1 的创建。

图 21.78　切除-扫描 1

Step8. 创建图 21.79 所示的零件基础特征——凸台-拉伸 1。

（1）选择命令。选择下拉菜单 插入(I) ➞ 凸台/基体(B) ➞ 拉伸(E)... 命令。

（2）定义特征的横断面草图。

① 定义草图基准面。选取前视基准面作为草图基准面。

② 定义横断面草图。选择引入零件 money _saver_first 中基准轴 2 和基准轴 3 为圆心在

草绘环境中绘制图 21.80 所示的横断面草图。

③ 选择下拉菜单 插入(I) ➡ 退出草图 命令，退出草绘环境，此时系统弹出"凸台-拉伸"对话框。

（3）定义拉伸深度属性。

① 定义深度方向。拉伸方向默认。

② 定义深度类型和深度值。在 方向1 区域的下拉列表框中选择 成形到下一面 选项。

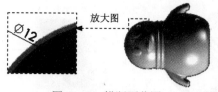

图 21.79　凸台-拉伸 1　　　　　　图 21.80　横断面草图

（4）定义拔模斜度为 3.0，选中 ☑ 向外拔模(O) 复选框。单击 ✔ 按钮，完成凸台-拉伸 1 的创建。

Step9. 创建图 21.81 所示的零件特征——切除-拉伸 1。

（1）选择下拉菜单 插入(I) ➡ 切除(C) ➡ 拉伸(E)... 命令。

（2）定义特征的横断面草图。

① 定义草图基准面。选取图 21.69 所示的基准面 4 作为草图基准面。

② 定义横断面草图。在草绘环境中绘制图 21.82 所示的横断面草图。

（3）定义切除深度属性。

① 定义切除深度方向。拉伸方向默认。

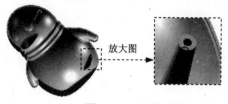
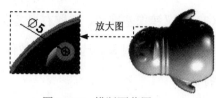

图 21.81　切除-拉伸 1　　　　　　图 21.82　横断面草图

② 定义深度类型和深度值。在"切除-拉伸"对话框 方向1 区域的下拉列表框中选择 给定深度 选项，拉伸深度为 10.0。

（4）单击对话框中的 ✔ 按钮，完成切除-拉伸 1 的创建。

Step10. 创建图 21.83b 所示的圆角 1。

（1）选择命令。选择下拉菜单 [插入(I)] ➡ [特征(F)] ➡ [圆角(F)...] 命令。

（2）定义圆角类型。采用系统默认的圆角类型。

（3）定义圆角对象。选取图 21.83a 所示的边线为要圆角的对象。

（4）定义圆角的半径。在对话框中输入半径值 2.0。

（5）单击"圆角"对话框中的 ✔ 按钮，完成圆角 1 的创建。

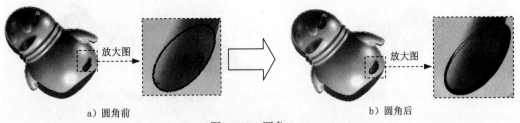

a）圆角前　　　　　　　　　　　　　　　b）圆角后

图 21.83　圆角 1

Step11. 创建图 21.84b 所示的圆角 2。要圆角的对象为图 21.84a 所示的边线，圆角半径为 1.0。

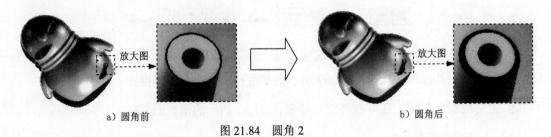

a）圆角前　　　　　　　　　　　　　　　b）圆角后

图 21.84　圆角 2

Step12. 创建图 21.85b 所示的镜像 1。

（1）选择下拉菜单 [插入(I)] ➡ [阵列/镜向(E)] ➡ [镜向(M)...] 命令。

（2）定义镜像基准面。选取右视基准面作为镜像基准面。

（3）定义镜像对象。选择凸台-拉伸 1、切除-拉伸 1、圆角 1 和圆角 2 为镜像 1 要镜像的特征。

a）镜像前　　　　　　　　　　　　　　　b）镜像后

图 21.85　创建镜像 1

Step13. 至此，零件模型创建完毕。选择下拉菜单 文件(F) ➡ 保存(S) 命令，将模型命名为 money_saver_front，即可保存零件模型。

21.4　存钱罐下盖

存钱罐下盖的零件模型及设计树如图 21.86 所示。

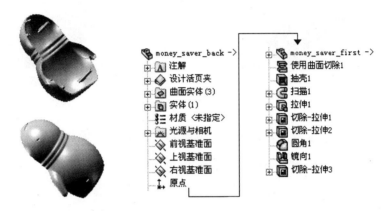

图 21.86　零件模型及设计树

Step1. 新建模型文件。选择下拉菜单 文件(F) ➡ 新建(N)... 命令，在系统弹出的"新建 SolidWorks 文件"对话框中选择"零件"模块，单击 确定 按钮，进入建模环境。

Step2. 引入零件，如图 21.87 所示。

（1）选择下拉菜单 插入(I) ➡ 零件(A)... 命令。在系统弹出的对话框中选择 money_saver_first 文件，单击 打开(O) 按钮。

（2）在对话框中 转移(T) 区域选中 ☑ 基准轴(A)、 ☑ 基准面(P)、 ☑ 曲面实体(S) 和 ☑ 实体(D) 复选框。

（3）单击"插入零件"对话框中的 ✔ 按钮，完成 money_saver_first 的引入。

Step3. 创建图 21.88 所示的零件特征——使用曲面切除 1。

（1）选择命令。选择下拉菜单 插入(I) ➡ 切除(C) ▸ ➡ 使用曲面(W)。

（2）定义曲面切除参数。选择图 21.89 所示的前视基准面为曲面切除面。

图 21.87　引入零件

图 21.88　使用曲面切除 1

曲面切除面

图 21.89　切除曲面

（3）单击  按钮。单击"使用曲面切除"对话框中的 ✔ 按钮，完成特征-使用曲面切除 1。

Step4. 创建图 21.90b 所示的零件特征——抽壳 1。

（1）选择下拉菜单 插入(I) ➡ 特征(F) ➡ 抽壳(S)... 命令。

（2）定义要移除的面。选取图 21.9.0a 所示模型的表面为要移除的面。

要移除的面

a）抽壳前   b）抽壳后

图 21.90   抽壳 1

（3）定义抽壳 1 的参数。在对话框的 参数(P) 区域中输入壁厚值 3。

（4）单击对话框中的 ✔ 按钮，完成抽壳 1 的创建。

Step5. 绘制图 21.91 所示的草图 16。

（1）选择命令。选择下拉菜单 插入(I) ➡ 草图绘制 命令。

（2）定义草图基准面。选取右视基准面为草图基准面。

（3）绘制草图。在草绘环境中绘制图 21.91 所示的草图。

（4）选择下拉菜单 插入(I) ➡ 退出草图 命令，退出草图设计环境。

Step6. 创建图 21.92 所示的组合曲线 1。选择下拉菜单 插入(I) ➡ 曲线(U) ➡ 组合曲线(C)... 命令，选取图 21.92 中所示的曲线。

1.90

1.40

放大图

图 21.91   草图 16

放大图

图 21.92   组合曲线 1

Step7. 创建图 21.93 所示的特征—切除-扫描 1。

（1）选择命令。选择下拉菜单 插入(I) ➡ 凸台/基体(B) ➡ 扫描(S)... 命令，系统弹出"扫描"对话框。

（2）定义扫描特征的轮廓。选择草图 16 为扫描特征的轮廓。

（3）定义扫描特征的路径。选择组合曲线 1 为扫描特征的路径。

（4）单击对话框中的 ✅ 按钮，完成切除-扫描 1 的创建。

图 21.93　切除-扫描 1

Step8. 创建图 21.94 所示的零件基础特征——凸台-拉伸 1。

（1）选择命令。选择下拉菜单 插入(I) ➡ 凸台/基体(B) ➡ 🔲 拉伸(E)... 命令。

（2）定义特征的横断面草图。

① 定义草图基准面。选取前视基准面作为草图基准面。

② 定义横断面草图。选择引入零件 money _saver_first 中基准轴 2 和基准轴为圆心，在草绘环境中绘制图 21.95 所示的横断面草图。

③ 选择下拉菜单 插入(I) ➡ 🖉退出草图 命令，退出草绘环境，此时系统弹出"凸台-拉伸"对话框。

（3）定义拉伸深度属性。

① 定义深度方向。单击 ⤢ 按钮，选取与默认相反的方向。

② 定义深度类型和深度值。在"凸台-拉伸"对话框 **方向1** 区域的下拉列表框中选择 成形到下一面 选项。

图 21.94　凸台-拉伸 1

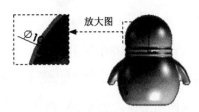

图 21.95　横断面草图

（4）定义拔模斜度为 3.0，选中 ☑ 向外拔模(O) 复选框，单击 ✅ 按钮，完成凸台-拉伸 1 的创建。

Step9. 创建图 21.96 所示的零件特征——切除-拉伸 1。

（1）选择下拉菜单 插入(I) ➡ 切除(C) ▸ ➡ 🔲 拉伸(E)... 命令。

（2）定义特征的横断面草图。

① 定义草图基准面。选取图 21.70 所示的基准面 5 作为草图基准面。

② 定义横断面草图。在草绘环境中绘制图 21.97 所示的横断面草图。

（3）定义切除深度属性。

① 定义切除深度方向。单击 按钮，选取与默认相反的方向。

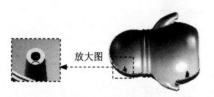 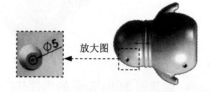

图 21.96　切除-拉伸 1　　　　　　　　图 21.97　横断面草图

② 定义深度类型和深度值。在"切除-拉伸"对话框 方向1 区域的下拉列表框中选择 完全贯穿 选项。

（4）单击对话框中的 按钮，完成切除-拉伸 1 的创建。

Step10. 创建图 21.98 所示的切除-拉伸 2。选择下拉菜单 插入(I) ➡ 切除(C) ➡ 拉伸(E)... 命令；选取图 21.70 所示的基准面 5 为草绘基准面，过基准轴 2、基准轴 3 绘制图 21.99 所示的横断面草图；在 方向1 区域的下拉列表框中选择 完全贯穿 选项；单击 按钮，完成切除-拉伸 2 的创建。

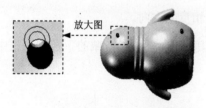 

图 21.98　切除-拉伸 2　　　　　　　　图 21.99　横断面草图

Step11. 创建图 21.100b 所示的圆角 1。

（1）选择命令。选择下拉菜单 插入(I) ➡ 特征(F) ➡ 圆角(F)... 命令。

（2）定义圆角类型。采用系统默认的圆角类型。

（3）定义圆角对象。选取图 21.100a 所示的边线为要圆角的对象。

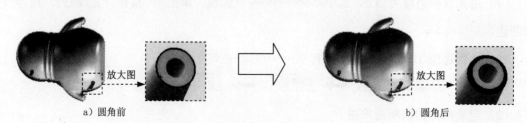

a）圆角前　　　　　　　　　　　　　　　b）圆角后

图 21.100　圆角 1

（4）定义圆角的半径。在对话框中输入半径值 1.0。

（5）单击"圆角"对话框中的 ✔ 按钮，完成圆角 1 的创建。

Step12. 创建图 21.101b 所示的镜像 1。

（1）选择下拉菜单 插入(I) ➡ 阵列/镜向(E) ➡ 镜向(M)... 命令。

（2）定义镜像基准面。选取右视基准面作为镜像基准面。

（3）定义镜像对象。选择凸台-拉伸 1、切除-拉伸 1、圆角 1 和切除-拉伸 2 为镜像 1 要镜像的特征。

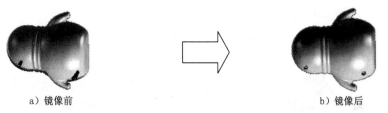

a）镜像前　　　　　　　　　　　　　　　　b）镜像后

图 21.101　镜像 1

Step13. 创建图 21.102 所示的零件特征——切除-拉伸 3。

选择上视基准面为草绘基准面，绘制图 21.103 所示的横断面草图；在"切除-拉伸"对话框 方向1 区域的下拉列表框中选择 完全贯穿 选项。单击 ⚲ 按钮，选取与默认相反的方向，单击对话框中的 ✔ 按钮，完成切除-拉伸 3 的创建。

图 21.102　切除-拉伸 3

图 21.103　横断面草图

Step14. 至此，零件模型创建完毕。选择下拉菜单 文件(F) ➡ 保存(S) 命令，将模型命名为 money_saver_back，即可保存零件模型。

21.5　存钱罐装配

Step1. 新建一个装配模型文件，进入装配环境。

Step2. 创建前盖零件模型。

（1）引入第一个零件。进入装配环境后，系统弹出"开始装配体"对话框，单击"开始装配体"对话框中的 浏览(B)... 按钮，在系统弹出的"打开"对话框中选择保存路径下的零部件模型 money_saver_front.SLDPRT，然后单击对话框中的 打开(O) 按钮。

（2）单击对话框中的 ✔ 按钮，将零件固定在原点位置，如图 21.104 所示。

Step3. 创建图 21.105 所示的后盖并定位。

（1）引入第二个零件。

① 选择命令，选择下拉菜单 插入(I) ➡ 零部件(O) ▸ ➡ 现有零件/装配体(E)... 命令，系统弹出"插入零部件"对话框。

② 单击"插入零部件"对话框中的 浏览(B)... 按钮，在系统弹出的"打开"对话框中选取 money_saver_back.SLDPRT，单击 打开(O) 按钮。

③ 将零件放置到图 21.105 所示的位置。

图 21.104　引入前盖　　　　　　　　图 21.105　引入后盖

（2）创建配合使零件完全定位。

① 选择命令。选择下拉菜单 插入(I) ➡ 配合(M)... 命令，系统弹出"配合"对话框。

② 创建"重合"配合。单击"配合"对话框中的 重合(C) 按钮，选取图 21.106 所示的两零件的前视基准面为重合面，单击快捷工具条中的 ✔ 按钮。

③ 创建"重合"配合。单击"配合"对话框中的 重合(C) 按钮，选取图 21.107 所示的两零件的上视基准面为重合面，单击快捷工具条中的 ✔ 按钮。

④ 创建"重合"配合。单击"配合"对话框中的 重合(C) 按钮，选取图 21.108 所示的两零件的右视基准面为重合面，单击快捷工具条中的 ✔ 按钮。

图 21.106　重合面　　　　　图 21.107　重合面　　　　　图 21.108　重合面

⑤ 单击"配合"对话框的 按钮，完成零件的定位。

Step4. 至此，零件模型装配完毕。选择下拉菜单 文件(F) ➡ 保存(S) 命令，命名为 money_saver，即可保存零件模型。

实例 22　鼠标的自顶向下设计

22.1　实例概述

本实例介绍了一个鼠标的设计过程，其设计采用的是自顶向下设计方法。许多家电电器（如手机、吹风机和固定电话）都可以采用这种方法进行设计以得到较好的整体造型。鼠标装配模型如图 22.1 所示（由于在创建样条曲线时不可能与图中所示的样条曲线完全一致，所以创建的鼠标最终结果会有一些差异）。

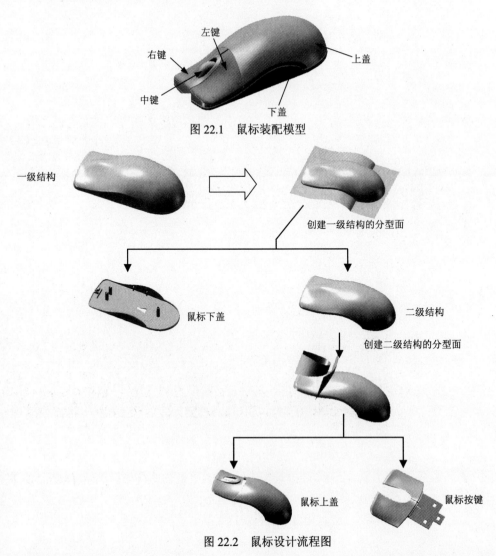

图 22.1　鼠标装配模型

图 22.2　鼠标设计流程图

自顶向下设计的主要思想，是将要创建的产品的整体外形分割，以得到各个零部件，再对零部件各结构进行设计。

鼠标的设计流程图如图 22.2 所示，具体创建步骤分为两部分：零部件设计和零部件装配。

22.2　创建一级结构

Task1．构建轮廓曲线

Step1. 新建一个零件模型文件，进入建模环境。

Step2. 创建图 22.3 所示的基准面 1。

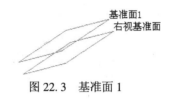

图 22.3　基准面 1

（1）选择下拉菜单 插入(I) ➡ 参考几何体(G) ➡ 基准面(P)... 命令，系统弹出"基准面"对话框。

（2）定义基准面 1 的参考实体。选取右视基准面作为基准面 1 的参考实体。

（3）定义偏移方向及距离。选中 ☑反转 复选框，输入偏移距离值 25。

（4）单击 ✔ 按钮，完成基准面 1 的创建。

Step3. 创建图 22.4 所示的草图 1。

（1）选择命令。选择下拉菜单 插入(I) ➡ 草图绘制 命令。

（2）定义草图基准面。选取前视基准面为草图基准面。

（3）在草绘环境中绘制图 22.4 所示的草图 1。

（4）选择下拉菜单 插入(I) ➡ 退出草图 命令，完成草图 1 的创建。

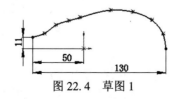

图 22.4　草图 1

Step4. 创建图 22.5 所示的基准面 2。

（1）选择下拉菜单 插入(I) ➡ 参考几何体(G) ➡ 基准面(P)... 命令，系统弹出

"基准面"对话框。

（2）定义基准面 2 的参考实体。选取右视基准面和图 22.5 所示的点作为基准面 2 的参考实体。

（3）单击 ✔ 按钮，完成基准面 2 的创建。

Step5. 创建图 22.6 所示的草图 2。

（1）选择命令。选择下拉菜单 插入(I) ➡ ⤸ 草图绘制 命令。

（2）定义草图基准面。选取上视基准面为草图基准面。

（3）在草绘环境中绘制图 22.6 所示的草图 2。

（4）选择下拉菜单 插入(I) ➡ ⤸ 退出草图 命令，完成草图 2 的创建。

图 22.5　基准面 2　　　　　　　　图 22.6　草图 2

Step6. 创建图 22.7 所示的基准面 3。选择下拉菜单 插入(I) ➡ 参考几何体(G) ➡ ◈ 基准面(P)... 命令，系统弹出"基准面"对话框。选取右视基准面和图 22.7 所示的点为基准面 3 的参考实体，单击 ✔ 按钮，完成基准面 3 的创建。

Step7. 创建图 22.8 所示的草图 3。

（1）选择命令。选择下拉菜单 插入(I) ➡ ⤸ 草图绘制 命令。

（2）定义草图基准面。选取右视基准面为草图基准面。

（3）在草绘环境中绘制图 22.8 所示的草图 3（曲线两端曲率均约束为竖直）。

（4）选择下拉菜单 插入(I) ➡ ⤸ 退出草图 命令，完成草图 3 的创建。

图 22.7　基准面 3　　　　　　　　图 22.8　草图 3

Step8. 创建图 22.9 所示的草图 4。选择下拉菜单 插入(I) ➡ ⤸ 草图绘制 命令，选取基准面 1 为草图基准面，绘制图 22.9 所示的草图（曲线两端曲率均约束为竖直）。

Step9. 创建图 22.10 所示的草图 5。选择下拉菜单 插入(I) ➡ ⤸ 草图绘制 命令，选取基准面 2 为草图基准面，绘制图 22.10 所示的草图 4（曲线两端曲率均约束为竖直）。

图 22.9　草图 4

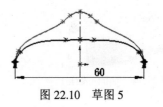

图 22.10　草图 5

Step10. 创建图 22.11 所示的草图 6。选择下拉菜单 插入(I) ➡️ 🖉 草图绘制 命令，选取基准面 3 为草图基准面，绘制图 22.11 所示的草图 6（曲线两端曲率均约束为竖直）。

Step11. 创建图 22.12 所示的草图 7。选择下拉菜单 插入(I) ➡️ 🖉 草图绘制 命令，选取上视基准面为草图基准面，绘制图 22.12 所示的草图 7（在样条曲线端点创建曲率控制）。

Step12. 创建图 22.13 所示的草图 8。选择下拉菜单 插入(I) ➡️ 🖉 草图绘制 命令，选取上视基准面为草图基准面，绘制图 22.13 所示的草图 8（在样条曲线短点创建曲率控制）。

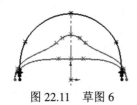

图 22.11　草图 6

图 22.12　草图 7

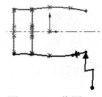

图 22.13　草图 8

Task2. 利用轮廓曲线构建曲面

Step1. 创建图 22.14 所示的曲面-放样 1。

（1）选择命令。选择下拉菜单 插入(I) ➡️ 曲面(S) ➡️ 🔻 放样曲面(L)... 命令，系统弹出"曲面-放样"对话框。

（2）定义放样轮廓。依次选取草图 6、草图 3、草图 4 和草图 5 为曲面-放样 1 的轮廓。

（3）定义放样引导线。依次选取草图 8、草图 1 和草图 7 为曲面-放样 1 的引导线。

（4）定义起始和结束约束。采用系统默认约束值。

（5）单击对话框中的 ✔ 按钮，完成曲面-放样 1 的创建。

Step2. 创建图 22.15 所示的曲面-放样 2。选择下拉菜单 插入(I) ➡️ 曲面(S) ➡️ 🔻 放样曲面(L)... 命令，系统弹出"曲面-放样"对话框，依次选取草图 2 和草图 6 作为曲面-放样 2 的轮廓，选取草图 1 作为曲面-放样 2 的引导线，在 开始约束(S): 下拉列表框中选择 与面相切 选项，调整切线长度为 1，其他参数采用系统默认设置值。单击对话框中的 ✔ 按钮，完成曲面-放样 2 的创建。

图 22.14 曲面-放样 1

图 22.15 曲面-放样 2

Step3. 创建图 22.16 所示的曲面-缝合 1。

（1）选择下拉菜单 插入(I) ➡ 曲面(S) ➡ 缝合曲面(K)... 命令，系统弹出"缝合曲面"对话框。

（2）定义要缝合的曲面。选择曲面-放样 1 和曲面-放样 2 为要缝合的面。

（3）定义缝合选项。采用系统默认的选项。

（4）单击对话框中的 ✔ 按钮，完成曲面-缝合 1 的创建。

Step4. 创建图 22.17 所示的曲面-拉伸 1。

（1）选择下拉菜单 插入(I) ➡ 曲面(S) ➡ 拉伸曲面(E)... 命令。

（2）定义特征的横断面草图。

① 选取基准面 3 为草图基准面，进入草绘环境。

② 绘制图 22.18 所示的草图 9，建立相应约束并修改尺寸，然后选择下拉菜单 插入(I) ➡ 退出草图 命令，此时系统弹出"曲面-拉伸"对话框。

图 22.16 曲面-缝合 1

图 22.17 曲面-拉伸 1

图 22.18 草图 9

（3）定义拉伸深度属性。

① 定义拉伸方向。采用系统默认的拉伸方向。

② 定义深度类型及深度值。在"曲面-拉伸"对话框 方向1 区域的下拉列表框中选择 成形到一面 选项，选择基准面 2 作为拉伸终止面。

（4）单击对话框中的 ✔ 按钮，完成曲面-拉伸 1 的创建。

Step5. 创建图 22.19 所示的镜像 1。

（1）选择命令。选择下拉菜单 插入(I) ➡ 阵列/镜向(E) ➡ 镜向(M)... 命令。

（2）定义镜像基准面。选取前视基准面为镜像基准面。

（3）定义镜像对象。选取曲面-拉伸 1 作为镜像 1 的实体。

（4）单击对话框中的 ✔ 按钮，完成镜像 1 的创建。

Step6. 创建图 22.20 所示的曲面-剪裁 1。

（1）选择下拉菜单 插入(I) ➡ 曲面(S) ➡ 剪裁曲面(T)... 命令，系统弹出"剪裁曲面"对话框。

（2）定义剪裁类型。在对话框的 剪裁类型(T) 区域中选择 ⊙ 相互(M) 单选按钮。

（3）定义剪裁参数。

① 定义剪裁工具。在设计树中选取曲面-拉伸 1、镜像 1 和曲面-缝合 1 为剪裁曲面。

② 定义选择方式。选择 ⊙ 保留选择(K) 单选按钮，然后选取图 22.21 所示的曲面为需要保留的部分。

（4）单击对话框中的 ✔ 按钮，完成曲面-剪裁 1 的创建。

需要保留的面

图 22.19 镜像 1　　　图 22.20 曲面-剪裁 1　　　图 22.21 定义剪裁参数

Step7. 创建图 22.22 所示的草图 10。选取前视基准面为草图基准面，在草绘环境中绘制图 22.22 所示的草图。

Step8. 创建图 22.23 所示的草图 11。选取上视基准面为草图基准面，在草绘环境中绘制图 22.23 所示的草图。

图 22.22 草图 10　　　　　　　　　　图 22.23 草图 11

Step9. 创建图 22.24 所示的曲面-扫描 1。

（1）选择命令。选择下拉菜单 插入(I) ➡ 曲面(S) ➡ 扫描曲面(S)... 命令。

（2）定义扫描特征的轮廓。选取草图 11 为扫描的轮廓。

（3）定义扫描特征的路径。选取草图 10 为扫描的路径。

（4）单击对话框中的 ✔ 按钮，完成曲面-扫描 1 的创建。

Step10. 创建图 22.25 所示的曲面-剪裁 2。

（1）选择下拉菜单 插入(I) ➡ 曲面(S) ➡ 剪裁曲面(T)... 命令，系统弹出"剪裁曲面"对话框。

（2）定义剪裁类型。在对话框的 剪裁类型(T) 区域中选择 ⊙ 相互(M) 单选按钮。

（3）定义剪裁参数。

① 定义剪裁工具。在设计树中选取曲面-剪裁 1 和曲面-扫描 1 为剪裁曲面。

② 定义选择方式。选择 ⊙ 保留选择(K) 单选按钮，然后选取图 22.26 所示的曲面为需要保留的部分。

（4）单击对话框中的 ✔ 按钮，完成曲面-剪裁 2 的创建。

需要保留的面

图 22.24　曲面-扫描 1　　　　图 22.25　曲面-剪裁 2　　　图 22.26　定义剪裁参数

Step11. 创建图 22.27b 所示的圆角 1。

（1）选择下拉菜单 插入(I) ➡ 曲面(S) ➡ 圆角(F)... 命令，系统弹出"圆角"对话框。

（2）定义圆角类型。在"圆角"对话框的 圆角类型(Y) 选项组中选择 ⊙ 等半径(C) 单选按钮。

（3）定义圆角参数。

① 定义圆角对象。选取图 22.27a 所示的两条边线为圆角对象。

② 定义圆角数值。在对话框的 ⟋ 文本框中输入数值 8.0。

（4）单击对话框中的 ✔ 按钮，完成圆角 1 的创建。

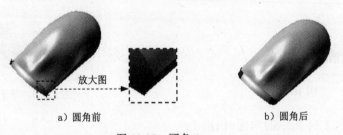

放大图

a）圆角前　　　　　　　　　　　　　b）圆角后

图 22.27　圆角 1

Step12. 创建图 22.28b 所示的圆角 2。选择下拉菜单 插入(I) ➡ 曲面(S) ➡ 圆角(F)... 命令，系统弹出"圆角"对话框，在"圆角"对话框的 圆角类型(Y) 选项组中选择 ⊙ 等半径(C) 单选按钮，选取图 22.28a 所示的边线为圆角对象，在对话框的 ⟋ 文本框中输入数值 3.0，单击对话框中的 ✔ 按钮，完成圆角 2 的创建。

a）圆角前　　　　　　　　　　　　　　　　b）圆角后

图 22.28　圆角 2

Step13. 创建图 22.29 所示的曲面填充 1。

（1）选择下拉菜单 插入(I) ➡ 曲面(S) ➡ 填充(I)...命令，系统弹出"填充曲面"对话框。

（2）定义曲面的修补边界。选取图 22.30 所示的边线为曲面的修补边界。

（3）单击对话框中的 ✔ 按钮，完成曲面填充 1 的创建。

图 22.29　曲面填充 1

选取此边线为
修补边界

图 22.30　定义修补边界

Step14. 创建图 22.31 所示的曲面-缝合 2。选择下拉菜单 插入(I) ➡ 曲面(S) ➡ 缝合曲面(K)...命令，系统弹出"缝合曲面"对话框，选择曲面-剪裁 2 和曲面填充 1 作为要缝合的面，单击对话框中的 ✔ 按钮，完成曲面-缝合 1 的创建。

图 22.31　曲面-缝合 2

Step15. 创建图 22.32b 所示的圆角 3。选择下拉菜单 插入(I) ➡ 曲面(S) ➡ 圆角(F)...命令，系统弹出"圆角"对话框，在"圆角"对话框的 圆角类型(Y) 选项组中选择 ⊙ 等半径(C) 单选按钮，选取图 22.32a 所示的边线为圆角对象，在对话框的 ⋏ 文本框中输入数值 1.5，单击对话框中的 ✔ 按钮，完成圆角 3 的创建。

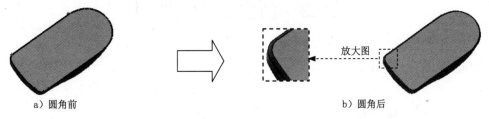

a）圆角前　　　　　　　　　　放大图　　　　　　　b）圆角后

图 22.32　圆角 3

Step16. 创建图 22.33 所示的曲面-拉伸 2。

（1）选择下拉菜单 插入(I) ➡ 曲面(S) ➡ 拉伸曲面(E)...命令。

（2）定义特征的横断面草图。选取前视基准面为草图基准面，绘制图 22.34 所示的草图 12。

图 22.33　曲面-拉伸 2

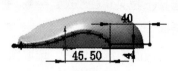

图 22.34　草图 12

（3）定义拉伸深度属性。采用系统默认的拉伸方向，在"曲面-拉伸"对话框 方向1 区域的下拉列表框中选择 两侧对称 选项，然后输入深度值 100.0。

（4）单击对话框中的 ✔ 按钮，完成曲面-拉伸 2 的创建。

Step17. 创建图 22.35 所示的草图 13。选择下拉菜单 插入(I) ➡ 草图绘制 命令，选取上视基准面为草图基准面，在草绘环境中绘制图 22.35 所示的草图。

Step18. 创建图 22.36 所示的草图 14。选择下拉菜单 插入(I) ➡ 草图绘制 命令，选取上视基准面为草图基准面，在草绘环境中绘制图 22.38 所示的草图（草图为椭圆，其圆心与基准面 1 重合）。

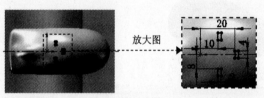

图 22.35　草图 13

图 22.36　草图 14

Step19. 保存模型文件。选择下拉菜单 文件(F) ➡ 保存(S) 命令，将模型文件命名为 first.SLDPRT，然后关闭模型。

22.3　创建二级控件

该模型及设计树如图 22.37 所示。

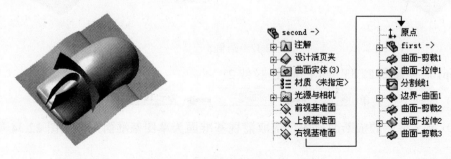

图 22.37　模型及设计树

Step1. 新建一个装配文件。选择下拉菜单 文件(F) ➡ 新建(N)... 命令，在弹出的"新建 SolidWorks 文件"对话框中选择"装配体"选项，单击 确定 按钮，进入装配环境。

Step2. 创建 first 零件。

（1）引入零件。进入装配环境后，系统会自动弹出"开始装配体"对话框，单击"开始装配体"对话框中的 浏览(B)... 按钮，在弹出的"打开"对话框中选取 first.SLDPRT，单击 打开(O) 按钮。

（2）单击对话框中的 ✔ 按钮，将零件固定在系统默认位置。

Step3. 保存装配体。选择下拉菜单 文件(F) ➡ 保存(S) 命令，将装配体文件命名为 mouse_asm.SLDASM。

Step4. 在装配中创建新零件。选择下拉菜单 插入(I) ➡ 零部件(O) ▶ ➡ 新零件(N)... 命令，设计树中会增加一个固定的零件，如图 22.38 所示。

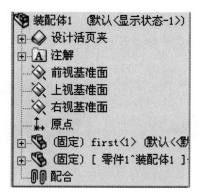

图 22.38　设计树新增零件

Step5. 在设计树中右击刚才新建的零件，从弹出的快捷菜单中选择 打开零件 (C) 命令，系统进入空白界面。选择下拉菜单 文件(F) ➡ 另存为(A)... ，在系统弹出的"SolidWorks 2012"对话框中单击 确定 按钮，将新的零件命名为 second.SLDPRT，

Step6. 引入零件，如图 22.39 所示。

（1）选择下拉菜单 插入(I) ➡ 零件(A)... 命令。在系统弹出的对话框中选择 first 文件，单击 打开(O) 按钮。

（2）在对话框中 转移(T) 区域选中 ☑ 基准轴(A) 、 ☑ 基准面(P) 、 ☑ 曲面实体(S) 和 ☑ 实体(D) 复选框。

（3）单击"插入零件"对话框中的 ✔ 按钮，完成 first 的引入。

图 22.39　引入零件

Step7. 创建图 22.40 所示的曲面-剪裁 1。

（1）选择下拉菜单 [插入(I)] ➡ [曲面(S)] ➡ [剪裁曲面(T)...] 命令，系统弹出"剪裁曲面"对话框。

（2）定义剪裁类型。在对话框的 [剪裁类型(T)] 区域中选择 [● 标准(D)] 单选按钮。

（3）定义剪裁参数。

① 定义剪裁工具。选择图 22.41 所示的曲面为剪裁工具。

② 定义选择方式。选择 [● 保留选择(K)] 单选按钮，然后选取图 22.41 所示的曲面为需要保留的部分。

（4）单击对话框中的 ✔ 按钮，完成曲面-剪裁 1 的创建。

图 22.40　曲面-剪裁 1

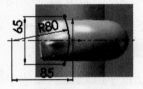

图 22.41　定义剪裁参数

Step8. 创建图 22.42 所示的曲面-拉伸 1。

（1）选择下拉菜单 [插入(I)] ➡ [曲面(S)] ➡ [拉伸曲面(E)...] 命令。

（2）定义特征的横断面草图。选取上视基准面为草图基准面，绘制图 22.43 所示的草图 1。

图 22.42　曲面-拉伸 1

图 22.43　草图 1

（3）定义拉伸深度属性。采用系统默认的拉伸方向，在"曲面-拉伸"对话框 [方向1] 区域的下拉列表框中选择 [给定深度] 选项，然后输入深度值 40.0。

（4）单击对话框中的 ✔ 按钮，完成曲面-拉伸 1 的创建。

Step9. 创建图 22.44 所示的分割线 1。

（1）选择命令。选择下拉菜单 插入(I) ➡ 曲线(U) ➡ 🖼 分割线(S)... 命令，系统弹出"分割线"对话框。

（2）定义分割类型。在"分割线"对话框的 分割类型(T) 区域中选中 ⊙ 交叉点(I) 单选按钮。

（3）定义分割实体、面。选取图 22.45 所示的模型表面为分割实体面。

（4）定义要分割的面。选取图 22.45 所示的模型表面为要分割的面。

（5）单击对话框中的 ✔ 按钮，完成分割线 1 的创建。

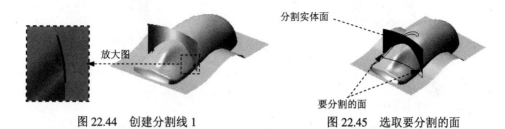

图 22.44　创建分割线 1　　　　　　　图 22.45　选取要分割的面

Step10. 创建图 22.46 所示的草图 2。

（1）选择命令。选择下拉菜单 插入(I) ➡ 🖉 草图绘制 命令。

（2）定义草图基准面。选取 first 零件中创建的基准面 2 为草图基准面。

（3）绘制草图。在草绘环境中绘制图 22.46 所示的草图。

（4）选择下拉菜单 插入(I) ➡ 🖉 退出草图 命令，退出草图设计环境。

Step11. 创建图 22.47 所示的曲线 1。

（1）选择命令。选择下拉菜单 插入(I) ➡ 曲线(U) ➡ 🛄 投影曲线(P)... 命令，系统弹出"投影曲线"对话框。

（2）选择投影类型。在"投影曲线"对话框的下拉列表框中选择 ⊙ 面上草图(K) 选项。

（3）定义要投影的草图。选择草图 2 为要投影的草图。

（4）定义要投影到的面。选取曲面-拉伸 1 为要投影到的面。

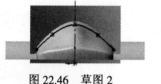

图 22.46　草图 2　　　　　　　　　图 22.47　投影曲线 1

（5）单击对话框中的 ✔ 按钮，完成曲线 1 的创建。

Step12. 创建组合曲线 1。选择下拉菜单 插入(I) ➡ 曲线(U) ➡ 🖳 组合曲线(C)... 命令，选择图 22.48 所示的边线创建组合曲线 1。

Step13. 创建图 22.49 所示的边界-曲面 1。

（1）选择命令。选择下拉菜单  命令，系统弹出"边界-曲面"对话框。

（2）定义方向 1 的边界曲线。依次选择投影曲线 1 和组合曲线 1 为 **方向1** 的边界曲线。

（3）定义方向 2 的边界曲线。分别选择与投影曲线 1 和组合曲线 1 相连的两条曲线为 **方向2** 的边界曲线。

（4）单击对话框中的 ✔ 按钮，完成边界-曲面 1 的创建。

图 22.48　组合曲线 1　　　　图 22.49　边界-曲面 1（隐藏上表面）

Step14. 创建曲面-剪裁 2。

（1）选择下拉菜单 插入(I) ➡ 曲面(S) ➡ 剪裁曲面(T)... 命令，系统弹出"剪裁曲面"对话框。

（2）采用系统默认的剪裁类型。

（3）选择剪裁工具。选取边界-曲面 1 为剪裁工具。

（4）选择保留部分。选取图 22.50 所示的曲面为保留部分。

（5）其他参数采用系统默认的设置值，单击对话框中的 ✔ 按钮，完成曲面-剪裁 2 的创建。

Step15. 创建图 22.51 所示的曲面-拉伸 2。

（1）选择下拉菜单 插入(I) ➡ 曲面(S) ➡ 拉伸曲面(E)... 命令。

（2）定义特征的横断面草图。选取上视基准面为草图基准面，在草绘环境中绘制图 22.52 所示的横断面草图。

图 22.50　曲面-剪裁 2　　　图 22.51　曲面-拉伸 2　　　图 22.52　横断面草图

（3）定义拉伸深度属性。采用系统默认的深度方向。在"曲面-拉伸"对话框 **方向1** 区域的下拉列表框中选择 给定深度 选项，输入深度值 40.0。

（4）单击对话框中的 ✅ 按钮，完成曲面-拉伸 2 的创建。

Step16. 创建图 22.53 所示的曲面-剪裁 3。

（1）选择下拉菜单 插入(I) ➡ 曲面(S) ▸ ➡ 🗇 剪裁曲面(T)... 命令，系统弹出"剪裁曲面"对话框。

（2）定义剪裁类型。在对话框的 剪裁类型(T) 区域中选择 ⊙ 相互(M) 单选按钮。

（3）定义剪裁参数。

① 定义剪裁工具。在设计树中选取曲面-剪裁 2、曲面-拉伸 2 和边界-曲面 1 为剪裁曲面。

② 定义选择方式。选择 ⊙ 保留选择(K) 单选按钮，然后选取图 22.54 所示的曲面为需要保留的部分。

（4）单击对话框中的 ✅ 按钮，完成曲面-剪裁 3 的创建。

需要保留的面

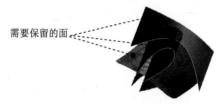

图 22.53　曲面-剪裁 3（隐藏 first 曲面）　　　　图 22.54　定义剪裁参数

Step17. 保存模型文件。选择下拉菜单 文件(F) ➡ 💾 保存(S) 命令，然后关闭模型。

22.4　创建鼠标底座

鼠标底座模型及设计树如图 22.55 所示。

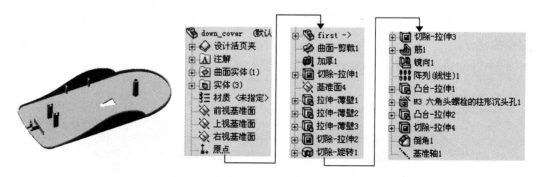

图 22.55　模型及设计树

Step1. 在装配中创建新零件。选择下拉菜单 插入(I) ➡ 零部件(O) ▸ ➡

命令，设计树中会增加一个新的固定零件，如图 22.56 所示。

Step2. 在设计树中右击新建的零件，从弹出的快捷菜单中选择 打开零件 (C) 命令，系统进入空白界面。选择下拉菜单 文件(F) ➡ 另存为 (A)…，在系统弹出的 "SolidWorks 2012" 对话框中单击 确定 按钮，将新的零件命名为 down_cover.SLDPRT。

Step3. 引入零件，如图 22.57 所示。

（1）选择下拉菜单 插入(I) ➡ 零件 (A)… 命令。在系统弹出的对话框中选择 first 文件，单击 打开(O) 按钮。

（2）在对话框中 转移(T) 区域选中 ☑ 基准轴(A) 、☑ 基准面(P) 、☑ 曲面实体(S) 和 ☑ 实体(D) 复选框。

（3）单击 "插入零件" 对话框中的 ✔ 按钮，完成 first 的引入。

图 22.56　设计树新增零件

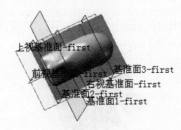

图 22.57　引入零件

Step4. 创建图 22.58 所示的曲面-剪裁 1。

（1）选择下拉菜单 插入(I) ➡ 曲面(S) ➡ 剪裁曲面(T)… 命令，系统弹出 "剪裁曲面" 对话框。

（2）定义剪裁类型。在对话框的 剪裁类型(T) 区域中选择 ⊙ 标准(D) 单选按钮。

（3）定义剪裁参数。

① 定义剪裁工具。选择图 22.58 中的曲面为剪裁工具。

② 定义选择方式。选择 ⊙ 保留选择(K) 单选按钮，然后选取图 22.59 所示的曲面为需要保留的部分。

（4）单击对话框中的 ✔ 按钮，完成曲面-剪裁 1 的创建。

要保留的部分

剪裁工具

图 22.58　曲面-剪裁 1　　　　　　图 22.59　定义剪裁参数

Step5. 创建图 22.60 所示的加厚 1。选择下拉菜单 插入(I) ➡ 凸台/基体 (B) ➡

 命令；选择整个曲面作为加厚曲面；在 加厚参数(T) 区域中单击 按钮，在 后的文本框中输入数值 1.0。

图 22.60　加厚 1

Step6. 创建图 22.61 所示的零件特征——切除-拉伸 1。

（1）选择命令。选择下拉菜单 插入(I) ➡ 切除(C) ➡ 拉伸(E)... 命令。

（2）定义特征的横断面草图。

① 定义草图基准面。选取 first 零件中的基准面 2 作为草图基准面。

② 定义横断面草图。在草绘环境中绘制图 22.62 所示的横断面草图。

③ 选择下拉菜单 插入(I) ➡ 退出草图 命令，完成横断面草图的创建。

（3）定义切除深度属性。

① 定义切除深度方向。单击 按钮，采用系统默认相反的切除深度方向。

② 定义深度类型及深度值。在"切除-拉伸"对话框的 方向1 区域的下拉列表框中选择 给定深度 选项，输入深度值 10.0。

（4）单击对话框中的 ✔ 按钮，完成切除-拉伸 1 的创建。

Step7. 创建图 22.63 所示的基准面 4。

（1）选择下拉菜单 插入(I) ➡ 参考几何体(G) ➡ 基准面(P)... 命令，系统弹出 "基准面"对话框。

（2）定义基准面的参考实体。选取 first 中的上视基准面作为参考实体。

（3）定义偏移方向及距离。采用系统默认的偏移方向，在 后的文本框中输入数值 5.0。

（4）单击对话框中的 ✔ 按钮，完成基准面 4 的创建。

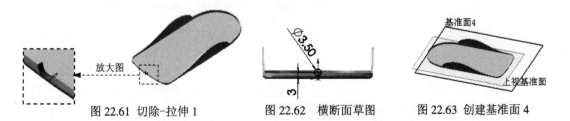

图 22.61　切除-拉伸 1　　　　图 22.62　横断面草图　　　　图 22.63　创建基准面 4

说明：读者在操作时，可能编号不是基准面 4，按照自己的作图顺序进行后续的操作即可。

Step8. 创建图 22.64 所示的零件基础特征——拉伸-薄壁 1。

（1）选择命令。选择下拉菜单 插入(I) ➡ 凸台/基体(B) ➡ 拉伸(E)... 命令。

（2）定义特征的横断面草图。

① 定义草图基准面。选取基准面 4 作为草图基准面。

② 定义横断面草图。在草绘环境中绘制图 22.65 所示的横断面草图。

③ 选择下拉菜单 插入(I) ➡ 退出草图 命令，退出草绘环境，此时系统弹出"拉伸"对话框。

（3）定义拉伸深度属性。

① 定义深度方向。在 方向1 区域中单击反向 按钮。

② 定义深度类型和深度值。在"凸台-拉伸"对话框 方向1 区域的下拉列表框中选择 成形到下一面 选项。

（4）定义薄壁特征属性。

① 定义加厚方向。在薄壁特征区域中单击"反向"按钮 。

② 定义深度类型和深度值。在"凸台-拉伸"对话框 ☑ 薄壁特征(T) 区域的下拉列表框中选择 单向 选项，在 区域中输入 0.5。

（5）单击 按钮，完成拉伸-薄壁 1 的创建。

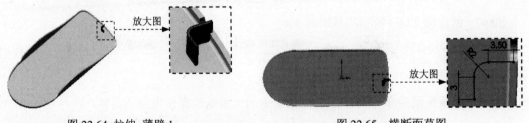

图 22.64　拉伸-薄壁 1　　　　　　　　图 22.65　横断面草图

Step9. 创建图 22.66 所示的零件基础特征——拉伸-薄壁 2。

（1）选择命令。选择下拉菜单 插入(I) ➡ 凸台/基体(B) ➡ 拉伸(E)... 命令。

（2）定义特征的横断面草图。选取基准面 4 作为草图基准面，在草绘环境中绘制图 22.67 所示的横断面草图。

（3）定义拉伸深度属性。在 方向1 区域中单击"反向"按钮 ，在"凸台-拉伸"对话框的 方向1 区域的下拉列表框中选择 成形到下一面 选项。

（4）定义薄壁特征属性。采用系统默认的加厚方向，在"凸台-拉伸"对话框的 ☑ 薄壁特征(T) 区域的下拉列表框中选择 单向 选项，在 区域中输入 0.5。

（5）单击 按钮，完成拉伸-薄壁 2 的创建。

图 22.66　拉伸-薄壁 2

图 22.67　横断面草图

Step10. 创建图 22.68 所示的零件基础特征——拉伸-薄壁 3。

（1）选择命令。选择下拉菜单 插入(I) ➡ 凸台/基体(B) ➡ 拉伸(E)...命令。

（2）定义特征的横断面草图。选取基准面 4 作为草图基准面，在草绘环境中绘制图 22.69 所示的横断面草图。

（3）定义拉伸深度属性。在 方向1 区域中单击"反向"按钮 ，在"凸台-拉伸"对话框的 方向1 区域的下拉列表框中选择 成形到下一面 选项。

（4）定义薄壁特征属性。在薄壁特征区域中单击"反向"按钮 ，在"凸台-拉伸"对话框的 ☑ 薄壁特征(T) 区域的下拉列表框中选择 单向 选项，在 区域中输入 0.5。

（5）单击 按钮，完成拉伸-薄壁 3 的创建。

图 22.68　拉伸-薄壁 3

图 22.69　横断面草图

Step11. 创建图 22.70 所示的零件特征——切除-拉伸 2。

（1）选择命令。选择下拉菜单 插入(I) ➡ 切除(C) ➡ 拉伸(E)...命令。

（2）定义特征的横断面草图。选取前视基准面作为草图基准面，在草绘环境中绘制图 22.71 所示的横断面草图，选择下拉菜单 插入(I) ➡ 退出草图 命令，完成横断面草图的创建。

（3）定义切除深度属性。采用系统默认的切除深度方向，在"切除-拉伸"对话框的 方向1 区域的下拉列表框中选择 两侧对称 选项，输入深度值 10.0。

（4）单击对话框中的 按钮，完成切除-拉伸 2 的创建。

图 22.70　切除-拉伸 2　　　　　　图 22.71　横断面草图

Step12. 创建图 22.72 所示的零件特征——切除-旋转 1。

（1）选择下拉菜单 插入(I) ➡ 切除(C) ➡ 🔲 旋转(R)... 命令。

（2）选取前视基准面为草图基准面，绘制图 22.73 所示的横断面草图。

（3）定义旋转轴线。采用草图中绘制的中心线作为旋转轴线。

（4）定义旋转角度值。在"切除-旋转"对话框中输入旋转角度值 360.0。

（5）单击 ✓ 按钮，完成切除-旋转 1 的创建。

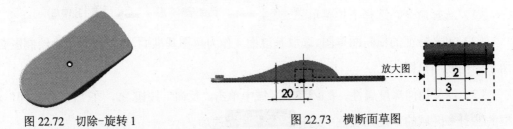

图 22.72　切除-旋转 1　　　　　　　　图 22.73　横断面草图

Step13. 创建图 22.74 所示的零件特征——切除-拉伸 3。

（1）选择下拉菜单 插入(I) ➡ 切除(C) ➡ 🔳 拉伸(E)... 命令。

（2）选取上视基准面作为草图基准面，在草绘环境中绘制图 22.75 所示的横断面草图。

（3）单击 ↗ 按钮，采用系统默认相反的切除深度方向，在"切除-拉伸"对话框的 方向 1 区域的下拉列表框中选择 完全贯穿 选项。

（4）单击对话框中的 ✓ 按钮，完成切除-拉伸 3 的创建。

图 22.74　切除-拉伸 3　　　　　　　　图 22.75　横断面草图

Step14. 创建图 22.76 所示的零件特征——筋 1。

（1）选择命令。选择下拉菜单 插入(I) ➡ 特征(F) ➡ 🛆 筋(R)... 命令。

（2）定义筋特征的横断面草图。

① 定义草图基准面。选取右视基准面作为草图基准面。

② 绘制截面的几何图形（即图 22.77 所示的直线）。

（3）定义筋的属性。在"筋"对话框的 参数(P) 区域中单击 ☰（两侧）按钮，输入筋厚度值 1.0，在 拉伸方向: 下单击 ◈ 按钮，选中 ☑ 反转材料方向(F) 复选框。

（4）单击 ✓ 按钮，完成筋 1 的创建。

图 22.76　筋 1

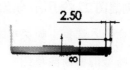

图 22.77　筋的几何图形

Step15. 创建图 22.78b 所示的镜像 1。

（1）选择命令。选择下拉菜单 插入(I) ➡ 阵列/镜向(E) ➡ 镜向(M)...命令。

（2）定义镜像基准面。在设计树中选择前视基准面为镜像基准面。

（3）定义镜像对象。在设计树中选择筋 1 为镜像 1 的对象。

（4）单击对话框中的 ✔ 按钮，完成镜像 1 的创建。

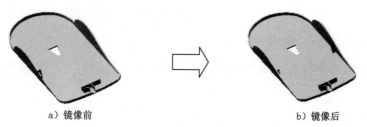

a）镜像前

b）镜像后

图 22.78　镜像 1

Step16. 创建图 22.79 所示的阵列（线性）1。

（1）选择命令。选择下拉菜单 插入(I) ➡ 阵列/镜向(E) ➡ 线性阵列(L)...命令，系统弹出"线性阵列"对话框。

（2）定义阵列源特征，如图 22.80 所示。单击 要阵列的特征(F) 区域中的文本框，在模型树中选取筋 1 和镜像 1 作为阵列的源特征。

（3）定义阵列参数。

① 定义方向 1 的参考边线。选取图 22.81 所示的边线 1 为方向 1 的参考边线。

② 定义方向 1 的参数。在 方向1 区域的 ✐D1 文本框中输入数值 20.0，在 ∘°# 文本框中输入数值 2。

（4）单击对话框中的 ✔ 按钮，完成阵列（线性）1 的创建。

边线 1

图 22.79　阵列（线性）1

图 22.80　阵列的源特征

图 22.81　边线 1

Step17. 创建图 22.82 所示的零件基础特征——凸台-拉伸 1。

（1）选择命令。选择下拉菜单 插入(I) ➔ 凸台/基体(B) ➔ 拉伸(E)... 命令。

（2）定义特征的横断面草图。

① 定义草图基准面。选取上视基准面作为草图基准面。

② 定义横断面草图。在草绘环境中绘制图 22.83 所示的横断面草图。

③ 选择下拉菜单 插入(I) ➔ 退出草图 命令，退出草绘环境，此时系统弹出"拉伸"对话框。

（3）定义拉伸深度属性。

① 定义深度方向。采用系统默认的深度方向。

② 定义深度类型和深度值。在"凸台-拉伸"对话框 方向1 区域的下拉列表框中选择 给定深度 选项，输入深度值 16.0。

（4）在"凸台-拉伸"对话框的 方向1 区域中单击"拔模开关"按钮 ，输入角度为 1.00 度。

（5）单击 按钮，完成凸台-拉伸 1 的创建。

图 22.82 凸台-拉伸 1

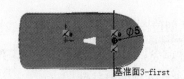

图 22.83 横断面草图

Step18. 创建图 22.84 所示的零件特征——异形孔向导 1。

（1）选择命令。选择下拉菜单 插入(I) ➔ 特征(F) ➔ 孔(H) ➔ 向导(W)... 命令，系统弹出"孔规格"对话框。

（2）定义孔的位置。在"孔规格"对话框中选择 位置 选项卡，系统弹出"孔位置"对话框，选择图 22.85 所示的模型表面点为孔的放置位置。

（3）定义孔的参数。

① 定义孔的规格。在"孔位置"对话框中选择 类型 选项卡，选择孔"类型"为 （柱孔），标准为 Gb ，类型为 Hex head bolts GB/T5782-2000，大小为 M3，配合为 正常 。

② 定义孔的终止条件。在"孔规格"对话框的 终止条件(C) 下拉列表框中选择 完全贯穿 选项。

（4）定义孔的大小。在"孔规格"对话框的 ☑ 显示自定义大小(Z) 区域的 后的文本框中输入 3.0，在 后的文本框中输入 4.0，在 后的文本框中输入 12.0。

（5）单击"孔规格"对话框中的 ✔ 按钮，完成异形孔向导 1 的创建。

图 22.84　异形孔向导 1

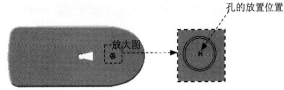

图 22.85　孔的放置位置

Step19. 创建图 22.86 所示的零件基础特征——凸台-拉伸 2。

（1）选择命令。选择下拉菜单 插入(I) ➡ 凸台/基体(B) ➡ 拉伸(E)... 命令。

（2）定义特征的横断面草图。选取上视基准面为草图基准面，在草绘环境中绘制图 22.87 所示的横断面草图。

（3）定义拉伸深度属性。

① 定义深度方向。采用系统默认的深度方向。

② 定义深度类型和深度值。在"凸台-拉伸"对话框 方向1 区域的下拉列表框中选择 给定深度 选项，输入深度值 16.0。

（4）单击 ✔ 按钮，完成凸台-拉伸 2 的创建。

图 22.86　凸台-拉伸 2

图 22.87　横断面草图

Step20. 创建图 22.88 所示的零件特征——切除-拉伸 4。

（1）选择下拉菜单 插入(I) ➡ 切除(C) ➡ 拉伸(E)... 命令。

（2）选取前视基准面为草图基准面，在草绘环境中绘制图 22.89 所示的横断面草图。

（3）采用系统默认的切除深度方向，在"切除-拉伸"对话框的 方向1 区域和 方向2 区域的下拉列表框中均选择 完全贯穿 选项。

（4）单击对话框中的 ✔ 按钮，完成切除-拉伸 4 的创建。

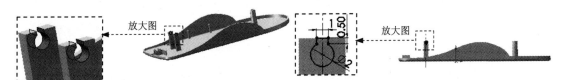

图 22.88　切除-拉伸 4　　　　图 22.89　横断面草图

Step21. 创建图 22.90b 所示的倒角 1。

（1）选择命令。选择下拉菜单 插入(I) ➡ 特征(F) ➡ 倒角(C)... 命令，弹出"倒角"对话框。

（2）定义倒角类型。在"倒角"对话框中选择 ⊙ 角度距离(A) 单选按钮。

（3）定义倒角对象。选取图 22.90a 所示的边线为要倒角的对象。

（4）定义倒角的参数。在 文本框中输入数值 0.5，在 文本框中输入数值 45.0。

（5）单击 按钮，完成倒角 1 的创建。

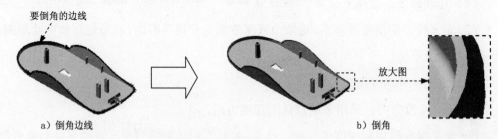

图 22.90　倒角 1

Step22. 创建图 22.91 所示的基准轴 1。

（1）选择命令。选择下拉菜单 插入(I) ➡ 参考几何体(G) ➡ 基准轴(A) 命令，系统弹出"基准轴"对话框。

（2）定义基准轴的创建类型。在"基准轴"对话框的 选择(S) 区域中单击 圆柱/圆锥面(C) 按钮。

（3）定义基准轴的参考实体。选取图 22.92 所示的孔表面为基准轴的参考。

（4）单击对话框中的 按钮，完成基准轴 1 的创建。

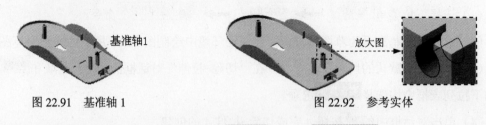

图 22.91　基准轴 1　　　　　　　　　　图 22.92　参考实体

Step23. 保存模型文件。选择下拉菜单 文件(F) ➡ 保存(S) 命令，将模型存盘。

22.5　创建鼠标上盖

鼠标上盖模型及设计树如图 22.93 所示。

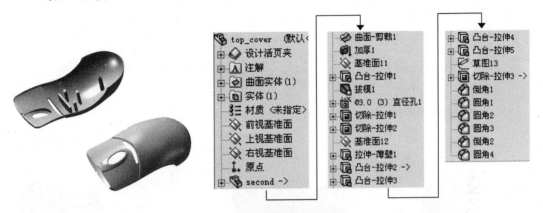

图 22.93　模型及设计树

Step1. 在装配中创建新零件。选择下拉菜单 插入(I) → 零部件(O) → 新零件(N)... 命令，设计树中会增加一个固定的零件，如图 22.94 所示。

Step2. 在设计树中右击刚才新建的零件，从弹出的快捷菜单中选择 打开零件 命令，系统进入空白界面。选择下拉菜单 文件(F) → 另存为(A)... ，在系统弹出的"SolidWorks 2012"对话框中单击 确定 按钮，将新的零件命名为 top_cover.SLDPRT。

Step3. 引入零件，如图 22.95 所示。

（1）选择下拉菜单 插入(I) → 零件(A)... 命令。在系统弹出的对话框中选择 second.SLDPRT 文件，单击 打开(O) 按钮。

（2）在对话框中 转移(T) 区域选中 ☑ 基准轴(A)、☑ 基准面(P)、☑ 曲面实体(S) 和 ☑ 实体(D) 复选框。

（3）单击"插入零件"对话框中的 ✔ 按钮，完成 second.SLDPRT 文件的引入。

图 22.94　设计树新增零件

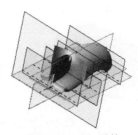

图 22.95　引入零件

Step4. 创建图 22.96 所示的曲面-剪裁 1。

（1）选择下拉菜单 插入(I) ➡ 曲面(S) ➡ 剪裁曲面(T)... 命令，系统弹出"剪裁曲面"对话框。

（2）定义剪裁类型。在对话框的 剪裁类型(T) 区域中选择 ⊙ 相互(M) 单选按钮。

（3）定义剪裁参数。

① 定义剪裁工具。选取图 22.97 所示的曲面为剪裁曲面。

② 定义选择方式。选择 ⊙ 移除选择(R) 单选按钮，然后选取图 22.98 所示的曲面为需要移除的部分。

（4）单击对话框中的 ✔ 按钮，完成曲面-剪裁 1 的创建。

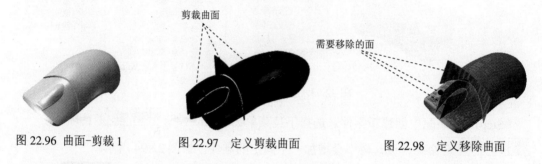

图 22.96 曲面-剪裁 1　　　图 22.97 定义剪裁曲面　　　图 22.98 定义移除曲面

Step5 创建图 22.99 所示的加厚 1。

（1）选择命令。选择下拉菜单 插入(I) ➡ 凸台/基体(B) ➡ 加厚(T)... 命令，系统弹出"加厚"对话框。

（2）定义加厚曲面。选取曲面-剪裁 1 为要加厚的曲面。

（3）定义加厚方向。在"加厚"对话框的 加厚参数(T) 区域中单击加厚边侧 2 按钮 ▤。

（4）定义厚度。在"加厚"对话框的 加厚参数(T) 区域的 ⟨T₁⟩ 后的文本框中输入 1.0。

（5）单击 ✔ 按钮，完成加厚 1 的创建。

Step6. 创建图 22.100 所示的基准面 5。

（1）选择命令。选择下拉菜单 插入(I) ➡ 参考几何体(G) ➡ 基准面(P)... 命令，系统弹出"基准面"对话框。

（2）定义基准面的参考实体。选取上视基准面作为基准面的参考实体。

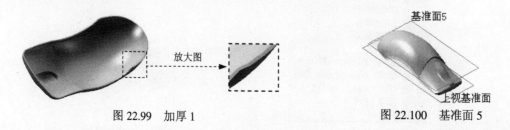

图 22.99 加厚 1　　　　　图 22.100 基准面 5

（3）定义偏移方向及距离。采用系统默认的偏移方向，在 [⊞] 按钮后输入偏移距离值 15.0。

（4）单击对话框中的 [✔] 按钮，完成基准面 5 的创建。

Step7. 创建图 22.101 所示的零件基础特征——凸台-拉伸 1。

（1）选择命令。选择下拉菜单 [插入(I)] ➡ [凸台/基体(B)] ➡ [🗔 拉伸(E)] ...命令。

（2）定义特征的横断面草图。

① 定义草图基准面。选取基准面 5 为草图基准面。

② 定义横断面草图。在草绘环境中绘制图 22.102 所示的草图 4。

③ 选择下拉菜单 [插入(I)] ➡ [🖉 退出草图] 命令，退出草绘环境，此时系统弹出"凸台-拉伸"对话框。

（3）定义拉伸深度属性。

① 定义深度方向。采用系统默认的深度方向。

② 定义深度类型和深度值。在"凸台-拉伸"对话框 [方向1] 区域的下拉列表框中选择 [成形到下一面] 选项。

（4）单击 [✔] 按钮，完成凸台-拉伸 1 的创建。

图 22.101　凸台-拉伸 1

图 22.102　草图 4

Step8. 创建图 22.103 所示的零件特征——拔模 1。

（1）选择命令。选择下拉菜单 [插入(I)] ➡ [特征(F)] ▸ ➡ [◢ 拔模(D)] ...命令。

（2）定义拔模面。选取图 22.104 所示的面为拔模面。

（3）定义拔模中性面。选取图 22.105 所示的面为中性面。

（4）定义拔模参数。

① 定义拔模方向。采用系统默认的拔模方向。

② 定义拔模角度。在"拔模"对话框的 [拔模角度(G)] 区域的 [△] 文本框后输入 1.0。

（5）单击 [✔] 按钮，完成拔模 1 的创建。

图 22.103　拔模 1

图 22.104　拔模面

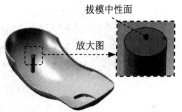

图 22.105　拔模中性面

Step9. 创建图 22.106 所示的零件特征——异形孔向导 1。

（1）选择命令。选择下拉菜单 插入(I) ➡ 特征(F) ▶ 孔(H) ▶ 向导(W)... 命令，系统弹出"孔规格"对话框。

（2）定义孔的位置。在"孔规格"对话框中选择 位置 选项卡，系统弹出"孔位置"对话框，选择图 22.107 所示的模型表面点为孔的放置位置。

（3）定义孔的参数。

① 定义孔的规格。在"孔规格"对话框中选择 类型 选项卡，选择孔"类型"为 （孔），标准为 Gb ，类型为 钻孔大小 ，大小为 Ø3.0 。

② 定义孔的终止条件。在"孔规格"对话框的 终止条件(C) 下拉列表框中选择 给定深度 选项。

（4）定义孔的深度。在"孔规格"对话框的 终止条件(C) 区域中的 文本框中输入 5.0。

（5）单击"孔规格"对话框中的 ✔ 按钮，完成异形孔 1 向导的创建。

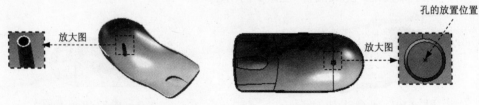

图 22.106　异形孔向导 1　　　　　图 22.107　孔的放置位置

Step10. 创建图 22.108 所示的零件特征——切除-拉伸 1。

（1）选择下拉菜单 插入(I) ➡ 切除(C) ➡ 拉伸(E)... 命令。

（2）选取基准面 2 为草图基准面，在草绘环境中绘制图 22.109 所示的草图 5。

（3）单击 按钮，采用系统默认相反的切除深度方向，在"切除-拉伸"对话框的 方向1 区域的下拉列表框中选择 成形到下一面 选项。

（4）单击对话框中的 ✔ 按钮，完成切除-拉伸 1 的创建。

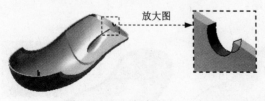
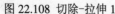

图 22.108　切除-拉伸 1　　　　　　图 22.109　草图 5

Step11. 创建图 22.110 所示的零件特征——切除-拉伸 2。

（1）选择下拉菜单 插入(I) ➡ 切除(C) ➡ 拉伸(E)...命令。

（2）选取上视基准面为草图基准面，在草绘环境中绘制图 22.111 所示的草图 6。

（3）　单击"反向"按钮，在"切除-拉伸"对话框的 方向1 区域的下拉列表框中选择 完全贯穿 选项。

（4）单击对话框中的 按钮，完成切除-拉伸 2 的创建。

图 22.110　切除-拉伸 2

图 22.111 草图 6

Step12. 创建图 22.112 所示的基准面 6。

（1）选择下拉菜单 插入(I) ➡ 参考几何体(G) ➡ 基准面(P)...命令，系统弹出"基准面"对话框。

（2）定义基准面的参考实体。选取上视基准面为参考实体。

（3）定义偏移方向及距离。采用系统默认的偏移方向值，在 后的文本框中输入数值 18.0。

（4）单击对话框中的 按钮，完成基准面 6 的创建。

Step13. 创建图 22.113 所示的零件基础特征——拉伸-薄壁 1。

（1）选择命令。选择下拉菜单 插入(I) ➡ 凸台/基体(B) ➡ 拉伸(E)...命令。

（2）定义特征的草图 7，如图 22.114 所示。选取基准面 6 为草图基准面。

（3）定义拉伸深度属性。采用系统默认的加厚方向，在"凸台-拉伸"对话框的 方向1 区域的下拉列表框中选择 成形到下一面 选项。

（4）定义薄壁特征属性。单击 按钮，采用系统默认的相反的加厚方向，在"凸台-拉伸"对话框的 ☑ 薄壁特征(T) 区域的下拉列表框中选择 单向 选项，在 区域中输入 2.0。

（5）单击 按钮，完成拉伸-薄壁 1 的创建。

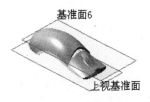

图 22.112 创建基准面 6

图 22.113　拉伸-薄壁 1

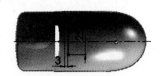

图 22.114　草图 7

Step14. 创建图 22.115 所示的零件基础特征——凸台-拉伸 2。

（1）打开 mouse-asm.SLDASM 窗口，进入装配环境，在模型树中选择 🖿🚜 top_cover<1> -> 节点，右击，在弹出的快捷菜中选择编辑零件命令，系统进入零件编辑环境。

（2）选择命令。选择下拉菜单 插入(I) ➡ 凸台/基体(B) ➡ 拉伸(E)...命令。

（3）定义特征的横断面草图。选取基准面 6 为草图基准面（在图形区显示出 first 零件中的草图 13），在草绘环境中绘制图 22.116 所示的草图 8。(此草图与 first 中草图 13 完全重合)

（4）定义拉伸深度属性。采用系统默认的深度方向，在"凸台-拉伸"对话框的 方向1 区域的下拉列表框中选择 成形到下一面 选项，在 方向2 区域的下拉列表框中选择 给定深度 选项，输入深度值 1.0。

（5）单击 ✔ 按钮，完成凸台-拉伸 2 的创建。

（6）在工具栏中单击编辑零件 🔖 按钮，退出零件编辑环境，在模型树中选择 🖿🚜 top_cover<1> -> 节点，右击，在弹出的快捷菜中选择打开零件命令，进入 top_cover 零部件编辑环境。

图 22.115 凸台-拉伸 2

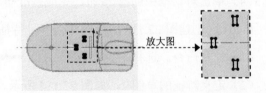

放大图

图 22.116 草图 8

Step15. 创建图 22.117 所示的零件基础特征——凸台-拉伸 3。

（1）选择命令。选择下拉菜单 插入(I) ➡ 凸台/基体(B) ➡ 拉伸(E)...命令。

（2）定义特征的横断面草图。选取图 22.118 所示的模型表面为草图基准面，在草绘环境中绘制图 22.119 所示的草图 9。

（3）定义拉伸深度属性。采用系统默认的深度方向，在"凸台-拉伸"对话框的 方向1 区域的下拉列表框中选择 成形到一面 选项，选取与草图基准面对应的面为拉伸终止面。

（4）单击 ✔ 按钮，完成凸台-拉伸 3 的创建。

Step16. 参照拉伸 3 的操作步骤创建图 22.120 所示的凸台-拉伸 4 和图 22.121 所示的凸台-拉伸 5，横断面草图同凸台-拉伸 3 的草图。

图 22.117　凸台-拉伸 3

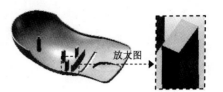

图 22.118　草图基准面

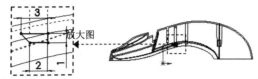

图 22.119　草图 9

图 22.120　凸台-拉伸 4

图 22.121　凸台-拉伸 5

Step17. 创建图 22.122 所示的草图 10。

（1）选择命令。选择下拉菜单 插入(I) ➡ 草图绘制 命令。

（2）定义草图基准面。选取前视基准面为草图基准面。

（3）在草绘环境中绘制图 22.122 所示的草图。

（4）选择下拉菜单 插入(I) ➡ 草图绘制 命令，完成草图 10 的创建。

Step18. 创建图 22.123 所示的零件特征——切除-拉伸 3。

（1）打开 mouse-asm.SLDASM 窗口，进入装配环境，在模型树中选择 top_cover<1> -> 节点，右击，在弹出的快捷菜中选择编辑零件命令，系统进入零件编辑环境。

（2）选择下拉菜单 插入(I) ➡ 切除(C) ➡ 拉伸(E)... 命令。

（3）选取上视基准面为草图基准面（在图形区显示出 first 零件中的草图 14），在草绘环境中绘制图 22.124 所示的横断面草图。

（4）单击 按钮，采用系统默认的相反的切除深度方向，在"切除-拉伸"对话框的 方向 1 区域的下拉列表框中选择 完全贯穿 选项。

（5）单击对话框中的 按钮，完成切除-拉伸 3 的创建。

（6）在工具栏中单击编辑零件 按钮，退出零件编辑环境，在模型树中选择 top_cover<1> -> 节点，右击，在弹出的快捷菜中选择打开零件命令，进入 top_cover 零部件编辑环境。

图 22.122　草图 10

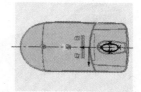
图 22.123　切除-拉伸 3

图 22.124　横断面草图

Step19. 创建图 22.125b 所示的倒角 1。

（1）选择命令。选择下拉菜单 插入(I) —— 特征(F) ▸ —— 倒角(C)... 命令，弹出"倒角"对话框。

（2）定义倒角类型。在"倒角"对话框中选择 ⊙ 角度距离(A) 单选按钮。

（3）定义倒角对象。选取图 22.125a 所示的边线为要倒角的对象。

（4）定义倒角的参数。在 文本框中输入数值 0.3，在 文本框中输入数值 45.0。

（5）单击 按钮，完成倒角 1 的创建。

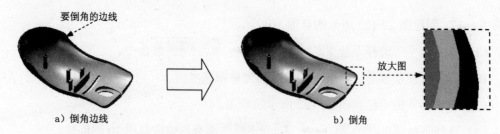
a）倒角边线　　　　　　　　　b）倒角
图 22.125　倒角 1

Step20. 创建图 22.126b 所示的圆角 1。

（1）选择命令。选择下拉菜单 插入(I) —— 特征(F) ▸ —— 圆角(F)... 命令，系统弹出"圆角"对话框。

（2）定义圆角类型。采用系统默认的圆角类型。

（3）定义圆角对象。选取图 22.126a 所示的边线为要圆角的对象。

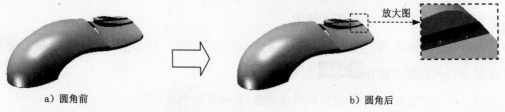
a）圆角前　　　　　　　　　b）圆角后
图 22.126　圆角 1

（4）定义圆角的半径。在对话框中输入半径值 0.5。

（5）单击"圆角"对话框中的 按钮，完成圆角 1 的创建。

Step21. 创建圆角 2。选择下拉菜单 插入(I) ➡ 特征(F) ➡ 圆角(F)...命令，系统弹出"圆角"对话框，采用系统默认的圆角类型，选取图 22.127 所示的边线为要圆角的对象,圆角半径为 0.2。

Step22. 创建圆角 3。选择下拉菜单 插入(I) ➡ 特征(F) ➡ 圆角(F)...命令，系统弹出"圆角"对话框，采用系统默认的圆角类型，选取图 22.128 所示的边线为要圆角的对象,圆角半径为 0.5。

图 22.127 圆角 2 边线   图 22.128 圆角 3 边线

Step23. 创建图 22.129b 所示的倒角 2。

（1）选择命令。选择下拉菜单 插入(I) ➡ 特征(F) ➡ 倒角(C)...命令，弹出"倒角"对话框。

（2）定义倒角类型。在"倒角"对话框中选择 ⊙ 角度距离(A) 单选按钮。

（3）定义倒角对象。选取图 22.129a 所示的边线为要倒角的对象。

（4）定义倒角的参数。在 文本框中输入数值 1.0，在 文本框中输入数值 60.0。

（5）单击 按钮，完成倒角 2 的创建。

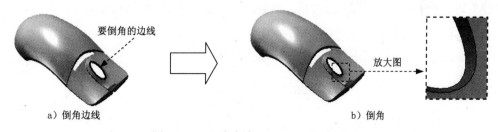

a）倒角边线   b）倒角

图 22.129 添加倒角 2

Step24. 创建圆角 4。选择下拉菜单 插入(I) ➡ 特征(F) ➡ 圆角(F)...命令，系统弹出"圆角"对话框，采用系统默认的圆角类型，选取图 22.130 所示的边线为要圆角的对象，圆角半径为 0.5。

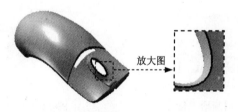

图 22.130 圆角 4 边线

Step25. 保存模型文件。选择下拉菜单 文件(F) ➡ 保存(S) 命令，将模型存盘。

22.6　创建鼠标按键

鼠标按键模型及设计树如图 22.131 所示。

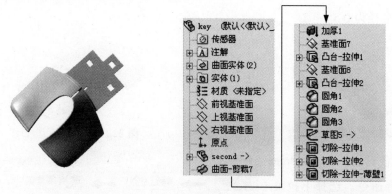

图 22.131　模型及设计树

Step1. 在装配中创建新零件。选择下拉菜单 插入(I) ➡ 零部件(O) ➡ 新零件(N)… 命令，设计树中会增加一个固定的零件，如图 22.132 所示。

Step2. 在设计树中右击刚才新建的零件，从弹出的快捷菜单中选择打开零件命令，系统进入空白界面。选择下拉菜单 文件(F) ➡ 另存为(A)… ，在系统弹出的"SolidWorks 2012"对话框中单击 确定 按钮，将新的零件命名为 key.SLDPRT。

Step3. 引入零件，如图 22.133 所示。

（1）选择下拉菜单 插入(I) ➡ 零件(A)… 命令。在系统弹出的对话框中选择 second.SLDPRT 文件，单击 打开(O) 按钮。

图 22.132　设计树新增零件

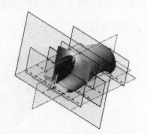

图 22.133　引入零件

（2）在对话框中 转移(T) 区域选中 ☑ 基准轴(A)、☑ 基准面(P)、☑ 曲面实体(S) 和 ☑ 实体(D) 复选框。

（3）单击"插入零件"对话框中的 ✔ 按钮，完成 second.SLDPRT 文件的引入。

注意：此时，为了操作方便要将拉伸曲面隐藏。

Step4. 创建图 22.134 所示的曲面-剪裁 1。

（1）选择下拉菜单 插入(I) ➡ 曲面(S) ▸ ➡ 剪裁曲面(T)... 命令，系统弹出"剪裁曲面"对话框。

（2）定义剪裁类型。在对话框的 剪裁类型(T) 区域中选择 ⦿ 标准(D) 单选按钮。

（3）定义剪裁参数。

① 定义剪裁工具。选取图 22.135 所示曲面为剪裁曲面。

② 定义选择方式。选择 ⦿ 保留选择(K) 单选按钮，然后选取图 22.136 所示的曲面为需要保留的部分。

（4）单击对话框中的 ✔ 按钮，完成曲面-剪裁 1 的创建。

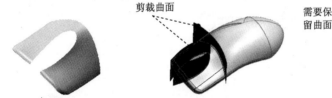

图 22.134　曲面-剪裁 1　　　图 22.135　定义剪裁曲面　　　图 22.136　定义保留曲面

注意：此时，为了操作方便要将 second 曲面隐藏。

Step5. 创建图 22.137 所示的加厚 1。

（1）选择命令。选择下拉菜单 插入(I) ➡ 凸台/基体(B) ▸ ➡ 加厚(T)... 命令，系统弹出"加厚"对话框。

（2）定义加厚曲面。选取曲面-剪裁 1 为要加厚的曲面。

（3）定义加厚方向。在"加厚"对话框的 加厚参数(T) 区域中单击加厚边侧 2 按钮 ▤。

（4）定义厚度。在"加厚"对话框的 加厚参数(T) 区域的 ⟨⊤⟩ 后的文本框中输入 1.0，

（5）单击 ✔ 按钮，完成加厚 1 的创建。

Step6. 创建图 22.138 所示的基准面 7。

（1）选择命令。选择下拉菜单 插入(I) ➡ 参考几何体(G) ▸ ➡ 基准面(P)... 命令，系统弹出"基准面"对话框。

（2）定义基准面的参考实体。选取上视基准面为基准面的参考实体。

（3）定义偏移方向及距离。采用系统默认的偏移方向，在 ⬚ 按钮后输入偏移距离值 18.0。

（4）单击对话框中的 ✅ 按钮，完成基准面 7 的创建。

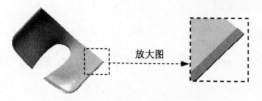
图 22.137 加厚 1

图 22.138　基准面 7

Step7. 创建图 22.139 所示的零件基础特征——凸台-拉伸 1。

（1）选择命令。选择下拉菜单 插入(I) ➡ 凸台/基体(B) ➡ 拉伸(E)... 命令。

（2）定义特征的横断面草图。选取基准面 7 为草图基准面，在草绘环境中绘制图 22.140 所示的横断面草图。（此草图通过图 22.139 所示等距边线等距而出）

（3）定义拉伸深度属性。采用系统默认的深度方向，在"凸台-拉伸"对话框的 方向1 区域的下拉列表框中选择 成形到一面 选项，选取图 22.141 所示的面为拉伸终止面。

（4）单击 ✅ 按钮，完成凸台-拉伸 1 的创建。

图 22.139　凸台-拉伸 1

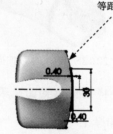
图 22.140　横断面草图

图 22.141　拉伸终止面

Step8. 创建图 22.142 所示的基准面 8。选择下拉菜单 插入(I) ➡ 参考几何体(G) ➡ 基准面(P)... 命令，选取右视基准面为基准面的参考实体，采用系统默认的偏移方向，在 ⬚ 按钮后输入偏移距离值 26.0。单击对话框中的 ✅ 按钮，完成基准面 8 的创建。

Step9. 创建图 22.143 所示的零件基础特征——凸台-拉伸 2。选择下拉菜单 插入(I) ➡ 凸台/基体(B) ➡ 拉伸(E)... 命令，选取基准面 8 为草图基准面，在草绘环境中绘制图 22.144 所示的横断面草图。采用系统默认的深度方向，在"凸台-拉伸"对话框的 方向1 区域的下拉列表框中选择 成形到一面 选项，选取图 22.145 所示的面为拉伸终止面，单击 ✅ 按钮，完成凸台-拉伸 2 的创建。

图 22.142 基准面 8　　图 22.143　凸台-拉伸 2　　图 22.144 横断面草图　　图 22.145 拉伸终止面

Step10. 创建图 22.146b 所示的圆角 1。

（1）选择命令。选择下拉菜单 插入(I) —— 特征(F) —— 圆角(F)...命令，系统弹出"圆角"对话框。

（2）定义圆角类型。采用系统默认的圆角类型。

（3）定义圆角对象。选取图 22.146a 所示的边线为要圆角的对象。

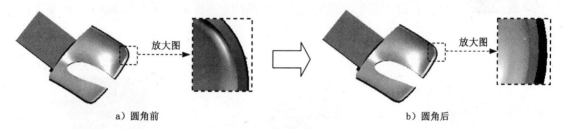

a）圆角前　　　　　　　　　　　　　　b）圆角后

图 22.146 添加圆角 1

（4）定义圆角的半径。在对话框中输入半径值 0.2。

（5）单击"圆角"对话框中的 ✔ 按钮，完成圆角 1 的创建。

Step11. 创建圆角 2。选择下拉菜单 插入(I) —— 特征(F) —— 圆角(F)...命令，系统弹出"圆角"对话框，采用系统默认的圆角类型，选取图 22.147 所示的边线为要圆角的对象，圆角半径为 0.2。

Step12. 创建圆角 3。选择下拉菜单 插入(I) —— 特征(F) —— 圆角(F)...命令，系统弹出"圆角"对话框，采用系统默认的圆角类型，选取图 22.148 所示的边线为要圆角的对象，圆角半径为 0.2。

图 22.147　圆角 2 边线　　　　　　　　图 22.148　圆角 3 边线

Step13. 创建图 22.149 所示的零件特征——切除-拉伸 1。

（1）打开 mouse-asm.SLDASM 窗口，进入装配环境，在模型树中选择 ⊞ 🐾 key⟨1⟩ -> 节点，右击，在弹出的快捷菜中选择编辑零件命令，系统进入零件编辑环境。

（2）选择下拉菜单 插入(I) ➡ 切除(C) ➡ 🔳 拉伸(E)... 命令。

（3）选取基准面 7 为草图基准面，（在图形区显示出 first 零件中的草图 13），在草绘环境中绘制图 22.150 所示的横断面草图（两边分别外延 0.5）。

（4）采用系统默认的切除深度方向，在"切除-拉伸"对话框的 方向1 区域和 方向2 区域的下拉列表框中选择 完全贯穿 选项。

（5）单击对话框中的 ✔ 按钮，完成切除-拉伸 1 的创建。

（6）在工具栏中单击编辑零件 🗳 按钮，退出零件编辑环境，在模型树中选择 ⊞ 🐾 key⟨1⟩ -> 节点，右击，在弹出的快捷菜中选择打开零件命令，进入 top_cover 零部件编辑环境。

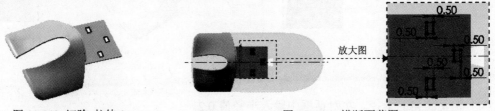

图 22.149 切除-拉伸 1   图 22.150 横断面草图

Step14. 创建图 22.151 所示的零件特征——切除-拉伸 2。

（1）选择下拉菜单 插入(I) ➡ 切除(C) ➡ 🔳 拉伸(E)... 命令。

（2）选取基准面 7 为草图基准面，在草绘环境中绘制图 22.152 所示的横断面草图。

（3）采用系统默认的切除深度方向，在"切除-拉伸"对话框的 方向1 区域和 方向2 区域的下拉列表框中选择 完全贯穿 选项。

（4）单击对话框中的 ✔ 按钮，完成切除-拉伸 2 的创建。

图 22.151 切除-拉伸 2   图 22.152 横断面草图

Step15. 创建图 22.153 所示的零件特征——切除-拉伸-薄壁 1。

（1）选择下拉菜单 插入(I) ➡ 切除(C) ▸ ➡ ▣ 拉伸(E)... 命令。

（2）选取上视基准面为草图基准面，在草绘环境中绘制图 22.154 所示的横断面草图。

（3）采用系统默认的切除深度方向，在"切除-拉伸"对话框的 方向1 区域和 方向2 区域的下拉列表框中选择 完全贯穿 选项。

（4）在 ☑ 薄壁特征(T) 下拉列表框中选择 两侧对称 选项，输入厚度值 1.0。

（5）单击对话框中的 ✔ 按钮，完成切除-拉伸-薄壁 1 的创建。

图 22.153 切除-拉伸-薄壁 1

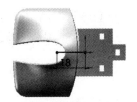

图 22.154　横断面草图

Step16. 保存模型文件。选择下拉菜单 文件(F) ➡ 🖫 保存(S) 命令，将模型存盘。

22.7　创建鼠标中键

鼠标中键模型如图 22.155 所示。

Step1. 进入装配环境。选择下拉菜单 插入(I) ➡ 零部件(O) ▸ ➡ 🐫 新零件(N)... 命令，设计树中会增加一个固定的零件，在设计树中右击新建的零件，从弹出的快捷菜单中选择打开零件命令，系统进入空白界面。选择下拉菜单 文件(F) ➡ 🖫 另存为(A)...，将新的零件命名为 trolley.SLDPRT，打开 mouse-asm.SLDASM 窗口，进入装配环境，在模型树中选择 ⊞ 🐫 (固定) trolley<1> -> 默认 节点，右击，在弹出的快捷菜中选择编辑零件命令，系统进入零件编辑环境。(注意：此时，为了操作方便要将 first 、second、top-cover、key 隐藏隐藏将显示模式改为上色状态)

Step2. 创建图 22.156 所示的零件特征——旋转 1。

（1）选择命令。选择下拉菜单 插入(I) ➡ 凸台/基体(B) ▸ ➡ 🌣 旋转(R)... 命令，系统弹出"旋转"对话框。

（2）定义特征的横断面草图。

① 定义草图基准面。选取 first.SLDPRT 模型中的基准面 1 作为草图基准面，进入草图环境。

② 定义横断面草图。绘制图 22.157 所示的横断面草图。

③ 完成草图绘制后，选择下拉菜单 插入(I) ➡ 退出草图 命令，退出草图环境。

（3）定义旋转轴线。采用草图中绘制的中心线为旋转轴线（此时旋转对话框中显示所选中心线的名称）。

（4）定义旋转属性。

① 定义旋转方向。在"旋转"对话框的 方向1 区域的下拉列表框中选择 给定深度 选项，采用系统默认的旋转方向。

② 定义旋转角度。在 方向1 区域的 文本框中输入数值 360.0。

（5）单击对话框中的 按钮，完成旋转 1 的创建。

图 22.155　鼠标中键模型

图 22.156　旋转 1

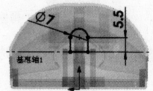
图 22.157　横断面草图

Step3. 创建图 22.158 所示的零件基础特征——凸台-拉伸 1。

（1）选择命令。选择下拉菜单 插入(I) ➡ 凸台/基体(B) ➡ 拉伸(E)... 命令。

（2）定义特征的横断面草图。选取图 22.159 所示的模型表面为草图基准面，在草绘环境中绘制图 22.160 所示的横断面草图。

（3）定义拉伸深度属性。采用系统默认的深度方向，在"凸台-拉伸"对话框的 方向1 区域和 方向2 区域的下拉列表框中选择 成形到一顶点 选项，选取如图 22.161 所示的两个支架的上端点为拉伸终止点。

（4）单击 按钮，完成凸台-拉伸 1 的创建。

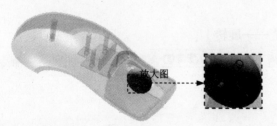
图 22.158　凸台-拉伸 1

图 22.159　草图基准面

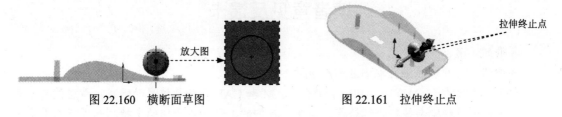

图 22.160 横断面草图   图 22.161 拉伸终止点

Step4. 至此，鼠标设计完毕，隐藏 first.SLDPRT 和 second.SLDPRT 零件，其余为可见。可以看到已经装配在一起的鼠标整体。选择下拉菜单 文件(F) ➡ 保存 (S) 命令。

读者意见反馈卡

尊敬的读者:

感谢您购买机械工业出版社出版的图书!

我们一直致力于 CAD、CAPP、PDM、CAM 和 CAE 等相关技术的跟踪,希望能将更多优秀作者的宝贵经验与技巧介绍给您。当然,我们的工作离不开您的支持。如果您在看完本书之后,有好的意见和建议,或是有一些感兴趣的技术话题,都可以直接与我联系。

策划编辑: 管晓伟

注: 本书的随书光盘中含有该"读者意见反馈卡"的电子文档,您可将填写后的文件采用电子邮件的方式发给本书的责任编辑或主编。

E-mail: 詹迪维 zhanygjames@163.com ; 管晓伟 guancmp@163.com。

请认真填写本卡,并通过邮寄或 E-mail 传给我们,我们将奉送精美礼品或购书优惠卡。

书名:《SolidWorks 产品设计实例精解(2012 中文版)》

请您认真填写本卡,并通过邮寄或 E-mail 传给我们。

1. 读者个人资料:

姓名: _____ 性别: ___ 年龄: ____ 职业: _____ 职务: _____ 学历: _____

专业: _____ 单位名称: _____ 电话: _____ 手机: _____

邮寄地址: _____ 邮编: _____ E-mail: _____

2. 影响您购买本书的因素(可以选择多项):

☐内容 ☐作者 ☐价格

☐朋友推荐 ☐出版社品牌 ☐书评广告

☐工作单位(就读学校)指定 ☐内容提要、前言或目录 ☐封面封底

☐购买了本书所属丛书中的其他图书 ☐其他_____

3. 您对本书的总体感觉:

☐很好 ☐一般 ☐不好

4. 您认为本书的语言文字水平:

☐很好 ☐一般 ☐不好

5. 您认为本书的版式编排:

☐很好 ☐一般 ☐不好

6. 您认为 SolidWorks 其他哪些方面的内容是您所迫切需要的?

_____

7. 其他哪些 CAD/CAM/CAE 方面的图书是您所需要的?

_____

8. 认为我们的图书在叙述方式、内容选择等方面还有哪些需要改进的?

填好本卡后,您也可以寄给:

北京市百万庄大街 22 号机械工业出版社汽车分社 管晓伟(收)

邮编: 100037 联系电话:(010)88379949 传真:(010)68329090

如需本书或其他图书,可与机械工业出版社网站联系邮购,咨询电话:(010)88379639。